普通高等院校土建类应用型人才培养系列教材

画法几何与土木工程制图

主　编　潘炳玉　李文霞
副主编　袁　敏　胡晓娜
参　编　栗　丽　贾静恩　秦春丽

北京理工大学出版社
BEIJING INSTITUTE OF TECHNOLOGY PRESS

内 容 提 要

本书根据高等院校课程改革和人才培养目标的要求编写而成。全书共五章,包括第一章绪论,主要介绍课程的地位、内容、任务、学习方法以及投影的形成、分类、特性和工程中常用的投影图等;第二章画法几何,主要介绍点、线、面、立体的投影及投景变换、轴测投影、标高投影等;第三章制图基础,主要介绍绘图工具的使用方法、2010制图规范、组合体和工程形体的表达等;第四章土木工程专业图,主要介绍房屋建筑施工图、结构施工图、给排水施工图和道路、桥梁、涵洞、隧道工程图等;第五章土木工程计算机制图,主要介绍计算机给图的基本原理和方法。

本书结构合理、知识全面,可作为高等院校土木工程类工程技术、工程管理、工程造价、工程监理等相关专业的教材,也可作为从事建设工程各类技术或管理人员的学习用书。

版权专有　侵权必究

图书在版编目(CIP)数据

画法几何与土木工程制图 / 潘炳玉,李文霞主编. —北京:北京理工大学出版社,2016.7(2020.10重印)
ISBN 978-7-5682-2829-9

Ⅰ.①画… Ⅱ.①潘… ②李… Ⅲ.①画法几何—高等学校—教材②土木工程—建筑制图—高等学校—教材 Ⅳ.①TU204.2

中国版本图书馆CIP数据核字(2016)第191487号

出版发行 /	北京理工大学出版社有限责任公司
社　　址 /	北京市海淀区中关村南大街5号
邮　　编 /	100081
电　　话 /	(010)68914775(总编室)
	(010)82562903(教材售后服务热线)
	(010)68948351(其他图书服务热线)
网　　址 /	http://www.bitpress.com.cn
经　　销 /	全国各地新华书店
印　　刷 /	北京紫瑞利印刷有限公司
开　　本 /	787毫米×1092毫米　1/16
印　　张 /	16
字　　数 /	379千字
版　　次 /	2016年8月第1版　2020年10月第3次印刷
定　　价 /	37.00元

责任编辑 / 陆世立
文案编辑 / 陆世立
责任校对 / 周端红
责任印制 / 边心超

图书出现印装质量问题,请拨打售后服务热线,本社负责调换

前 言

随着土木工程领域科学技术的不断发展和高等工程教育教学改革的不断深化,有必要将土木工程领域科学技术发展的成果,特别是新材料、新技术、新工艺、新设备以及国家颁布的新规范、新标准等与本书知识体系保持一致,有必要将读者的认知与本书知识结构保持一致。

本书结合国内外土木工程领域科学技术的发展成果和实践,结合教学过程、实践经验以及读者的认知规律,在力求系统、完整、实用、规范的基础上,做到由易至难,由浅渐深,突出重点,结构合理、知识全面。

本书由潘炳玉、李文霞担任主编,袁敏、胡晓娜担任副主编,在编写组的大力支持下完成。具体编写分工如下:河南工程学院潘炳玉编写第1章、第3章;河南工程学院袁敏编写第5章;黄河科技学院栗丽编写第2章的第2.5至2.8节;黄河科技学院胡晓娜编写第2章第2.1至2.4节;郑州工业应用技术学院李文霞编写第4章第4.1、4.2节;郑州工业应用技术学院贾静恩编写第4章第4.3节;郑州工业应用技术学院秦春丽编写第4章第4节。

本书在编写过程中,参考了许多专家、学者的相关书籍和资料,谨此表示诚挚的谢意!

由于水平有限,本书难免有不妥乃至错误之处,敬请各位读者、同行不吝赐教。

编 者

目 录

1 绪论 ··· 1
   1.1 课程的地位、内容、任务和学习方法 ············· 1
   1.2 投影的基本知识 ·· 2

2 画法几何 ·· 7
   2.1 点的投影 ··· 7
   2.2 线的投影 ··· 10
   2.3 面的投影 ··· 16
   2.4 投影变换 ··· 26
   2.5 平面立体投影 ··· 30
   2.6 曲面与曲面立体投影 ·································· 37
   2.7 轴测投影 ··· 49
   2.8 标高投影 ··· 59

3 制图基础 ·· 74
   3.1 制图基本知识和基本技能 ·························· 74
   3.2 组合体投影图的画法、尺寸标注 ··············· 90
   3.3 工程形体的表达方式 ·································· 93

4 土木工程专业图 104

4.1 房屋建筑施工图 104
4.2 房屋结构施工图 144
4.3 建筑给水排水施工图 157
4.4 道路、桥梁、涵洞、隧道工程图 174

5 土木工程计算机制图 193

5.1 计算机绘图概述 193
5.2 AutoCAD绘图软件的基本功能和二维绘图 196
5.3 AutoCAD三维图简介 233
5.4 AutoCAD绘制土木工程专业图示例 246

参考文献 250

1 绪 论

 学习要点
(1)课程地位、任务、内容和学习方法。
(2)投影形成、分类、特征。
(3)工程中常见的投影图。

1.1 课程的地位、内容、任务和学习方法

1.1.1 课程地位

本课程是土木工程类专业的一门专业基础课。它主要研究几何形状和空间位置,以及绘制、阅读土木工程图样的理论和方法。

根据投影原理、国家标准或有关规定,表示工程对象并有必要技术说明的图,称为工程图样。工程图样是工程技术人员表达设计意图、思想交流的重要工具,也是技术人员指导工程施工的重要依据。在现代工程建设中,无论建造房屋,还是修建道路、桥梁、水利大坝、机场电站等,都离不开工程图样。工程图样被工程界喻称为"技术语言"。作为土木工程方面的技术人员,必须具备绘制和阅读工程图样的基本技能。

1.1.2 课程任务

(1)掌握投影的基本理论,贯彻国家制图标准和相关规定。
(2)培养用投影法以二维平面图表达三维空间形状的能力。
(3)培养空间形体的形象思维和创造性构形设计能力。
(4)培养用仪器绘制、徒手绘画和阅读工程图样能力。
(5)使用绘图软件绘制工程图样及三维造型设计能力。

1.1.3 课程内容与要求

本课程包括画法几何、制图基础、土木工程专业图和计算机绘图四个部分。

(1)画法几何,是土木工程制图的理论基础。学习画法几何,应掌握点、线、面、立体的投影方法和理论。

(2)制图基础,主要介绍绘图仪器、工具和制图的方法,国家标准和有关规定。学习制图基础应掌握画图、读图、尺寸标注、构型设计等,并掌握二维和三维形状构思、设计、创新以及工程形体表达等。

(3)土木工程专业图,是土木工程类专业的基本知识。学习土木工程专业图,应掌握房屋、给排水、道路、桥涵、隧道等工程图样表达的内容和图示特点,遵守专业制图标准和规定,掌握绘制和阅读专业样图的方法,能够绘制和阅读中等复杂程度的专业图样。

(4)计算机绘图,是适应现代化工程建设制图、绘图的新技术。学习计算机绘图,应了解制图技术的新发展,熟悉计算机技术的基本原理,熟练运用绘图软件绘制基本组合体、简单工程形体的三视图和轴测图,能进行简单工程设计。

1.1.4 学习方法

(1)学习画法几何部分时,要充分理解基本概念,掌握基本理论,遇到问题时应先想象空间形状,再利用基本作图原理和方法,逐步作图求解。作图时,要求图线粗细分明,步骤清晰。

(2)学习制图基础部分时,要自觉培养正确使用绘图工具的习惯,严格遵守国家新颁布的建筑制图标准和技术制图标准,会查阅国家有关的制图标准,培养自学能力和图形表达能力。

(3)学习土木工程专业制图部分时,要掌握工程图的图示方法和图示要求,严格按照建筑制图标准来制图,平时应多注意观察实际工程,以加深对建筑形体、部件等的印象。

(4)学习计算机绘图部分时,在学习基本理论和掌握基本命令的前提下,尽可能多地上机操作,以便熟能生巧、运用自如,提高计算机绘图的速度,最终达到能用计算机绘制本专业符合国家制图标准的工程图样的学习目的。

1.2 投影的基本知识

1.2.1 投影的形成

当光线照射物体时会在墙上或地上产生影子,而且随着光线照射角度或距离的改变,影子的位置和大小也会改变。从这种自然现象中,人们经过长期的探索总结出了物体的投影规律。

由于物体的影子仅仅是物体边缘的轮廓，不能反映出物体的确切形状。因此，假设光线能够透过物体，将物体上所有轮廓线都反映在落影平面上，这样能够反映出物体的原有空间形状的影子，称为物体的投影图或投影。

如图 1-1 所示，在投影理论中，光源 S 可称为投射中心，光线可称为投射线，落影平面可称为投影面，物体可抽象称为形体（只考虑物体在空间的形状、大小、位置而不考虑其他），空间的点、线、面可称为几何元素，把这种形成投影的方法称为投影法。产生投影必须具备：投影线、投影面和形体（几何元素），三者缺一不可，即投影的三要素。

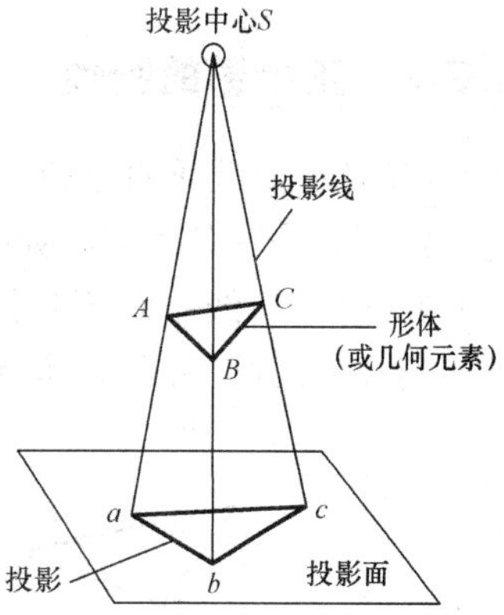

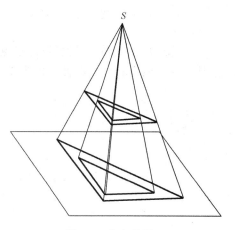

图 1-1　投影的形成

1.2.2　投影的分类

根据投射中心与投影面位置的不同，投影可分为中心投影和平行投影两大类。

（1）投影线由投射中心一点 S 发出，在投影面上得到形体投影的方法称为中心投影法。按中心投影法得到的投影，称为中心投影，如图 1-2 所示。

（2）投射中心 S 在无限远处，投射线相互平行，并按照一定的方向投射，在投影面上得到形体投影的方法称为平行投影法。按平行投影法得到的投影，称为平行投影。

平行投影法又可以分为正投影法和斜投影法。当投射线垂直于投影面所作的平行投影称为平行正投影，如图 1-3 所示，工程图样中广泛应用的就是平行正投影；当投射线倾斜于投影面所作的平行投影称为平行斜投影，如图 1-4 所示。

图 1-2　中心投影

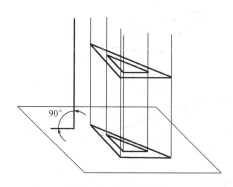

图 1-3　平行正投影

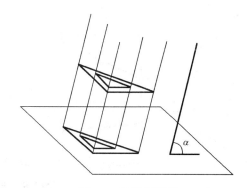

图 1-4　平行斜投影

1.2.3 正投影的特性

(1) 积聚性。直线垂直于投影面时,其水平投影积聚为一个点;平面垂直于投影面时,其平行投影积聚为一条直线,如图1-5所示。

(2) 全等性。直线平行于投影面时,其平行投影反映直线的实长;平面平行于投影面时,其平行投影反映平面的实际形状,如图1-6所示。

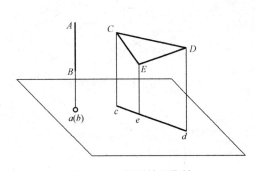

图1-5 正投影的积聚性

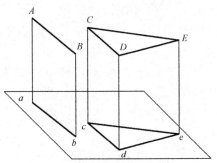

图1-6 正投影的全等性

(3) 类似性。点的正投影仍然是点,直线的正投影一般仍是直线,平面的正投影仍然保留其空间几何形状,这种性质称为正投影的类似性,如图1-7所示。

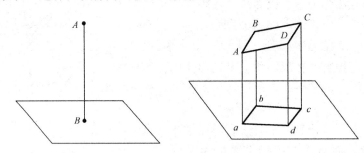

图1-7 正投影的类似性

(4) 从属性。若点在一条直线上,或点和直线在一平面上,则该点或直线的平行投影必在直线或平面的平行投影上,如图1-8所示。

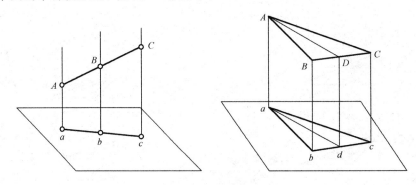

图1-8 正投影的从属性

(5)等比性。直线上两线段的长度比等于它们平行投影的长度比,即 $AC:CB=ac:cb$;两平行直线段的长度比也等于它们平行投影的长度比,即 $DE:FG=de:fg$,如图1-9所示。

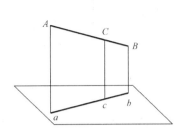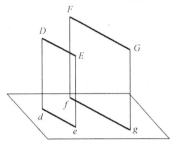

图1-9 正投影的等比性

1.2.4 工程中常用的投影图

土木工程中常用的投影图有多面正投影图、轴测投影图、透视投影图和标高投影图。

(1)多面正投影图。根据正投影法所得到的图形称为正投影图或正投影。多面正投影图,即设立几个相互垂直的投影面,使工程形体的几个主要面分别平行于投影面,以便能在正投影图中反映出形体的真实形状。如图1-10所示,房屋模型的正投影图是由这个房屋模型分别向正立的、水平的和侧立的三个相互垂直的投影面所作的正投影组成。多面正投影图直观性不强,缺乏立体感,但能正确反映物体的实形、便于度量和绘制简易等优点,因而是工程图中的主要图示形式。

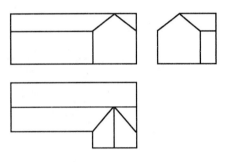

图1-10 多面正投影图

(2)轴测投影图。在一个投影面上,能反映出工程形体三个相互垂直方向尺度的平行投影,称为轴测投影图或轴测图。如图1-11所示,形体上互相平行且长度相等的线段,在轴测图上仍互相平行、长度相等,图中被遮的不可见投影通常省略不画。轴测图有很强的立体感和直观性,故常作为工程上的辅助图样,但缺点是不能反映出工程形体所有可见面的实形,且度量不够方便,绘制比较复杂。

(3)透视投影图。透视投影图是用中心投影法,将空间形体投射到单一投影面上得到的图形。如图1-12所示,透视图与人的视觉习惯相符,能体现近大远小的效果,所以形象逼真,具有丰富的立体感,但作图比较复杂,度量性差,常用于绘制建筑效果图。

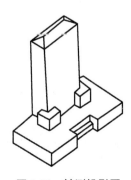

图1-11 轴测投影图

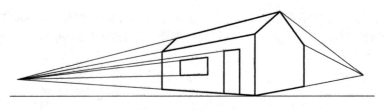

图 1-12 透视投影图

(4)标高投影图。用正投影法将局部地面的等高线投射在水平投影面上,并标注出各等高线的高程,从而表达该局部地形的图称为标高投影图。如图 1-13 所示,标高投影图是表示不规则曲面的一种有效的图示方式,它应用于表示起伏不平的地面形状时,称为地形图。利用地形图及地面上建造的土工形体的标高投影,可表达出该土工形体的位置、形状和大小,坡面间的交线以及坡面与地面的交线,从而为施工中计算土方量、确定施工界限提供了依据。

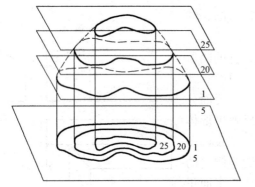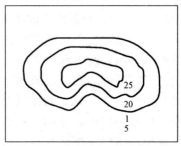

图 1-13 标高投影图

2 画法几何

学习要点
(1) 点、线、面的多面正投影。
(2) 投影变换。
(3) 立体的多面正投影。
(4) 直线、平面与立体相交，以及两立体相交。
(5) 轴测投影。
(6) 标高投影。

2.1 点的投影

房屋形体是由若干点、线、面组成的，而点是形体的最基本元素，因此，点的投影规律是线、面、体投影的基础。

2.1.1 点的单面投影

过空间点 A 向投影面 H 作垂线，垂足标记为 a，如图 2-1(a) 所示，a 即为空间点 A 在 H 面上的正投影。但仅由投影 a，却无法确定空间点 A 的位置，如图 2-1(b) 所示。由此可知，点的单面投影不能确定点的空间位置。

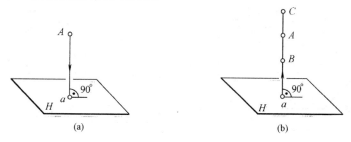

图 2-1 点的单面投影

2.1.2 点的两面投影

如图 2-2 所示,水平面 H 面和正立投影面 V 面,互相垂直相交,交线为 OX 轴,形成两面投影体系。过空间点 A 分别向 H 面、V 面作垂线,垂足分别为 a、a',a 为 A 在 H 面上的正投影,a' 为 A 点在 V 面上的正投影。将 V 面保持不动,H 面绕 OX 轴向下旋转 $90°$,使 H 面和 V 面处于同一个面,即形成展开后两面投影,如图 2-3 所示。

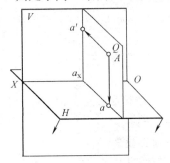
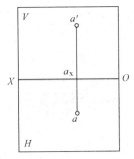

图 2-2 两面投影体系　　　　　图 2-3 展开后的两面投影

在图 2-3 中,过 a' 作 OX 轴的垂线,垂足为 a_x,连接 aa_x,因为 Aa' 连线垂直于 V 面,所以 $Aa' \perp OX$,又因为 $a'a_x \perp OX$,所以 $OX \perp$ 面 $Aa'a_xa$,则 $OX \perp aa_x$。即,OX 既垂直于 aa_x 又垂直于 $a'a_x$。在展开后的两面投影中,OX 仍然既垂直于 aa_x 又垂直于 $a'a_x$。由此得出点在两面投影中的投影规律:

(1)点的水平投影 a 和点的正面投影 a' 的连线垂直于投影轴 OX,即 $aa' \perp OX$。

(2)点的水平投影到 OX 轴的距离等于空间点 A 到 V 面的距离,点 A 的正面投影到 OX 轴的距离等于空间点到 H 面的距离,即 $aa_x = Aa'$,$Aa = a'a_x$。

2.1.3 点的三面投影

如图 2-4(a)所示,水平面 H、正立投影面 V 和侧立投影面 W 互相垂直,形成三面投影体系,H、V 面交线为 OX 轴,H、W 面交线为 OY 轴,V、W 面交线为 OZ 轴,三轴线的交点为原点 O。在三面投影体系中,作点的三面投影 a、a'、a''。过 a'' 作 $a''a_z$ 垂直于 OZ 轴垂足为 a_z,并连接 $a'a_z$。保持 V 面不动,将三面投影体系展开,展开后的三面投影如图 2-4(b)所示。在点的两面投影规律的基础上得出点的三面投影规律:

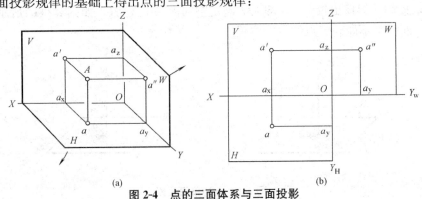

图 2-4 点的三面体系与三面投影

(a)三面投影体系;(b)三面投影

(1)点的水平投影和正面投影的连线垂直于 OX 轴，即 $aa' \perp OX$。
(2)点的正面投影和侧面投影的连线垂直于 OZ 轴，即 $a'a'' \perp OZ$。
(3)空间点到投影面的距离，可由点的投影到相应投影轴的距离来确定。即 $Aa = aa_x = a''a_z$；$Aa' = aa_x = a''a_z$；$Aa'' = a'a_z = aa_y$。

【例 2-1】 已知 A、B 两点的两面投影，如图 2-5(a)所示，求其第三投影。

分析：过 a' 向 OZ 轴作垂线，a'' 一定就在这条垂线上，过 a 画水平线与 45°平分线相交，并向上引铅垂线，两线交于 a''。过 b' 向 OX 轴作垂线，过 b'' 向下画垂线与 45°平分线相交向左引水平线，两线相交于 b。

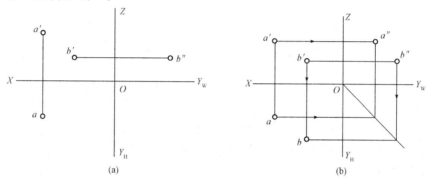

图 2-5 点的三面投影
(a)原图；(b)投影结果

2.1.4 两点的相对位置

(1)两点的相对位置。两点的相对位置是指两点间的左右、前后、上下的位置关系。在三面投影中，H 面反映形体的左右、前后关系；V 面反映形体的上下、左右关系；W 面反映形体的上下、前后关系。OX 轴指向左方，OY 轴指向前方，OZ 轴指向上方。很明显 X 坐标越大，越靠左；Y 坐标越大，越靠前；Z 坐标越大，越靠上。

【例 2-2】 如图 2-6 所示，判断 A、B 两点的相对位置。

分析：空间点 A 的 X 坐标值大，故 A 在左；A 的 Y 坐标值大，故 A 在前；A 的 Z 坐标值小，故 A 在下。

(2)重影点。如果空间的两个点在某一投影面上的投影重合为一点，这两个点就叫作该投影面上的重影点。如图 2-7 所示，点 E 和点 C 是 H 面上的重影点，点 C 和点 D 是 V 面上的重影点。空间点 E 和 C 的 H 投影重合在一起，由于 E 在上，C 在下，向 H 面投影时，投影线先遇到点 E，后遇到点 C，所以 E 点可见，它的投影仍标注为 a，C 点不可见，其投影标注为 (c)。

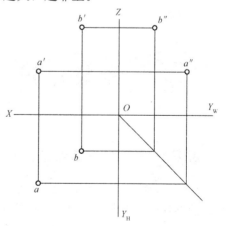

图 2-6 两点的相对位置

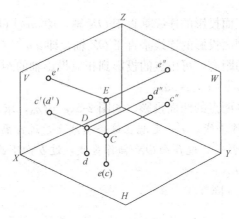

图 2-7 重影点

【例 2-3】 凹形形体的立体图及投影图如图 2-8(b)所示,试在投影图上标记形体上的重影点的投影。

分析:A、B 是相对于 H 面的重影点,A 在上 B 在下,故 A 可见,B 不可见。C、D 是相对于 V 面的重影点,C 在前 D 在后,故 C 可见,D 不可见。D、E 是相对于 W 面的重影点,E 在左 D 在右,故 E 可见,D 不可见。

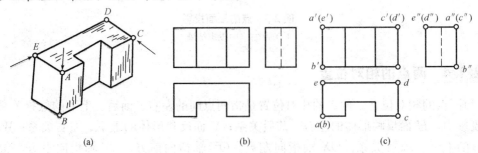

图 2-8 凹形形体的立体图及投影图

2.2 线的投影

2.2.1 各种位置直线投影特性

直线的长度是无限的,直线的空间位置可由线上的任意两点的位置确定,因此在作直线的投影时,只需求出直线上两点的投影,然后将其同面投影连接,即为直线的投影。

在三面投影体系中,直线与投影面的相对位置关系有三种:平行、垂直和倾斜。如图 2-9 所示,AB 平行于 H 面,AC 垂直于 W 面,SB 与三个投影面既不平行又不垂直。

(1)投影面平行线。投影面平行线——平行于一个投影面,但倾斜于其余两个投影面。见表 2-1,AB 平行于 H 面,倾斜于 V、W 面,AC 为水平线;CD 平行于 V 面,倾斜于 H、

W 面，FC 为正平线；EF 平行于 W 面，倾斜于 H、V 面，AF 为侧平线。

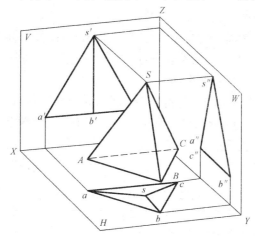

图 2-9 直线与投影面的相对位置

投影面平行线的投影特性见表 2-1。

表 2-1 投影面平行线的投影特性

名称	正平线	水平线	侧平线
直观图			
投影图			
投影特征	(1) ab // OX 　　$a''b''$ // OZ (2) $a'b'=AB$ (3) $a'b'$ 反映 α、γ 倾角	(1) $c'd'$ // OX 　　$c''d''$ // OY_W (2) $cd=CD$ (3) cd 反映 β、γ 倾角	(1) $e'f'$ // OZ 　　ef // OY_H (2) $e''f''=EF$ (3) $e''f''$ 反映 α、β 倾角

由表 2-1 可以得出投影面平行面的投影特性：

1)直线平行于某一投影面,则在该投影面上的投影反映直线实长,并且该投影与投影轴的夹角反映直线对其他两个投影面的倾角。

2)直线对另外两个投影面上的投影,分别平行于相应的投影轴,但不反映实长。

读图方法:由直线三面投影判断空间直线相对于投影面的空间位置——一斜两直线,定是平行线,斜线在哪面,平行哪个面。

(2)投影面垂线。投影面垂线—垂直于一个投影面而平行于另两个投影面的直线。

如表2-2所示,CD垂直于H面,平行于V、W面,CD为铅垂线;AB垂直于V面,平行于H、W面,AB为正垂线;EF垂直于W面,平行于H、V面,EF为侧垂线。

投影面垂线的特性见表2-2。

表2-2 投影面垂线的投影特性

名称	正垂线	铅垂线	侧垂线
直观图	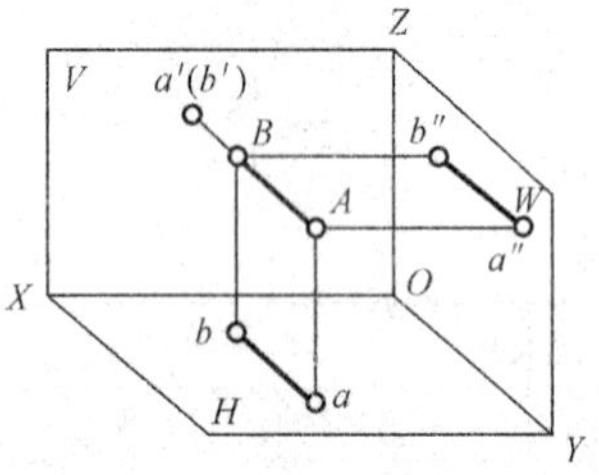	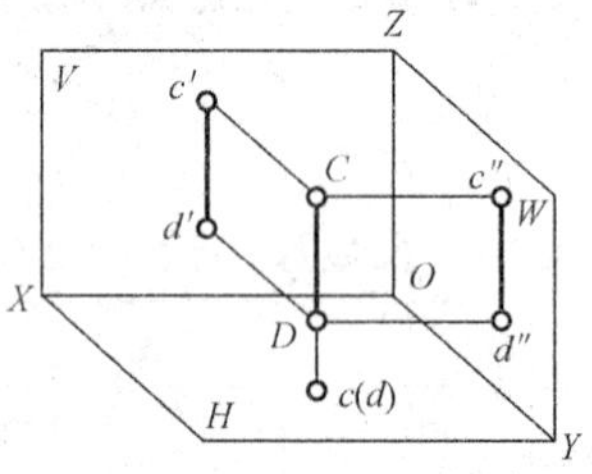	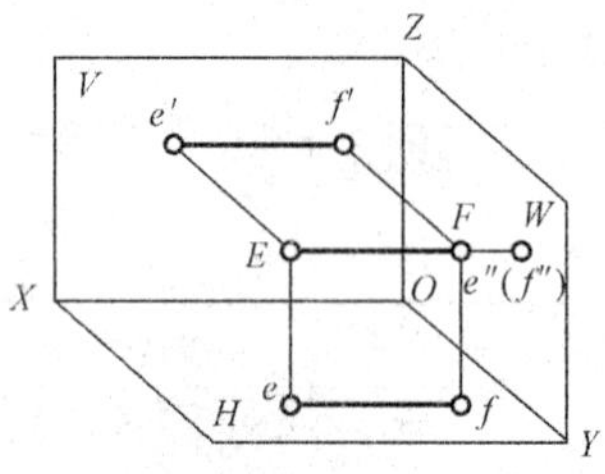
投影图	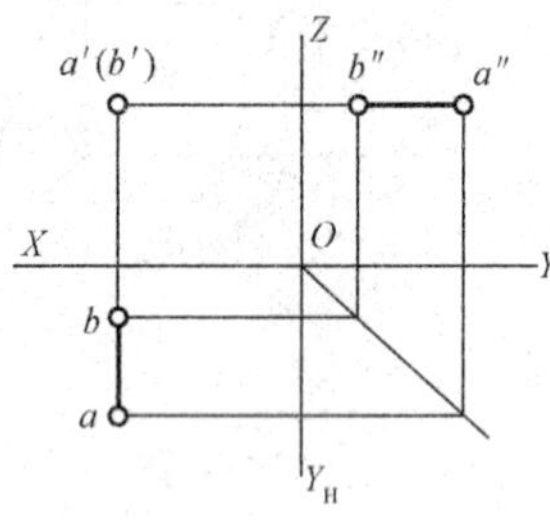	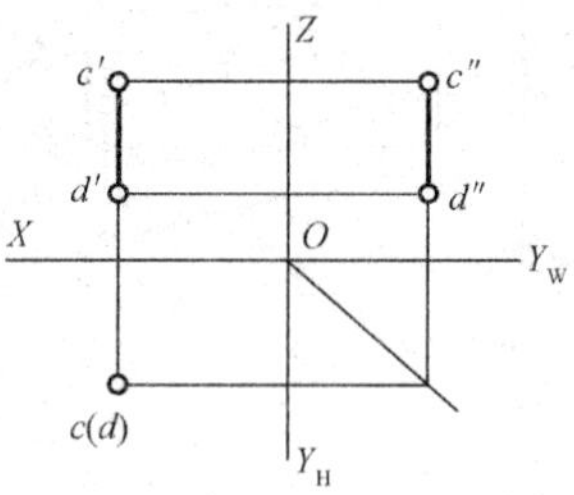	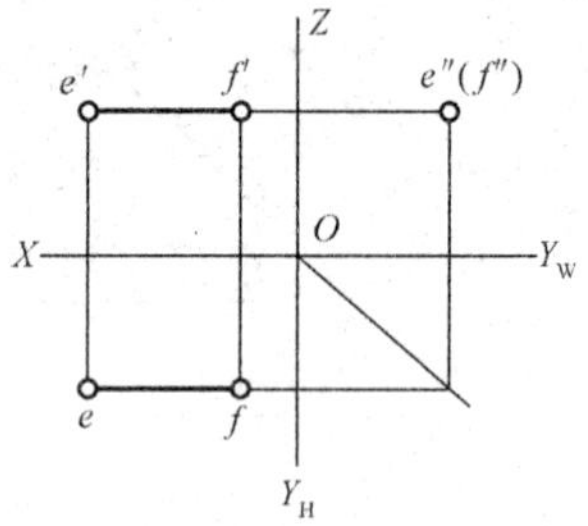
投影特征	(1)$a'b'$积聚成一点 (2)$ab \perp OX$ 　　$a''b'' \perp OZ$ (3)$ab=a''b''=AB$	(1)cd积聚成一点 (2)$c'd' \perp OX$ 　　$c''d'' \perp OY_W$ (3)$c'd'=c''d''=CD$	(1)$e''f''$积聚成一点 (2)$ef \perp OY_H$ 　　$e'f' \perp OZ$ (3)$ef=e'f'=EF$

由表2-2可得投影面垂线的投影特性:

1)直线垂直于某一投影面,则在该投影面上的投影积聚为一点;

2)直线在另两个投影面上的投影分别垂直于相应的投影轴,且反映实长。

读图方法:由直线三面投影判断空间直线相对于投影面的空间位置——一点两直线,定是垂直线,点在哪个面,垂直哪个面。

(3)一般位置线。如图2-10所示,AB与三个投影面既不平行也不垂直,AB为一般位置线。

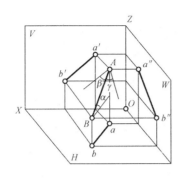 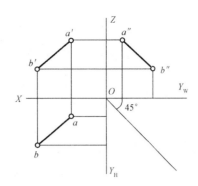

图 2-10 一般位置线

由图 2-10 可看出一般位置线的投影特性:
1)直线倾斜于投影面,则其三面投影均为倾斜于投影轴的直线,且不反映实长;
2)直线的三面投影与投影轴的夹角,都不反映直线对投影面的倾角。

读图方法:由直线三面投影判断空间直线相对于投影面的空间位置——三面投影均倾斜于投影轴的空间直线,一定是一般位置线。

2.2.2 直线上点的投影特性

(1)点在直线上的投影规律。点在直线上,则点的各投影必在该直线的同面投影上,并且符合点的投影规律;如果点的各投影均在直线的同面投影上,且各投影符合点的投影规律,则该点必在直线上。这种点在直线上的特性也称从属性。

(2)定比性。如图 2-11 所示,点 C 在直线 AB 上,则 $AC:CB=ac:cb=a'c':c'b'=a''c'':c''b''$,这一性质称为直线的定比性。

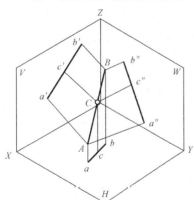 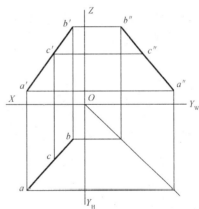

图 2-11 直线上点的投影

2.2.3 两直线相对位置

空间两直线的位置关系有平行、相交和交叉。平行和相交直线又称为共面直线,两直线既不平行也不相交又称为异面直线,如图 2-12 所示,AB 与 BC 相交,DG 与 EF 平行,DE 与 GH 异面。

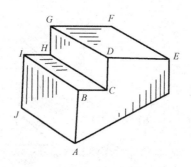

图 2-12 两直线的相对位置

(1)两直线平行。由平行投影的平行性可知，两平行直线的同面投影仍然互相平行。如图 2-13 所示，空间直线 AB 与 CD 平行，即：AB//CD，则 ab//cd，a'b'//c'd'，a"b"//c"d"。

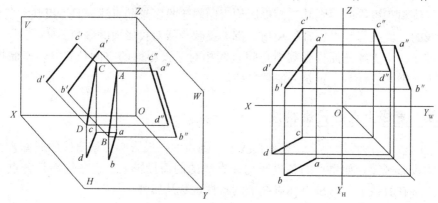

图 2-13 两直线平行

(2)两直线相交。空间两直线 AB 和 CD 相交于点 K，则其投影 k 既在 ab 又在 cd，k' 既在 a'b' 又在 c'd'。K 点的三面投影符合点的投影规律，如图 2-14 所示。

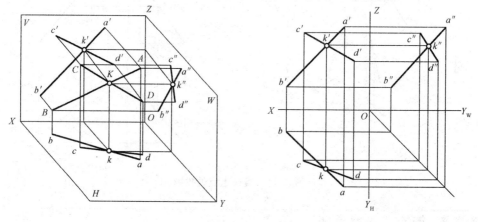

图 2-14 两直线相交

(3)两直线异面。异面两直线既不平行也不相交，两异面直线的某一同面投影有可能平行，但不可能同时都互相平行；两异面直线的某一同面投影有可能相交，但其交点不可能符合点的投影规律，如图 2-15 所示。

(4) 两直线垂直。当两直线在空间是垂直关系，且两直线中有一直线平行于某投影面时，它们在该投影面上的投影仍然垂直，如图 2-16 所示，若 $AB \perp BC$，且 AB 平行于 H 面，则有 $ab \perp bc$。

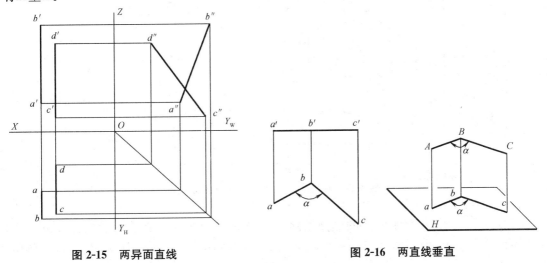

图 2-15　两异面直线　　　　　　　　　图 2-16　两直线垂直

【例 2-4】 如图 2-17 所示，求 AB、CD 两直线的公垂线。

分析：AB 是铅垂线，CD 是一般位置线，它们的公垂线是水平线。求解步骤如图 2-18 所示。

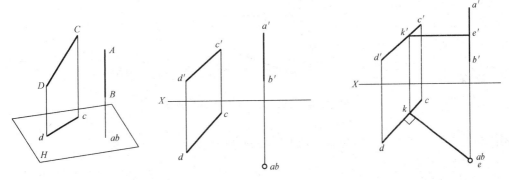

图 2-17　求两直线的公垂线　　　　　　图 2-18　求两直线的公垂线的步骤图

2.2.4　求直线实长及直线与投影面的倾角

投影面平行线和投影面垂线可在投影中反映出线段的实长，而一般位置线的投影既不反映线段的实长，也不反映直线对投影面的倾角的实形。通常求解一般位置线实长及及其与投影面的倾角采用的方法为直角三角形法。

如图 2-19(a) 所示，作空间直线 AB 的 H 面投影 ab，过 A 点作 AC 平行于 ab，交 Bb 于点 C，在直角三角形 ABC 中，AB 为一般线的本身，$\angle BAC$ 是 AB 对 H 面的倾角 α，BC 为 B、C 两点的高差。在投影图中，这高差反映在 V 面投影上，如图 2-19(b) 所示，长为 m

· 15 ·

的线段。即在直角三角形 abb_0 中，$\angle bab_0$ 为一般线 AB 与 H 面的倾角，线段 ab_0 即为一般位置线 AB 的实长。

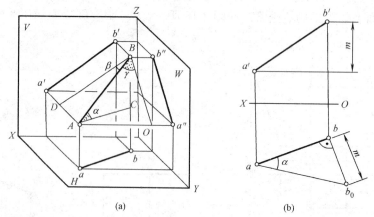

图 2-19　求直线的实长和与 H 面的倾角 α

同理，可求出 AB 对 V 面的倾角及实长。如图 2-20 所示，在直角三角形 $a'_0a'b'$ 中，a'_0a' 的长为 A、B 两点的宽度差 n，a'_0b' 为线段 AB 的实长，$\angle a'_0b'a'$ 为 AB 与 V 面的倾角。

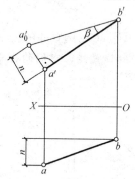

图 2-20　求直线的实长和与 V 面的倾角 β

用同样的方法，可求出一般位置线与 W 面的倾角及实长。

2.3　面的投影

2.3.1　平面的表示法

平面是无限延展的，它可以通过以下几何元素来表示：图 2-21(a)所示为不在直线上的三个点来表示一个平面；图 2-21(b)所示为用一直线和线外一点来表示一个平面；图 2-21(c)所示为用两相交直线表示一个平面；图 2-21(d)所示为用两平行直线表示一个平面；图 2-21(e)所示为用平面图形(三角形、多边形等)来表示平面。

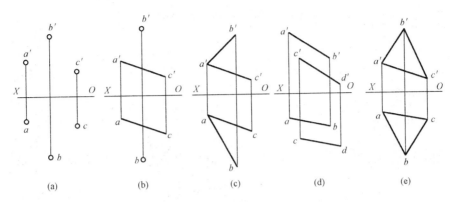

图 2-21 平面表示方法

(a)不在直线上的三点；(b)一直线和线外的一点；(c)相交两直线；(d)平行两直线；(e)任意平面图形

2.3.2 各种位置平面投影特性

空间平面相对于基本投影面有三种不同的位置关系，即一般关系、垂直关系和平行关系。建筑形体上的平面，以投影面垂直面和投影面平行面居多。

(1)一般位置面。与三个投影面都倾斜的平面，称为一般位置面。由图 2-22 可以看出一般位置面的投影特性：其三面投影既没有积聚投影，也不反映实形，而是原平面图形的相仿形。

读图方法：一个平面的三面投影如果都是平面图形，它必然是一般位置面。

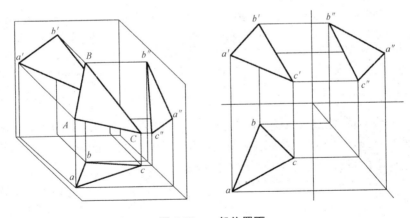

图 2-22 一般位置面

(2)投影面垂直面。垂直于一个投影面而倾斜与另外两个投影面的平面，称为投影面垂直面。投影面垂直面分为以下三种情况：

1)铅垂面，垂直于 H 面，倾斜于 W、V 面的平面。

2)正垂面，垂直于 V 面，倾斜于 H、W 面的平面。

3)侧垂面，垂直于 W 面，倾斜于 H、V 面的平面。

三种投影面垂面的投影特性见表2-3。

表 2-3　投影面垂面的投影特性

名称	铅垂线	正垂线	侧垂线
直观图	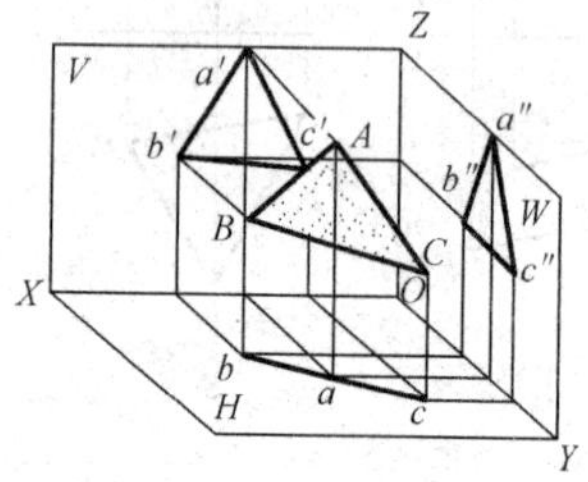	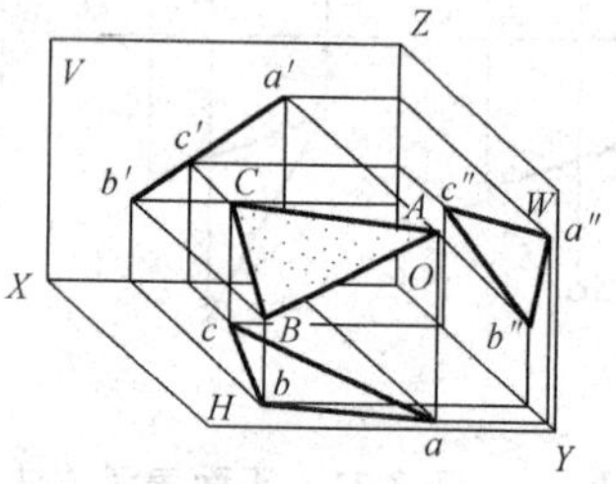	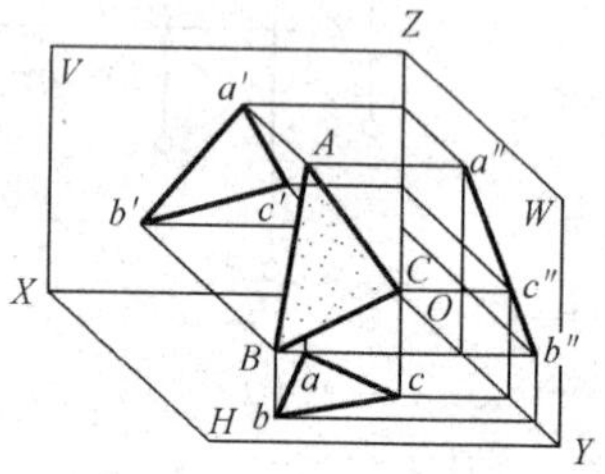
投影图	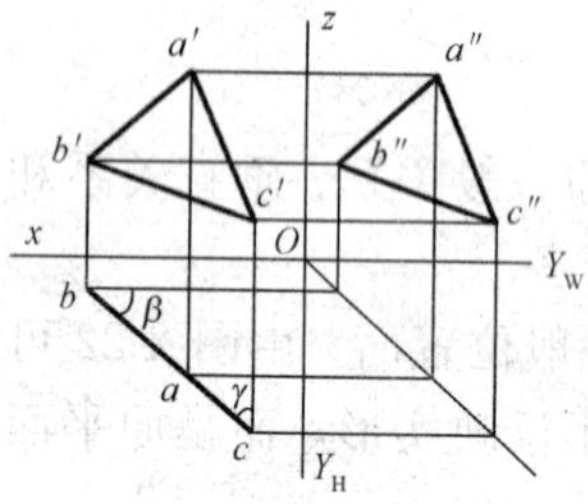	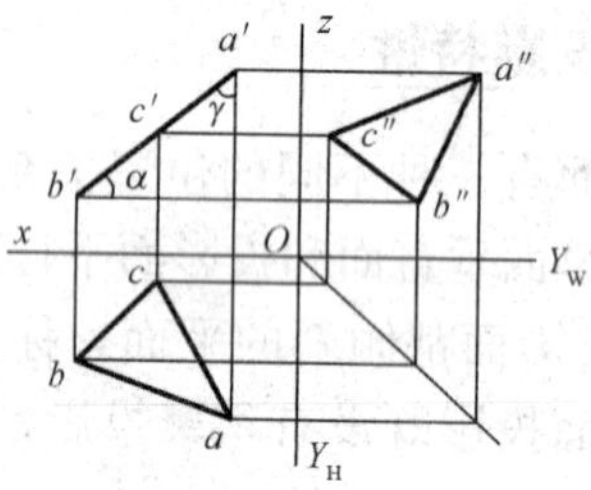	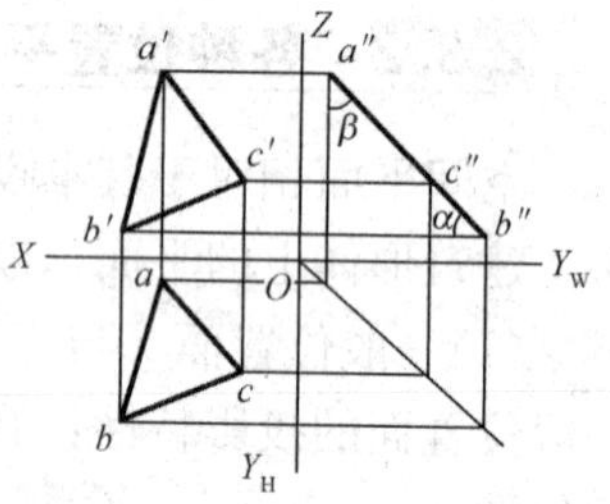
投影特征	(1)水平投影积聚成与 X 轴线倾斜的直线，且反映 β、γ； (2)正面投影为类似形； (3)侧面投影为类似形	(1)正面投影积聚成与 X 轴线倾斜的直线，且反映 α、γ； (2)水平投影为类似形； (3)侧面投影为类似形	(1)侧面投影积聚成与 Z 轴线倾斜的直线，且反映 α、β； (2)正面投影为类似形； (3)水平投影为类似形

投影面垂面投影特性总结：投影面垂直面在它所垂直的投影面上的投影，积聚为一条倾斜于投影轴的直线，且此直线与投影轴的夹角，反映空间平面对另两个投影面的倾角；垂面在另两个面上的投影，均为原平面的相仿形。

读图方法：一个平面只要有一个投影积聚为一倾斜线，它必然垂直于积聚投影所在的投影面。

(3)投影面平行面。平行于一个投影面而垂直于另外两个投影面的平面，称为投影面平行面。投影面平行面分为以下三种情况：

1)水平面，平行于 H 面，垂直于 W、V 面的平面。
2)正平面，平行于 V 面，垂直于 H、W 面的平面。
3)侧平面，平行于 W 面，垂直于 H、V 面的平面。

三种投影面平行面的投影特性见表2-4。

表 2-4 投影面平行面的投影特性

名称	正平面	水平面	侧平面
直观图			
投影图			
投影特征	(1)正面投影反映实形; (2)水平投影积聚成直线,且 //OX; (3)侧面投影积聚成直线,且 //OZ	(1)水平投影反映实形; (2)正面投影积聚成直线,且 //OX; (3)侧面投影积聚成直线,且 //OY_W	(1)侧面投影反映实形; (2)正面投影积聚成直线,且 //OZ; (3)水平投影积聚成直线,且 //OY_H

投影面平行面投影特性总结:投影面平行面在它平行的投影面上的投影,反映该平面的实形,在其他两个投影面上的投影积聚为一条平行于投影轴的直线。

读图方法:一个平面只要有一个投影积聚为平行于投影轴的直线,则该直线必然平行于非积聚投影所在的投影面。

2.3.3 平面内的点、直线

一个点如果在一个平面内,它必然在平面内的一条直线上;若点在面内的直线上,则点必在面内。如图 2-23 所示,K 在直线 MN 上,MN 在平面 SAB 上,则点 K 在平面SAB 上。

一直线如果通过一平面上的两个点,或者通过面内一个点且平行于该平面上另一直线时,该直线必在这个面内。如图 2-23 所示,直线 GH 通过平面上的两点 M、N,则直线 GH 在平面 SAB 上。

【例 2-5】 设在四棱台前侧面 $BCED$ 上有一点 A,已知它的水平投影,求作其正投影。

分析:A 在面 $BCED$ 上,A 必在面 $BCED$ 内的过 A 的一条直线 BF 上,由

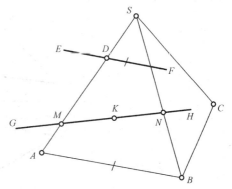

图 2-23 平面上的点和直线

点的投影规律作出 $b'f'$，a'必在 $b'f'$ 上。作图步骤如图 2-24 所示。

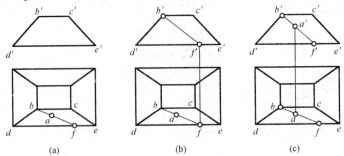

图 2-24　求面内点的投影

(a)连 ba，交 de 于 f，bf 就是辅助线 BF 的 H 投影；(b)作 BF 的 V 投影 $b'f'$；
(c)过 a 作竖直连线交 $b'f'$ 于 a'，即为所求

2.3.4　平面、直线相对位置

(1)直线与平面平行。一直线只要平行于平面上的某一直线，它必平行于该平面。如图 2-25 所示，直线 AB 平行于平面 P 的一边 CD，所以 AB 平行于平面 P。

若直线与投影面垂直面相互平行，则该投影面垂面的积聚投影与该直线的同面投影平行。如图 2-26 所示，直线 AB 平行于铅垂面 P，则 ab 平行于铅垂面 P 在 H 面的积聚投影。

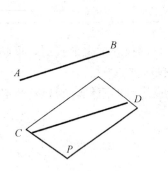

图 2-25　直线与平面平行

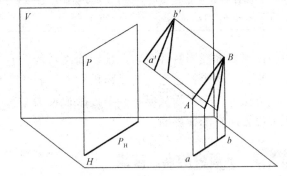

图 2-26　直线与投影面垂直面平行

【例 2-6】　已知平面 ABC 和点 M 如图 2-27 所示，过点 M 作正平线平行平面 ABC。

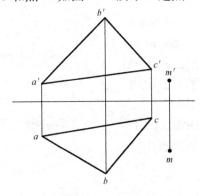

图 2-27　过已知点作面的平行线(已知)

分析：过面 ABC 内任一点（如 A）作一条正平线，再过 M 点做一条和已知正平线平行的直线。其作图步骤如图 2-28 所示。

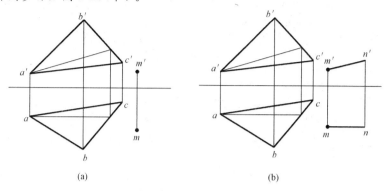

图 2-28 过已知点作面的平行线（结果）

【**例 2-7**】 已知直线 AB 和平面 CDE，如图 2-29 所示，判断直线 AB 是否平行于平面 CDE？

分析：若在面 CDE 内能找一条和 AB 平行的直线，则 $AB/\!/CDE$；若不能找到，则 AB 不平行面 CDE。

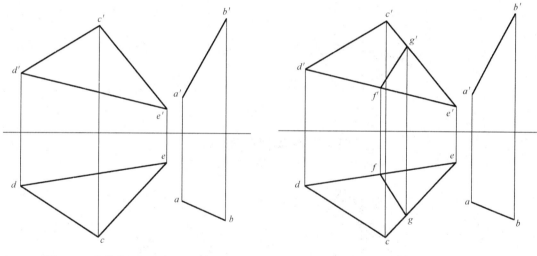

图 2-29 直线和平面平行（已知）　　　　图 2-30 直线和平面平行（结果）

（2）直线与平面相交。直线与平面若不平行，则必相交。直线与平面相交的交点是直线与平面的共有点，它既在直线上又在平面上。如图 2-31 所示，当直线与平面相交时，直线的某一段可能会被平面部分遮挡，于是在投影图中以交点为界将直线分成可见部分和不可见部分。

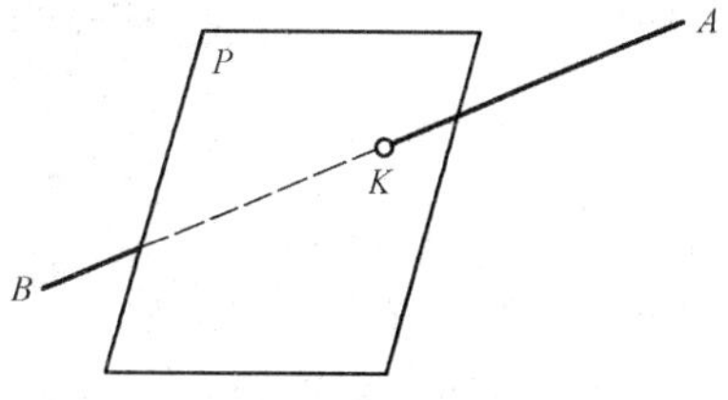

【**例 2-8**】 如图 2-32 所示，分别求出直线 DE 和平面 ABC 的交点，并判断其可见性。

解：利用积聚投影直接定出交点，如图 2-33 所示。再利用重影点判断其可见性，如图 2-34 所示。

图 2-31 直线和平面相交

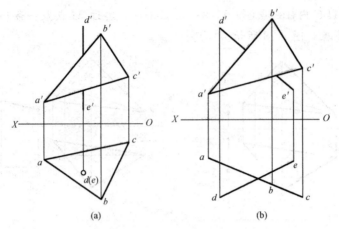

图 2-32 直线和平面相交的交点

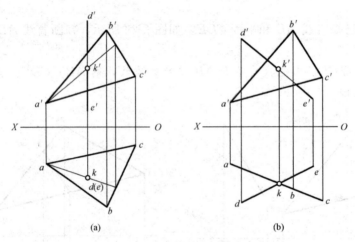

图 2-33 求直线和平面的交点

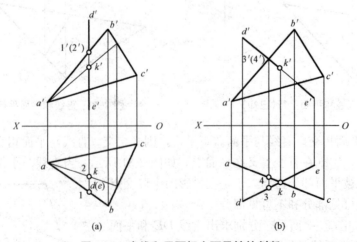

图 2-34 直线和平面相交可见性的判断

(3)直线与平面垂直。直线与平面垂直是直线与平面相交的特殊情况。若一直线垂直于一平面，则该直线必垂直于该平面上的两相交直线，如图 2-35 所示。

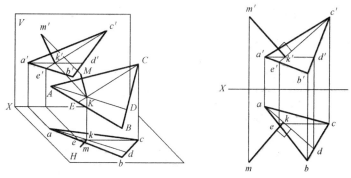

图 2-35 直线与平面垂直

当直线垂直于投影面垂面时,它必然是投影面平行线,平行于该平面所垂直的投影面,该面的积聚投影与该垂线的同面投影互相垂直。

【例 2-9】 已知正垂面 P,如图 2-36 所示,试过平面 P 外一点 A 作直线 AB 垂直于 P。

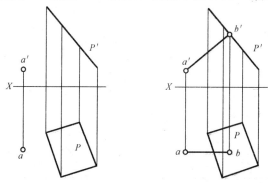

图 2-36 求直线与平面垂直

分析:因为 P 垂直于 V,所以 AB 必为正平线,并且 $a'b'$ 垂直于 p'。

2.3.5 两平面的相对位置(平行、相交)

(1) 两平面平行。如果一个平面内两条相交直线平行于另一个平面内的两相交直线,则这两个平面互相平行。如图 2-37 所示,若两铅垂面平行,则它们的同面投影也互相平行。

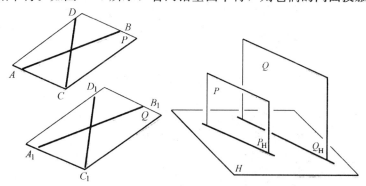

图 2-37 两平面平行

【例 2-10】 已知两平面 ABC 和 DEF，如图 2-38 所示，判断两平面 ABC 和 DEF 是否平行？

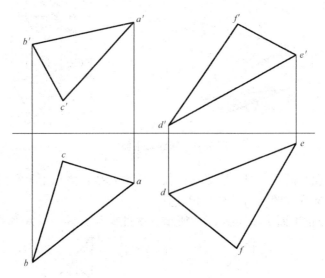

图 2-38 两平面关系

分析：在平面 ABC 和 DEF 内分别作水平线和正平线，因为 BN∥RE，AM∥SD，所以，平面 ABC 和 DEF 互相平行，如图 2-39 所示。

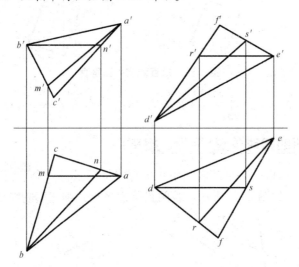

图 2-39 分析两平面平行

(2) 两平面垂直。如果一个平面通过另一个平面的一条垂线，或者说一个平面上如果有一条垂线垂直于另一个平面，这两个平面必然相互垂直。

【例 2-11】 已知不属于平面 ABC 的一点 D，如图 2-40(a) 所示，试作一包含 D 点的平面与平面 ABC 垂直。

分析：只要过 D 点向平面 ABC 作垂线，那么包含该垂线任作一平面都符合题目要求，步骤如图 2-40(b) 所示。

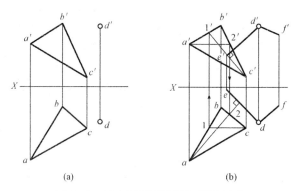

图 2-40 过点做平面和已知平面垂直

(3)面与面相交。

1)一般面与投影面垂面相交。三角形 ABC 与铅垂面 P 相交,在投影图中,铅垂面的 H 面投影积聚为一直线,两平面的交线必在这一积聚投影上,如图 2-41 所示,mn 即为交线的 H 面投影。

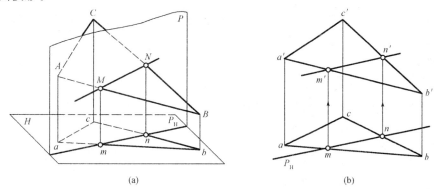

图 2-41 一般面与投影面垂面相交

2)两投影面垂面相交。当垂直于同一投影面的两个投影面垂面相交时,它们的交线是一根垂直于该投影面的垂线,两投影面垂面的积聚投影的交点就是该交线的积聚投影。

【例 2-12】 已知两铅垂面 P、Q,如图 2-42(a)所示,求平面 P 和平面 Q 的交线。

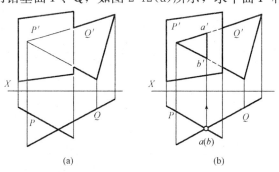

图 2-42 求两相交平面的交线

分析:平面 P 和平面 Q 都是铅垂面,其交线必为铅垂线,并且积聚在它们水平投影的交点处。

2.4 投影变换

在工程实践中，要解决一系列有关点、线、面等几何元素之间的空间问题，例如，找出一般位置面的真实大小，用以前所学的内容无法解决。若采用投影变换的方法，改变已知形体对投影面体系的相对位置，即可简化并解决问题。投影变换的方法有两种：换面法和旋转法。

2.4.1 换面法

换面法，即使空间元素保持不动，通过设立辅助投影面建立新的投影体系，使空间元素在新投影面体系中处于有利于解题的位置。

(1)点的一次变换。如图 2-43 所示，原 H 面保持不变，以新的 V_1 面替换 V 面，得到新的投影体系在图 2-44 中，$Aa=a'a_x=a'_1a_{x1}$，并且展开后的新的投影体系仍然符合点的投影规律，即 $aa_{x1} \perp a_{x1}a'_1$。

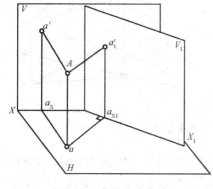

图 2-43 点的一次变换

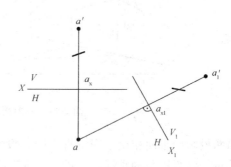

图 2-44 展开后的新投影体系

由图 2-44 可知点的换面规律：
1)点的新投影和保留投影的连线垂直于新投影轴；
2)点的新投影到新投影轴的距离等于被替换的投影到旧投影轴的距离。

【例 2-13】 已知直线 AB 的两面投影，如图 2-45 所示，求一般位置直线 AB 的实长。

分析：一般位置线的投影无法反映实长，但可以通过投影变换，将它转换为某一投影面平行线，其实形投影可反映其实长。先作和 ab 平行的辅助投影面 V_1，并找出 AB 在 V_1 上的辅助投影 $a'_1b'_1$，$a'_1b'_1$ 的长即为 AB 的实长，α 即为 AB 与 H 面的倾角，如图 2-46、图 2-47 所示。

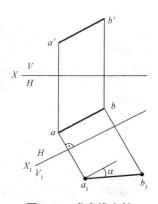

图 2-45 求直线实长

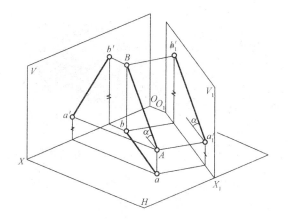
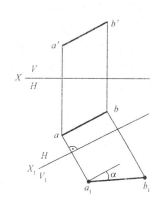

图 2-46 作辅助投影面　　　　　　图 2-47 展开后的投影

(2) 点的多次变换。有一些空间几何问题，只变换一次投影面还不能解决，可以继续进行二次换面、三次换面等，即设立第二个、第三个，甚至更多的辅助投影面。

【例 2-14】 已知一般位置线 AB 的两面投影，如图 2-48 所示，试将 AB 转换为投影面垂线。

分析：首先作辅助投影面 V_1，将 AB 转换为投影面平行线，再作辅助投影面 H_1，将 AB 转换为投影面垂线。其步骤如图 2-49 所示。

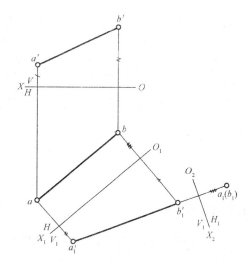

图 2-48 直线的两面投影

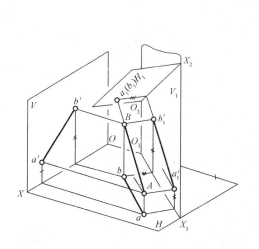

图 2-49 二次换面

【例 2-15】 已知条件如图 2-50 所示，求变形接头两侧面 ABCD 和 ABFE 之间的夹角。

分析：当两平面的交线垂直于投影面时，两平面在该投影面上的投影为两相交直线，它们的夹角即反映两平面的夹角。步骤如图 2-51 所示。

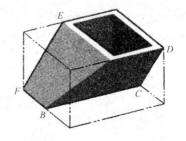

图 2-50 变形接头

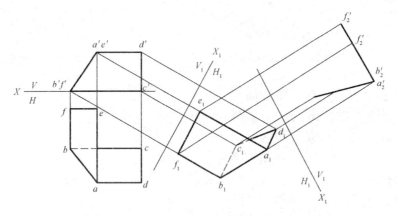

图 2-51 二次换面

2.4.2 旋转法

旋转法，即投影面保持不动，而将几何元素绕某一轴旋转到相对投影面处于有利解题的位置。

如图 2-52 所示，空间点 A 绕垂直于 H 面的旋转轴 O_1O_2 作顺时针旋转，A 点的运动轨迹在 V 面的投影为平行于投影轴 OX 的直线，其在 H 面的投影为垂直于旋转轴的圆弧。根据需要，旋转轴也可垂直于 V 面。即点的旋转变换。

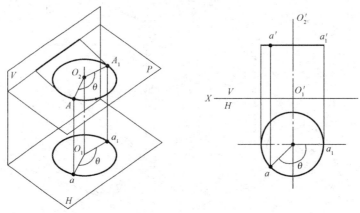

图 2-52 旋转法

由此可知：当空间一点绕垂直于投影面的轴旋转时，它在轴所垂直的投影面上的投影，沿着一个圆弧转动，而另一投影则沿着一平行于投影轴的直线移动。

线和面的旋转问题都可以归结为点的问题，但需要注意的是，进行旋转时，一旦确定旋转轴的方向和位置后，线和面上所有点，都要绕同一旋转轴，按同一旋转方向，旋转同一角度(同轴、同向、同角)旋转的原则。只有这样，才能保持它们之间的相对位置不变。

【**例 2-16**】 已知直线 AB 的两面投影，如图 2-53(a)所示，求一般线 AB 的实长和对 V 面的倾角 β。

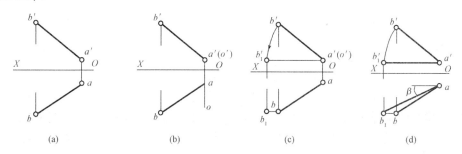

图 2-53 旋转法求直线实长

(a)已知条件；(b)作旋转轴 $OX \perp y$；(c)点 B 的旋转；(d)求得 AB 实长和 β 角实形

分析：当 AB 绕垂直于 V 面的轴线旋转到平行于 H 面时，它的新 H 面投影必反映线段的实长和对 V 面的倾角。

作图步骤：

(1)过点 A 作旋转轴垂直于 V 面。

(2)以 $a'(o')$ 为圆心，以 $a'b'$ 为半径，作圆弧。将点 b' 旋转到 b'_1，使 $a'b'_1$ 平行于投影轴 OX 轴成为水平线。点 B 的 H 投影，沿平行于 OX 轴的线移到 b_1。

(3) ab_1 即为 AB 旋转后的 H 投影，反映 AB 的实长。它与 OX 轴的夹角反映 AB 对 V 面的倾角。

【**例 2-17**】 已知铅垂面 ABC 的两面投影，如图 2-54(a)所示，求铅垂面 ABC 的实形。

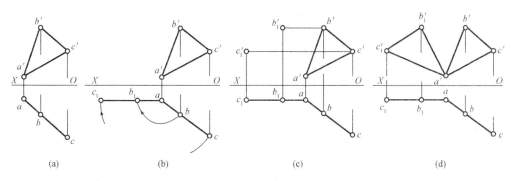

图 2-54 旋转法求面的实形

(a)已知条件；(b)作 c_1b_1；(c)作 $c'_1b'_1$；(d)求得 $\triangle ABC$ 实形

分析：ABC 是铅垂面，只要绕垂直于 H 面的轴线旋转到 V 面平行的位置，它的新 V 投影即可反映实形。

作图步骤:

(1) 过 A 点作垂直于 H 面的旋转轴。

(2) 按照同轴、同向、同角的原则将 b、c 旋转到 b_1、c_1 的位置,使 a、b_1、c_1 连线平行于 OX 轴。

(3) 根据点的旋转规律作出 b_1'、c_1' 的位置,连接 a'、b_1'、c_1' 三点,$\triangle a_1 b_1' c_1'$ 反映 $\triangle ABC$ 的实形。

2.5 平面立体投影

由平面多边形围合而成的立体称为平面立体。常见的平面立体有棱柱、棱锥。由于点、直线和平面是构成平面立体表面的几何元素,因此,绘制平面立体的投影,归根结底是绘制点、直线和平面的投影。

2.5.1 平面立体及表面上的点、线

(1) 棱柱。

1) 棱柱的投影。底面为多边形,各棱线互相平行的立体就是棱柱。常见的棱柱有三棱柱、四棱柱等。

图 2-55(a) 所示为一个三棱柱。三棱柱是由上、下两个底面和三个棱面组成的。

图 2-55(b) 所示为三棱柱的两面投影图。因为上、下底面是水平面,各棱面是铅垂面,所以它的水平投影是一个三角形。这个三角形反映了上、下两底面的实形,三角形的三条边即为三个棱面的投影。它的正面投影上、下两边即为上、下两底的投影;左、右两边是左、右两条棱线的投影。中间的一条竖线是前面一条棱线的投影,它把正面投影分成左、右两个矩形框,这两矩形框就是三棱柱的左、右两个棱面的投影。

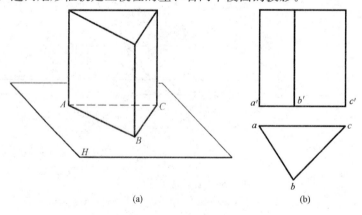

图 2-55 三棱柱的投影

2) 棱柱表面的点的投影。如图 2-56(a) 所示,在三棱柱的后棱面上给出了 M 点的正面

投影 m'，因为正投影时，M 点看不见，所以规定它的正面投影 m' 用黑点表示(注：本章图中出现的不可见的点用黑点表示或用字母加括号表示)，又在上底面上给出了 N 点的水平投影 n(因为水平投影时，N 点可见，所以规定它的水平投影 n 用圆圈表示)。作 M 点的水平投影 m、N 点的正面投影 n'，可以利用棱面和底面投影的积聚性直接作出，如图2-56(b)箭头所示。

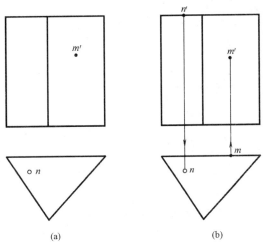

图 2-56　棱柱表面的点

(2)棱锥。

1)棱锥的投影。底面为多边形，所有棱线相交于一点的立体就是棱锥。常见的棱锥有三棱锥、四棱锥等等。

图 2-57(a)给出了一个三棱锥，它由一个底面和三个棱面组成。图 2-57(b)是它的两面投影图。因为底面是水平面，所以它的水平投影是一个三角形(反映实形)，sa、sb、sc 分别为三条棱线的水平投影，sab、sbc、sac 分别为三个棱面的投影。正面投影的外轮廓线 $s'a'b'$ 是前面棱面 SAB 的投影，是可见的。其他两个棱面的正面投影是不可见的，所以它们的交线 SC 的正面投影 $s'c'$ 也是不可见的，因此，画成虚线。

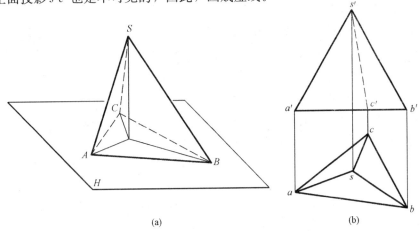

图 2-57　三棱锥的投影

2)棱锥表面的点。如图 2-58(a)所示，在三棱锥 SABC 表面给出了 M 点的正面投影 m'，N 点的水平投影 n。作 M 点的水平投影 m 和 N 点正面投影 n'，可过已知点作辅助线，再通过辅助线定点，找到其他面的投影。图 2-58(b)过 M 点作了一条平行于底边的辅助线，而过 N 点作了一条通过锥顶的辅助线。

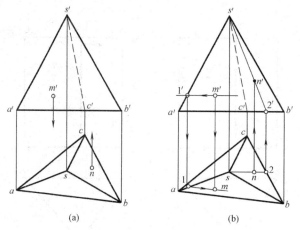

图 2-58　棱锥表面的点
(a)已知；(b)所求

2.5.2　平面立体与平面相交

平面立体和平面相交，如同平面截切平面立体，此平面叫作截平面；所得的交线叫作截交线，由截交线围成的平面图形叫作截断面。从图 2-59 可以看出，平面立体的截交线是一个平面多边形，此多边形的各顶点就是平面立体的棱线和截平面的交点，因此，求作平面立体的截交线，可以用交点法，即求作平面立体的棱线和截平面的交点。

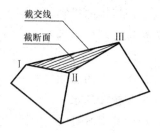

图 2-59　立体被平面截切

【例 2-18】　如图 2-60 所示，求作正垂面 P 截切三棱锥 S－ABC 所得的截交线。

分析： 因为 P_V 有积聚性，所以 P_V 与 $s'a'$、$s'b'$ 和 $s'c'$ 的交点 $1'$、$2'$ 和 $3'$ 即为空间交点Ⅰ、Ⅱ和Ⅲ的正面投影。向下引垂直连线，在 sa、sb 和 sc 上得到这些交点的水平投影 1、2 和 3。△123 即为所求断面△ⅠⅡⅢ的水平投影。至于它的正面投影，积聚在 P_V 上，成为一条直线。

【例 2-19】　如图 2-61 所示，求作一般位置平面 P 截切三棱柱 ABC 所得的截交线。

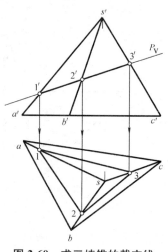

图 2-60　求三棱锥的截交线

分析：此题虽然截平面无积聚性，但棱柱却有积聚性。这就是说：棱线 A、B 和 C 与 P 面的交点 Ⅰ、Ⅱ 和 Ⅲ 的水平投影 1、2 和 3 是已知的。由此，在 P 面内过 Ⅰ、Ⅱ 和 Ⅲ 点作辅助线就可求得正面投影 $1'$、$2'$ 和 $3'$，最后得 $\triangle 1'2'3'$。

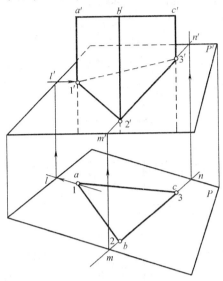

图 2-61 求三棱柱的截交线

【例 2-20】 三棱锥被两个正垂面截切，已知正面投影，补全其他两面投影。

解：作图步骤，如图 2-62 所示。

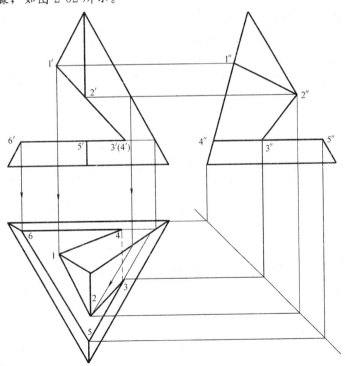

图 2-62 补全立体的三面投影

2.5.3 平面立体与直线相交

平面立体和直线相交，犹如直线贯穿平面立体，因此，在平面立体表面上，可以得到两个交点，这样的交点叫作贯穿点。求平面立体的贯穿点，如同求直线和平面的交点，也分三步，如图2-63所示。

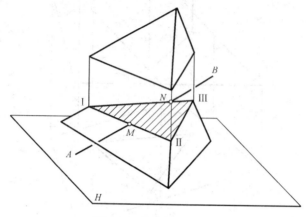

图2-63 直线贯穿三棱锥

第一步：通过已知直线作一个辅助截平面；
第二步：求出此辅助平面和已知平面立体的截交线；
第三步：确定所求截交线和已知直线的交点。

为了简化作图，通常是选择投影面垂直面为辅助截平面。直线贯穿平面立体以后，毫无疑问，穿进平面立体内部的那一段，无论从上向下看，或者从前向后看，都是看不见的，因此其投影要画成虚线；有时也干脆不画。至于露在平面立体表面以外的部分，其可见性的判别就要借助于重影点的可见性，或者直接去读出贯穿点本身的可见性。

【例2-21】 如图2-64所示，试作出直线 AB 与三棱锥的贯穿点，并判断 AB 的可见性。

分析：首先经过直线 AB 作一个正垂面 P（P_V 重合于 $a'b'$），再利用 P_V 的积聚性求出截交线 ⅠⅡⅢ 的投影，最后求得贯穿点 M 和 N 的投影。

判别 AB 的可见性：只要读出图中所求贯穿点 N 的正面投影 n' 为看不见的，就不难知道 $a'b'$ 上 $n'3'$ 这段是看不见的，应画成虚线。

【例2-22】 如图2-65所示，试作出直线 AB 与直三棱柱的贯穿点，并判别 AB 的可见性。

分析：解答此题不需要加辅助截平面，直接利用直立三棱柱棱面的水平投影的积聚性，就能确定所求贯穿点 M 和 N 的投影。

判别 AB 的可见性：因为贯穿点 M 和 N 的两面投影全看得见，所以露在立体之外的两段直线全看得见，要画成实线。

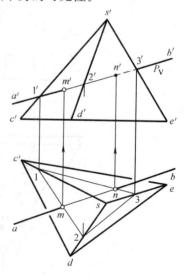

图2-64 直线贯穿三棱锥

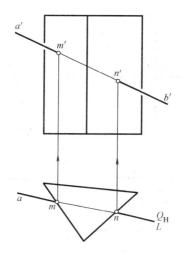

图 2-65 直线贯穿三棱柱

2.5.4 两平面立体相交

两平面立体相交，又称相贯，在它们表面上所得的交线，叫作相贯线。在一般情况下，两平面立体的相贯线是封闭的空间折线。由图 2-66 可以看出，两平面立体相贯线的每一段折线都是两平面立体某两个棱面之间的交线，而每一个折点必然是一个立体的棱线与另一个立体棱面的交点。因此，求两平面立体的相贯线有两种方法：第一种是交线法，即求作两平面立体棱面的交线；第二种是交点法，即求作一平面立体的棱线与另一平面立体棱面的交点。

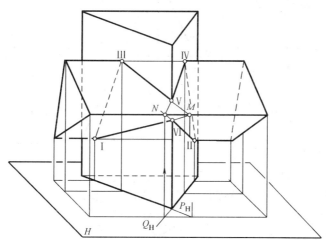

图 2-66 平面立体相贯线的作图分析

【例 2-23】 如图 2-67 所示，求作直立的三棱柱和水平的三棱柱的相贯线。

分析：相贯线为一段封闭的空间折线。因为直立的三棱柱垂直于 H 面，所以相贯线的水平投影必然积聚在该棱柱轮廓线的水平投影上。因此，相贯线的正面投影最好用交线法，即把直三棱柱左右两个棱面作为截平面截切水平三棱柱。

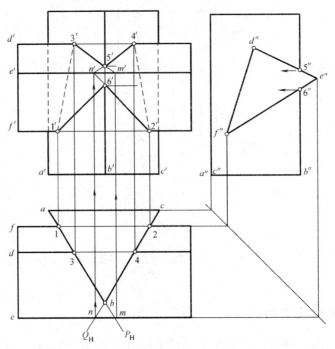

图 2-67 求两立体的相贯线

作法：1）用字母标记两棱柱各棱线的投影；

2）用于平面表示扩大后的 AB 棱面，求出它与水平棱柱的截交线△MⅠⅢ；

3）用 Q 平面表示扩大后的 BC 棱面，求出它与水平棱柱的截交线△NⅡⅣ；

4）截交线△MⅠⅢ和△NⅡⅣ必相交于 B 棱上的Ⅴ、Ⅵ两点；

5）折线Ⅰ—Ⅲ—Ⅴ—Ⅳ—Ⅱ—Ⅵ—Ⅰ即为所求。它的水平投影积聚在直立棱柱的水平投影上，正面投影 1'3' 和 2'4' 因为在水平三棱柱的不可见棱面上，所以画成虚线。

由于此题给出了两立体的侧面投影，所以这些折点可以直接利用形体的侧面投影和水平投影的积聚性而求出。

【例 2-24】 如图 2-68 所示，求作长方体和正三棱柱的相贯线。

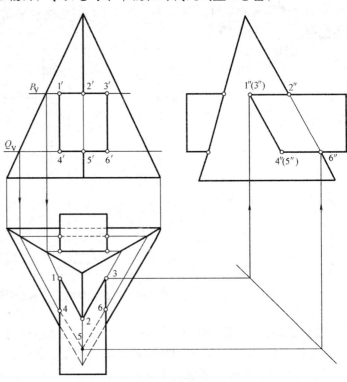

图 2-68 求两立体的相贯线

· 36 ·

分析：根据两形体的投影可知，长方体全部贯入三棱柱。其相贯线是两段封闭的相贯线。因为长方体的正面投影有积聚性，所以相贯线的正面投影是已知的，积聚在长方体的正面轮廓上。剩下的问题就是根据相贯线的正面投影，补全其水平投影和侧面投影。

作法：先作两个辅助平面水平面 P 和 Q，求出全部折点，再连接。

【例 2-25】 如图 2-69 所示，补全带穿孔的正四棱柱的水平投影和侧面投影。

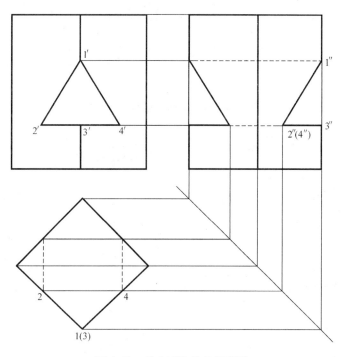

图 2-69　补全形体的三面投影

分析：图中所示为一个直立的四棱柱被一个垂直于正垂面的三棱柱穿孔，要补全其水平投影和侧面投影。应分析两平面立体的相贯线：可以看出，两形体的相贯线是两段封闭的空间折线，在四棱柱的前后有两个相同的空间折线。所以，只要把折线上的各折点定出，就不难作相贯线的投影。

作法：在作图时，由于穿孔会在四棱柱内部产生棱线，为不可见线，所以要画成虚线。

2.6　曲面与曲面立体投影

2.6.1　曲线、曲面

(1)曲线。曲线可以看作点运动的轨迹。点在一个平面内运动所形成的曲线叫作平面曲线，如圆、椭圆、双曲线和抛物线等；点不在一个平面内运动所形成的曲线叫作空间曲线，如圆柱螺旋线。

平面曲线的投影，与平面曲线对投影面的相对位置有关。如图 2-70 所示，平面内的圆，由于它所在的平面与投影面的位置不同，其投影也不同。

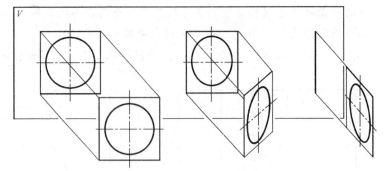

图 2-70 平面曲线投影的三种情况

1) 圆所在的平面平行于投影面，则圆的投影反映实形（成为同样大小的圆）；

2) 圆所在的平面倾斜于投影面，则圆的投影不反映实形（实形成为椭圆）；

3) 圆所在的平面垂直于投影面，则圆的投影积聚成一直线（其长度等于直径）。

空间曲线的投影，在任何情况下都不会有直线，而是曲线，如图 2-71 所示。

(2) 曲面。

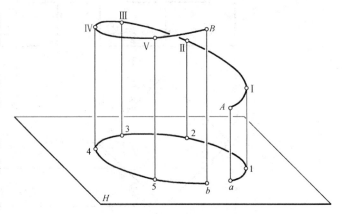

图 2-71 空间曲线的投影

1) 曲面的形成和分类。土建工程中有很多不同的曲面，从几何形成来划分，曲面可以分为规则曲面和不规则曲面，如图 2-72 所示。这里主要讨论规则曲面。

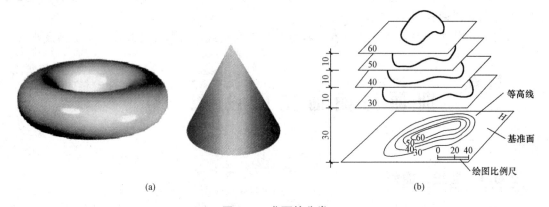

图 2-72 曲面的分类
(a) 规则曲面；(b) 不规则曲面

曲面可以看作线的运动轨迹。运动的线称为母线。曲面上任一位置的母线，称为该曲面的素线。控制母线运动的线或面，分别称为导线（准线）或导面。图 2-73(a)中，直母线沿着曲导线运动，并始终平行空间一条直导线，所形成的曲面为柱面；图 2-73(b)中，直母线沿着曲导线运动，并始终通过定点 S，所形成的曲面为锥面。

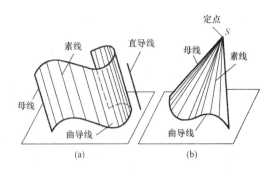

图 2-73 曲面的形成

根据母线运动时有无旋转轴，曲面可分为旋转面和非旋转面。图 2-74(a)、(b)所示的柱面锥面为非旋转面。图 2-74(c)所示为直母线绕旋转轴运动（旋转一周）形成的圆柱面。图 2-74(d)所示为曲母线绕旋转轴旋转一周所形成的花瓶状曲面。

根据母线是直线或曲线，曲面还可分为直纹（或直线）面和曲线面。由直母线运动所形成的曲面称为直纹面，如图 2-74(a)、(b)、(c)所示；只能由曲母线运动所形成的曲面称为曲线面，如图 2-74(d)所示。

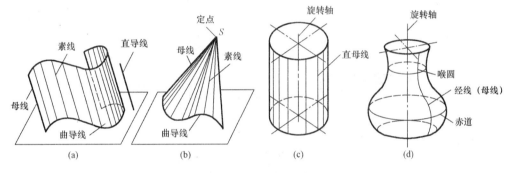

图 2-74 曲面的形成

2.6.2 曲面立体及表面上的点、线

由曲面围合或者由曲面和平面围合而成的立体，叫作曲面立体。圆柱、圆锥，圆球和圆环是工程上最常见、最简单的曲面立体。由于包围这种立体的曲面都属于回转曲面，所以又统称回转体。

(1)圆柱体。圆柱面是由两条互相平行的直线，其中一条直线（称为直母线）绕另一条直线（称为轴线）旋转一周而形成。圆柱体（简称圆柱）由两个相互平行的底平面（圆）和圆柱面围合而成。属于圆柱面且与柱轴平行的直线，称为柱面上的素线，素线相互平行，如图 2-75 所示。

1)圆柱的投影。如图 2-76 所示，圆柱轴线垂直于水平投影面，圆柱侧表面（圆柱面）的水平投影积聚为圆，这个圆也是圆柱上、下底面（水平面）的投影，反映底面（圆）的实形。

圆柱的正面投影和侧面投影为矩形。矩形的上、下两条水平线为圆柱上、下底面（水平圆）的投影；矩形左、右两边

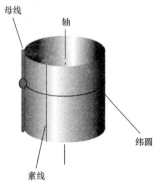

图 2-75 圆柱的形成

的垂直线为圆柱面的外形线。

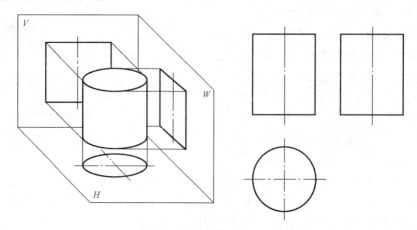

图 2-76　圆柱投影

2)圆柱表面上点和线的投影。图 2-77 中,已知圆柱轴线为侧垂线,又知圆柱面上曲线 ABC 的正面投影,作 ABC 的其余两个投影。

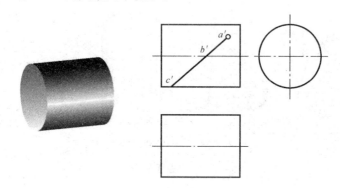

图 2-77　求圆柱表面的点和线的投影

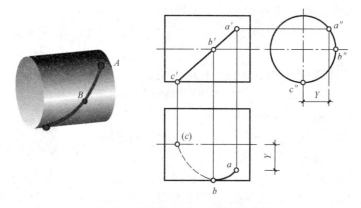

图 2-78　求圆柱表面的点和线的投影

(2)圆锥体。圆锥面是由两条相交的直线,其中一条直线(简称直母线)绕另一条直线

(称为锥轴)旋转一周而形成,交点称为锥顶。直母线上任一点的旋转轨迹为圆,称该圆为纬圆。圆锥面上交于锥顶的直线,称为锥面上的素线。

圆锥体(简称圆锥)由圆锥面和一个底平面(圆)围合而成,如图 2-79 所示。

1)圆锥的投影。如图 2-80 所示,已知锥轴垂直于水平投影面,锥底的水平投影为圆,正面和侧面投影积聚为水平线。圆锥面的三个投影都没有积聚性,锥面的水平投影为圆,锥顶的水平投影与底圆的圆心重合;锥面的正面和侧面投影为三角形,两条斜边为锥面的外形线。

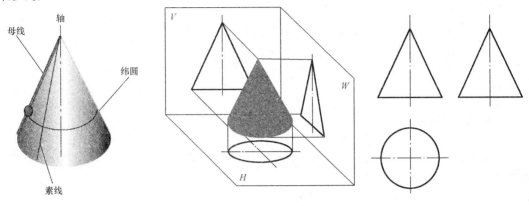

图 2-79 圆锥的形成　　　　　　图 2-80 圆锥的投影

2)圆锥面上点的投影。

①素线法。已知圆锥面上 M 点的正面投影 m'(图 2-81),用素线法求 M 的水平投影和侧面投影,如图 2-82 所示。

②纬圆法。已知圆锥面上 M 点的正面投影 m'(图 2-83),用纬图法求 M 的水平投影和侧面投影,如图 2-84 所示。

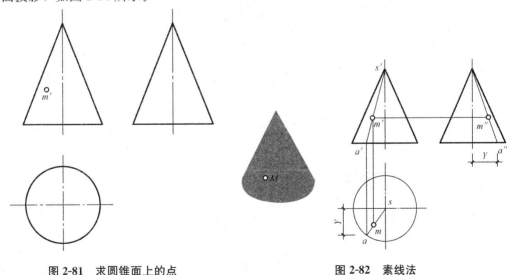

图 2-81 求圆锥面上的点　　　　　图 2-82 素线法

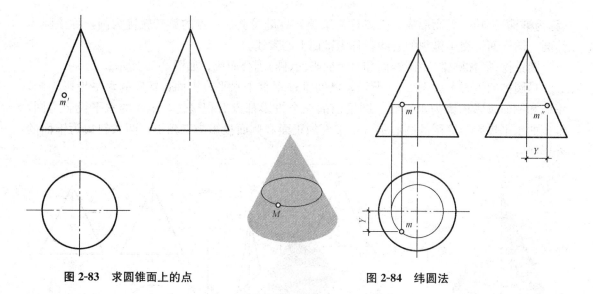

图 2-83 求圆锥面上的点　　　　　图 2-84 纬圆法

3)圆锥面上线的投影。已知圆台表面上的线 ABC 的正面投影 $a'b'c'$（图 2-85），求作其余两投影，如图 2-86 所示。

图 2-85 求圆锥面上线的投影

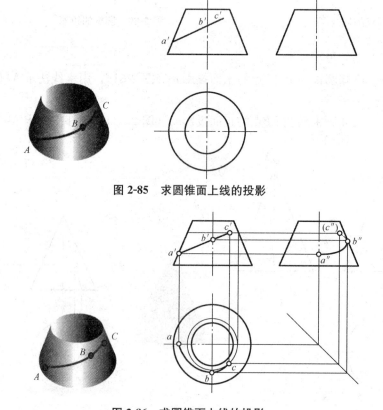

图 2-86 求圆锥面上线的投影

(3)圆球体。圆球面是由圆(曲母线)绕它的直径(轴线)旋转而形成。圆球体(简称球)由自身封闭的圆球面围成，如图 2-87 所示。

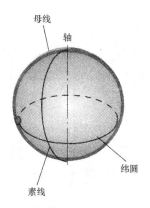

图 2-87 圆球的形成

1)球的投影。球的三面投影都是直径相同的圆。

如图 2-88 所示,正面投影的圆是球面前、后两部分的分界线,它的水平投影和侧面投影都与中心线重合。侧面投影的圆是球面左、右两部分的分界线,它的水平投影和正面投影都与中心线重合。

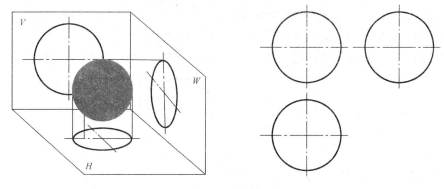

图 2-88 球的投影

2)球面上点和线的投影。在球面上作点的投影只能采用纬圆法,如图 2-89、图 2-90 所示。

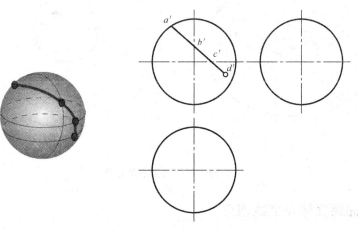

图 2-89 球面上点的投影

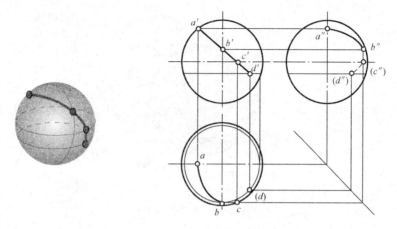

图 2-90　球面上点的投影

(4) 圆环体。圆环面是由圆(曲母线)绕位于圆周所在平面内,且不与圆周相交(或相切)的一条直线(轴线)旋转而形成的。圆环体(简称圆环)由自身封闭的圆环面围成。

当圆环的旋转轴为铅垂线时,圆环的水平投影轮廓线由赤道圆和喉圆的水平投影组成;正面投影的左、右是两个小圆(反映母圆的实形,有半个是看不见的,画成虚线),两个小圆的两条公切线分别是环面最上和最下两个纬圆的正面投影。

在圆环面上定点只能用纬圆法。图 2-91 中环面上 M 点的投影就是用纬圆法作出的。

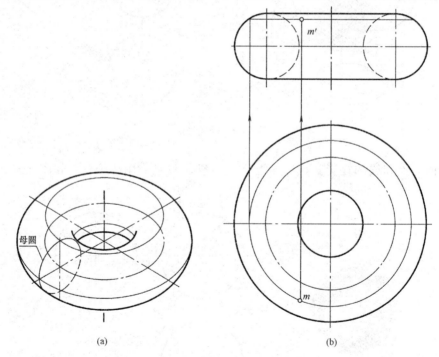

图 2-91　圆环面上点的投影

2.6.3　曲面立体与直线相交

求作曲面立体和直线相交的交点,用辅助截平面法,具体步骤分三步:

第一步,经过已知直线作一个辅助截平面;

第二步,求出此辅助截平面与已知曲面立体的截交线;

第三步,确定所求截交线与已知直线的交点。

在特殊情况下,如曲面的投影有积聚性,或直线的投影有积聚性,便可直接求出交点。

【例 2-26】 如图 2-92 所示,求作圆柱与直线 AB 的交点。

分析:由于圆柱面的水平投影——圆周的积聚性,直线的水平投影 ab 与圆周的交点 k 和 l,即为所求交点的投影,进而用线上定点的方法,在 $a'b'$ 上定出交点的正面投影 $k'l'$。直线的正面投影 $a'k'$ 一段,位于圆柱的前面,是看得见的,画成实线;$l'b'$ 一段位于圆柱的后面,被圆柱遮住的那一小部分是看不见的,应画成虚线。

【例 2-27】 如图 2-93 所示,求作圆锥和垂线 CD 的交点。

分析:由于 CD 的正面投影有积聚性,所以 $c'(d')$ 也是圆锥和直线的交点 K 和 L 的正面投影 $k'(l')$。因此,可用在圆锥面上作纬圆的方法,求出交点 K 和 L 的水平投影 k 和 l。

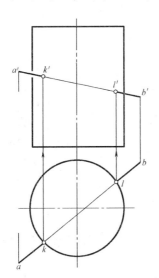
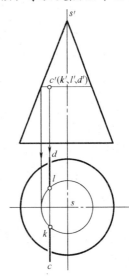

图 2-92 圆柱和直线相交　　　图 2-93 圆锥和直线相交

2.6.4 曲面立体与平面相交

(1)曲面立体与平面相交的截交线。曲面立体和平面相交产生的交线称为截交线。截交线既属于截平面,又属于曲面立体的表面,是截平面和曲面立体表面共有的点的集合。截交线在一般情况下是平面曲线和直线段所围成的封闭图形,特殊情况下是多边形,如图 2-94 所示。

图 2-94 曲面立体与平面相交

求曲面立体和平面相交产生的截交线的一般步骤：

1)空间及投影分析。分析曲面立体的形状以及截平面与旋转体轴线的相对位置，以便确定截交线的空间形状。分析截平面与投影面的相对位置，明确截交线的投影特性，如实形性、积聚性或类似性等。确定截交线的已知投影，预见未知投影。

2)求截交线的投影。当截交线的投影为圆或直线时，应直接求出。当截交线的投影为非圆曲线时，其作图步骤一般为：

①求特殊点；
②求适量一般点，利用在曲面立体表面上定点的方法求得；
③判断截交线投影的可见性，并将上述各点依次连线；
④曲面立体轮廓线的分析与整理。

(2)曲面立体与平面相交的分类。圆柱与平面相交。根据截平面与圆柱轴线的相对位置不同，圆柱面的截交线有圆、平行两直线和椭圆三种情况(图2-95)。

1)当截平面经过圆柱轴线或平行于轴线时，截交线为两条平行的直线；
2)当截平面垂直于圆柱的轴线时，截交线为一个圆；
3)当截平面倾斜于圆柱的轴线时，截交线为椭圆。

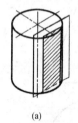
(a)
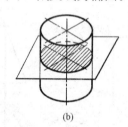
(b)
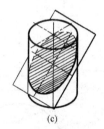
(c)

图 2-95　圆柱与平面相交

【例 2-28】已知圆柱被正垂面截切后的正面投影和水平投影，试求作其侧面投影。

解：作图步骤如图 2-96 所示。

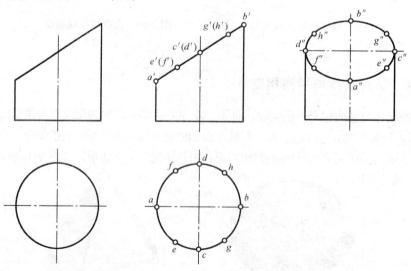

图 2-96　补全被截切后圆柱的三面投影

(2)圆锥与平面相交。圆锥与平面相交，由于截平面的位置不同，所得截交线有五种形状(图 2-97)。

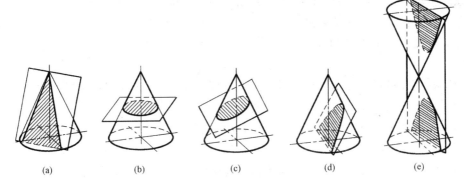

图 2-97 圆锥与平面相交

1)当截平面通过圆锥的轴线或锥顶时，截交线为两条直线；
2)当截平面垂直于圆锥的轴线时，截交线为一个圆；
3)当截平面倾斜于圆锥的轴线，并与所有的素线相交时，截交线为椭圆；
4)当截平面倾斜于圆锥的轴线，但与一条素线平行时，截交线为抛物线；
5)当截平面平行于圆锥的轴线，或者倾斜于圆锥的轴线但与两条素线平行时，截交线为双曲线。

【例 2-29】 如图 2-98 所示，求作圆锥与侧平面 Q 的截交线。

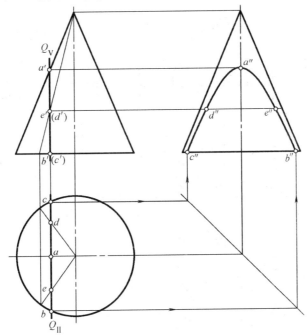

图 2-98 作圆锥与侧平面 Q 的截交线

分析：因为截平面 Q 与圆锥轴线平行，可知截交线是双曲线。它的正面投影和水平投

影均由于 Q 面的积聚性而落在 Q_V 上和 Q_H 上；它的侧面投影，因 Q 面与 W 面平行而具有实形性。

作法： ①求特殊点：双曲线的顶点即最高点 A、最低点 B 和 C 的投影。

②求一般点：用素线法或纬圆法求得一般点 D 和 E 的投影。

③在侧面投影上用光滑的曲线将 $DEADC$ 的侧面投影连接起来，它反映了双曲线的实形。

（3）圆球与平面相交。圆球与平面相交，无论截平面与圆球的相对位置如何，截交线的形状总是圆。并且截平面越接近球心，截得的圆就越大，当截平面经过球心时，截出的圆为最大的圆。当截平面平行于投影面时，截交线在该投影面上的投影反映圆的实形，如图 2-99(a)所示。当截平面垂直于投影面时，截交线在该投影面上的投影积聚为一条直线，其长度等于截交线圆的直径，其余两面的投影为椭圆，如图 2-99(b)所示。

图 2-99　圆球与平面相交

【**例 2-30**】　如图 2-100 所示，作铅垂面 R 与球面的截交线。

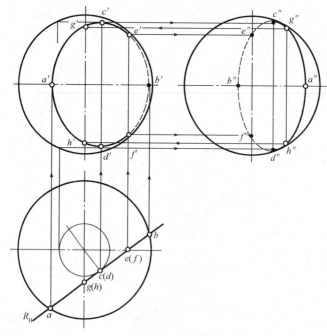

图 2-100　求作平面与圆球的截交线

分析： 截交线的形状是圆形。截平面垂直于 H 面，截交线的水平投影积聚为一条直线段，长度等于截交线圆的直径，其余两个面的投影为椭圆。

作法：①求截交线上的特殊点：赤道圆上的点 A、B，截交线上的最高点和最低点 C、D，球面的正面轮廓线上的点 E、F，侧面轮廓线上的点 G 和 H。

②根据可见性，光滑连线：依次用光滑的曲线连接各点的同面投影，注意判断点的可见性，连线时被球体挡住的部分注意画成虚线。

2.7 轴测投影

2.7.1 轴测投影的基本知识

(1) 轴测投影的形成。三面投影图可以比较全面地表示空间物体的形状和大小，但是这种图的立体感较差，不容易看懂。图 2-101(a)是组合体的三面投影，如果把它画成图 2-101(b)的形式，就容易看懂。这种图是用轴测投影的方法画出来的，称为轴测投影图（简称轴测图）。

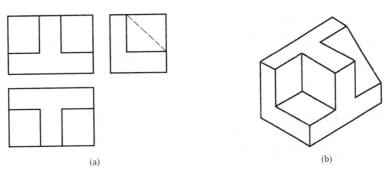

图 2-101 三面投影图和轴测图

轴测图的优点是富于立体感，但是它的缺点是不能直接反映物体的真实形状和大小，度量性差，所以多数情况下只能作为一种辅助图样，用来表达某些建筑物及其构配件的整体形状和节点的搭接情况等。

轴测投影是将空间物体连同确定其空间位置的直角坐标系，沿不平行于任一坐标面的方向 S，用平行投影法投射到一个平面 P 上所得到的图形，平面 P 称为轴测投影面。当投射线垂直于轴测投影面 P 时得到的图形称为正轴测图；当投射线倾斜于轴测投影面 P 时得到的图形则称为斜轴测图，如图 2-102 所示。

(2) 轴测轴、轴间角、轴向比例。轴测轴是当物体向投影面 P 进行轴测投影时，空间坐标轴 $O\text{-}XYZ$ 也跟着投影，成为轴测图上的坐标轴 $O_1\text{-}X_1Y_1Z_1$。为了与原坐标轴区别起见，$O_1\text{-}X_1Y_1Z_1$ 称为轴测轴。

轴间角：轴测轴之间的夹角成为轴间角。

轴向比例：轴测轴上单位长度与相应直角坐标上单位长度之比。

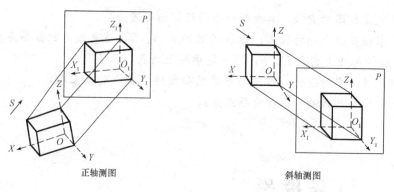

正轴测图　　　　　　　　　斜轴测图

图 2-102　轴测图的形成

(3) 画轴测轴需注意的问题。

1) 确定轴测轴的方向。确定轴测轴的方向就是确定物体在轴测图上的长向、宽向和高向。空间三条坐标轴本来是相互垂直的，向投影面作轴测投影之后就产生变化。例如，向投影面作斜投影以后，由于 OX 和 OZ 与 V 面平行，所以夹角不变。也就是说轴间角 $\angle X_1O_1Z_1=90°$。而轴间角 $\angle X_1O_1Y_1$ 和 $\angle Z_1O_1Y_1$ 的大小均与 O_1Y_1 轴的方向有关。为了作图方便起见，我们取 O_1Y_1 同水平线成 $45°$，即轴间角 $\angle X_1O_1Y_1=135°$。这样一来，轴测轴的方向就用轴间角来确定了。

2) 确定轴测轴的比例。确定轴向比例，就是找到沿轴测轴测量长向、宽向和高向所用的比例尺。有了轴向比例就可以确定物体在轴测图中的长、宽和高度方向画出的图上尺寸了。确定了轴间角和轴向比例，就可以给定轴测轴；而确定了轴测轴就不难画出轴测图。

2.7.2　正等测的画法

(1) 正等轴测图的轴间角和轴向比例。

1) 正等轴测图的三个轴间角相等，均为 $120°$。一般规定把表示高向的轴 O_1Z_1 画成铅直的位置，那么表示长向和宽向的两条轴 O_1X_1 和 O_1Y_1 必与水平线成 $30°$。

2) 轴向比例都相等，即：

$$O_1A_1=\cos 35°\times OA=0.82OA$$
$$O_1B_1=\cos 35°\times OB=0.82OB$$
$$O_1C_1=\cos 35°\times OC=0.82OC$$

$\cos 35°=0.82$ 叫作变形系数。为了方便作图，就取变形系数等于 1 (称它是简化系数)，即三个轴向比例均为 1∶1，这样，画出来的轴测图虽然放大了 1.22 倍，但作图方便。

【例 2-31】　作图 2-103(a) 所示正六棱柱的正等轴测图。

分析：正六棱柱上下底是水平面的正六边形，坐标原点应选在正六边形的中心上。

作法如图 2-103(b) 所示，分四步进行：

1) 画出轴测轴；

2) 以原点为中心，根据正六棱柱水平投影中标出的尺寸，作上底的轴测图；

3) 从六边形各角点向下引垂线，并截取各垂线的长等于棱柱的高，画出下底可见部分

的边线;

4) 擦去多余线条,并加深可见棱线。

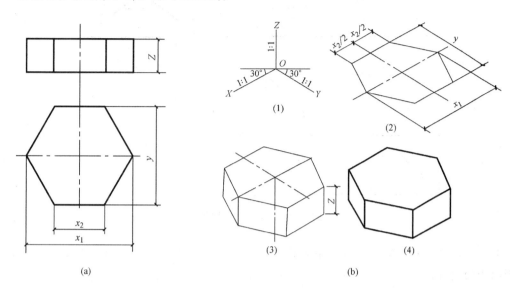

图 2-103 作六棱柱的正等轴测图

【例 2-32】 作图 2-104 所示柱脚的正等轴测图。

分析:柱脚是由六个基本形体组成的。先完成地板和柱身的轴测图,然后再加上四个相同的支承板的轴测图。作法如图 2-105 所示。

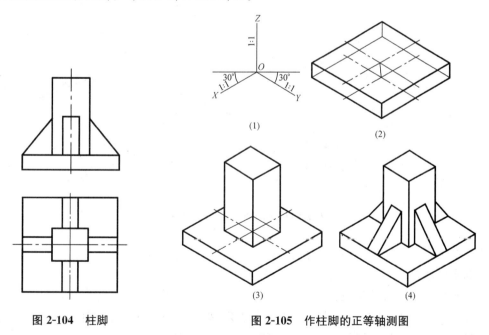

图 2-104 柱脚　　　　图 2-105 作柱脚的正等轴测图

【例 2-33】 作图 2-106 所示屋顶的正等轴测图。

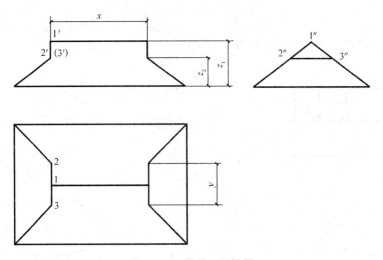

图 2-106 屋顶三面投影

为画出屋脊角点Ⅰ、Ⅱ、Ⅲ，须先作它们水平投影的轴测图，然后升高则得到它们在轴测图中的位置。

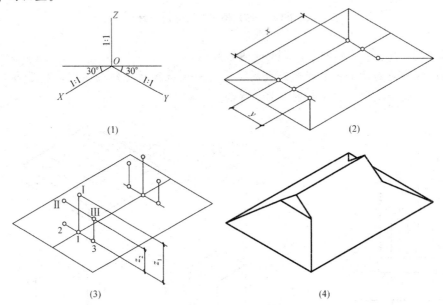

图 2-107 作屋顶的正等轴测图

画法如图 2-107 所示，分四步进行：
1）画出轴测轴；
2）作屋顶水平投影的轴测图；
3）由轴测图中 1、2 与 3 点升高，截取高度 Z_1 及 Z_2，即得Ⅰ、Ⅱ和Ⅲ；
4）依次连线并加深，即得屋顶的轴测图。

（2）圆的正等轴测图画法。如图 2-108 所示，设一个边长等于 a 的立方体，在它的正面、侧面和顶面均有一个内切的圆。在此立方体的正等轴测图中，正面、侧面和顶面均发生变形，三个正方形都变成相等的菱形，三个圆也都变成相等的椭圆。在菱形内作内切椭圆，一般采用"四心扁圆法"。"四心扁圆法"的作图步骤如图2-109所示，分四步进行：

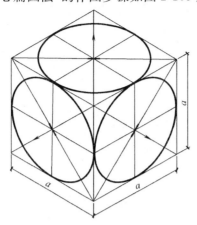

图2-108 平行于三个坐标面的圆的正等轴测图

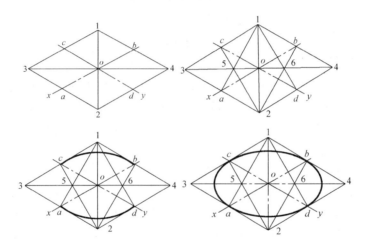

图2-109 四心扁圆法

1)在 X、Y 轴上分别截取 oa、ob、oc、od 等于已知圆的半径。再过 a、b 两点作 Y 轴平行线，过 c、d 两点作 X 轴的平行线，得菱形1324；

2)连接1a 和 1d(或2b 和 2c)与对角线34相交于5、6两点；

3)以1点为圆心，1a(或1d)为半径作圆弧 ad，以2点为圆心，2b(或2c)为半径作圆弧 bc；

4)以5点为圆心，5a(或5c)为半径作圆弧 ac，以6点为圆心，6b(或6d)为半径作圆弧 bd。

平行于三个坐标面的圆都可用"四心扁圆法"画出正等轴测图，虽然椭圆的长轴、短轴的方向不同，但作图方法相同

【例2-34】 已知圆柱的两面投影图，作圆柱的正等轴测图，如图2-110所示。圆柱的上下底圆均为水平圆。画法分三步进行，如图2-111所示。

分析：①画出轴测轴；

②根据柱高定出上下底圆的圆心在轴测图中的位置,然后分别用"四心扁圆法"作椭圆;
③画出两椭圆的公切线,并加深圆柱的可见轮廓线。

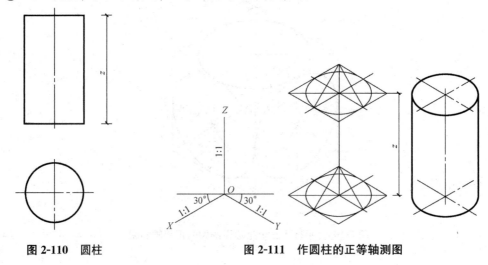

图 2-110　圆柱　　　　　　　　图 2-111　作圆柱的正等轴测图

2.7.3　斜二测的画法

物体的正平面平行于投影面 V,以 V 面作投影面,对物体进行斜投影,形成的投影图称为斜轴测图。由于其正面平行于投影面,可反映实形,所以此轴测图适用于画正面形状复杂、曲线多的物体。

(1)斜二轴测图的轴间角和轴向比例。

1)由于斜二轴测图的正面投影保持不变,所以说轴间角 $\angle X_1O_1Z_1 = 90°$,而 O_1Y_1 的方向取决于投射线的方向。为了作图简便,通常取 O_1Y_1 与水平线成 $45°$(也可以取 O_1Y_1 同水平线成 $30°$ 或 $60°$)。图 2-112 给出了四种不同形式的斜轴测轴,分别是从四个不同的方向对物体进行投射而产生的。

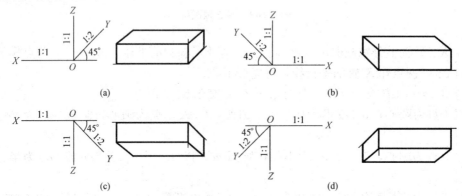

图 2-112　不同投射方向的斜二轴测图
(a)右俯视;(b)左俯视;(c)右仰视;(d)左仰视

2)由于正面投影保持不变,所以 X 方向和 Z 方向的轴向比例为 $1:1$。而表示宽度的 Y 方向进行投影以后,可以伸长或缩短,也可以相等。但实用上考虑到作图的简便性和富于立体感,取 Y 方向的轴向比例为 $1:2$,即 $O_1Y_1=1/2OY$。这是一个缩小的比例,即轴测图上的宽度等于物体实际宽度的一半。

【**例 2-35**】 作图 2-113 所示空心砖的斜二测图。

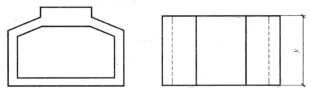

图 2-113 空心砖

作法:如图 2-114 所示,分三步进行:
①画出轴测轴;
②把空心砖的正面形状,按其正面投影画到坐标平面 XOZ 内,并引出各条宽度线;
③根据空心砖的水平投影给出宽度的一半,作出空心砖后面(包括空心部分)可见的边线。

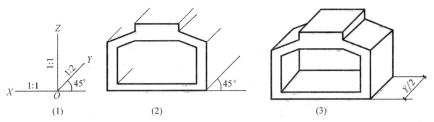

图 2-114 空心砖的斜二轴测图

【**例 2-36**】 作图 2-115 所示台阶的斜二测图。

作法:如图 2-116 所示,分三步进行:
①画出轴测轴,为了清楚地反映左面踏步的形状,把宽向轴画在左面与水平线成 $45°$;
②作底层及上层踏步板的斜二测图;
③在踏步板的右侧画出栏板的斜二测图。

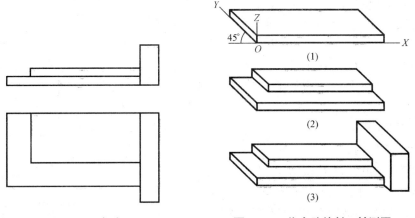

图 2-115 台阶   图 2-116 作台阶的斜二轴测图

(2)圆的斜二轴测图画法。如图 2-117 所示,在此立方体的斜二测图中,因为正面不变形，所以正方形及其内切的圆均保持不变；而侧面和顶面都要变形；正方形变成平行四边形，圆变成椭圆。在平行四边形里作内切椭圆一般可用"八点法"。

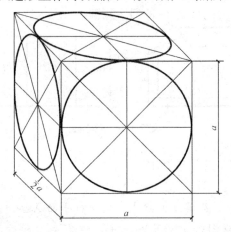

图 2-117　平行于三个坐标面的圆的斜二轴测图

"八点法"的作图步骤如图 2-118 所示，分四步进行：

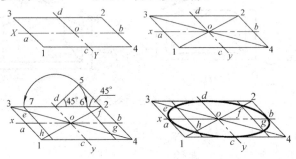

图 2-118　八点法

1）在 X 轴上截取 ab、ob 等于已知圆的半径，在 Y 轴上截取 oc、od 等于 1/2 半径。再过 a、b 两点作 Y 轴的平行线，过 c、d 两点作 X 轴的平行线，得平行四边形 1324；

2）连对角线 12 和 34；

3）以 2d 为斜边作一个等腰直角三角形 2d5，并在 23 上截取 d6、d7 等于 d5，过 6、7 两点作 Y 轴的平行线，并与对角线 12、34 相交于 e、f、g、h 四个点；

4）用曲线光滑连接 a、h、c、g、b、f、d、e 八个点。

【例 2-37】　如图 2-119 所示，已知带切口的圆柱体的两面投影图，作其的斜二轴测图。

分析：此题可先画圆柱的轴测图，然后作切口的轴测图。从两面投影图中可以看出，圆柱的切口在下部。为了看清切口，最好画成仰视的轴测图。

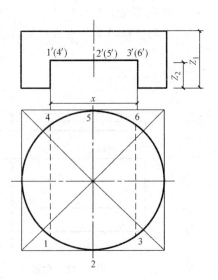

图 2-119　带切口的圆柱

作法：如图 2-120 所示，分四步进行：

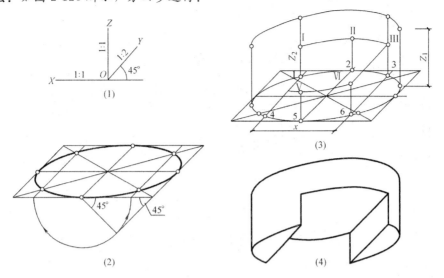

图 2-120 作图方法

①画出轴测轴；
②用"八点法"作下底圆的斜二测椭圆；
③在椭圆上自 1、2、3、4、5、6 各点向上引垂线，并截取高度为 Z_2，得Ⅰ、Ⅱ、Ⅲ、Ⅳ、Ⅴ、Ⅵ各点，即可作圆柱的切口，然后根据圆柱的高度 Z_1 作圆柱的上顶圆；
④整理轮廓线，加深可见轮廓线。

2.7.4 轴测图的选择

从轴测投影图的形成可知，随着形体坐标轴的倾斜角或斜投影的角度不同，轴测投影有无数种，前面已经介绍了几种常用的轴测投影，但选用哪一种轴测图和物体如何放置，才能更加直观地表现物体的立体形状，还需对轴测类型进行合理的选择。

(1)轴测类型的选择。根据物体的形状，在选用轴测图时，应考虑下面几个问题：

1)立体感强。如图 2-121 所示，在图 2-121(b)中物体转角处的棱线其轴测投影成一条直线，效果较差，若采用图 2-121(c)所示的斜二测图，效果则较好。

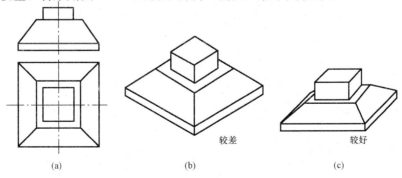

图 2-121 柱基立体效果
(a)正投影图；(b)正等轴测图；(c)斜二测图

2)尽量少遮挡内部构造。如图 2-122 所示,采用正等轴测图可以把物体内部表达清楚,采用斜二测图,则内部构造表达不是很清楚。

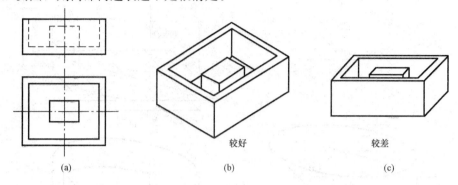

图 2-122　根据物体内部表达选择轴测图
(a)正投影图;(b)正等轴测图;(c)斜二测图

3)作图简便。若形体是柱体,且截面较复杂,一般采用截面平行于投影面的斜轴测投影图。外形较方正平整的物体常用正等轴测图,如图 2-123 所示。

(2)投影角度的选择。画轴测图时,只要保持轴间角不变,轴测轴的方向和位置是可以随着表达要求而变化的。如

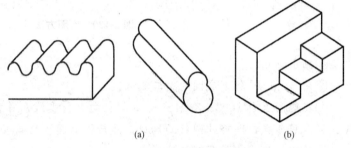

图 2-123　根据物体外形选择轴测图类型
(a)斜二测图;(b)正等测图

图 2-124 所示,是以正等轴测图为例,表示了从不同方向观看形体的四种典型情况。一般来说,确定投影方向时应该能看到形体的主要特征表面。

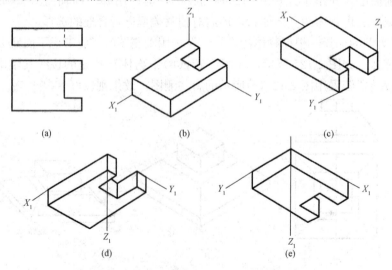

图 2-124　从不同的方向作形体的正等轴测图投影
(a)正投影图;(b)从左前上方投影;(c)从右前上方投影;(d)从右前下方投影;(e)从左前下方投影

选择投影方向时，还应考虑到形体的形状特征。如图 2-125 和图 2-126 所示，同样都是形体的斜二测图，图 2-125(b)从右前上方投影较好，但是图 2-126 从左前上方作投影，就比从右前上方作投影合适。

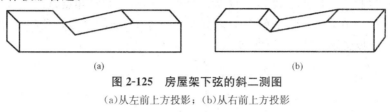

图 2-125　房屋架下弦的斜二测图

(a)从左前上方投影；(b)从右前上方投影

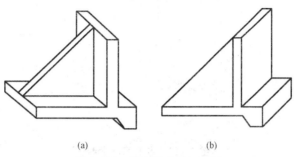

图 2-126　挡土墙的斜二测图

(a)从左前上方投影；(b)从右前上方投影

2.8 标高投影

前面讨论了两面或三面投影来表达点、线、面和立体，但对一些复杂曲面，这种多面正投影的方法就不很合适。例如，起伏不平的地面很难用它的三面投影来表达清楚。

对于这种情况，人们常用一组平行、等距的水平面与地面截交，所得的每条截交线都为水平曲线，其上每一点距某一水平基准面 H 的高度相等，这些水平曲线称为等高线。一组标有高度数字的地形等高线的水平投影，能清楚地表达地面起伏变化的形状。这种用等高线的水平投影(习惯上仍称作等高线)与标注高度数字相结合来表达空间形体的方法称为标高投影法，所得的单位正投影图称为标高投影图，如图 2-127 所示。

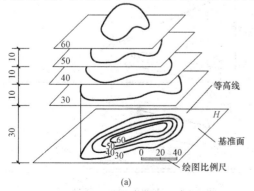
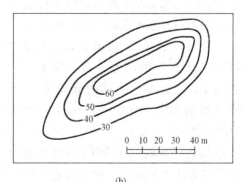

图 2-127　标高投影的形成

2.8.1 点和直线

(1)点的标高投影。以水平投影面 H 为基准面,作出空间已知点 A、B、C 在 H 面上的正投影 a、b、c,并在点 a、b、c 的右下角标注该点距 H 面的高度,所得的水平投影为点 A、B、C 的标高投影图,如图 2-128 所示。

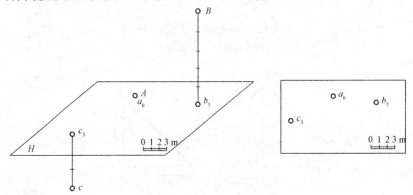

图 2-128 点的标高投影

(2)直线的标高投影。通常,用直线上两点的标高投影来表示该直线,如图 2-129 所示,把直线上点 A 和 B 的标高投影 a_9 和 b_3 连成直线,即为直线 AB 的标高投影。

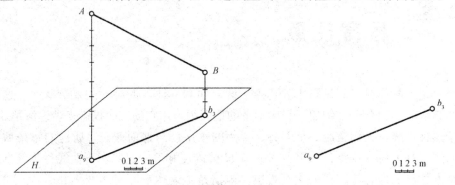

图 2-129 直线的标高投影

1)直线的坡度和平距。直线上任意两点的高差与其水平距离之比,称为该直线的坡度,记为 i。在图 2-130 中设直线上点 A 和 B 的高差为 H,其水平距离为 L,直线对水平面的倾角为 α,则直线的坡度为 $i=H/L=\tan\alpha$,$i=H/L=6/9=2/3=2:3$。

直线上任意两点 B 和 C 的高差为一个单位时的水平距离,称为该直线的平距,记为 l。这时该直线的坡度可表

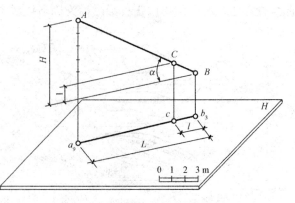

图 2-130 直线的坡度和平距

示为 $i=1/l$ 或平距 $l=1/i=1.5$。

2)直线的标高投影表示法。通常，用直线上两点的标高投影来表示该直线，如图 2-131 (a)所示，把直线上点 A 和 B 的标高投影 a_9 和 b_3 连成直线，即为直线 AB 的标高投影。

如果已知直线上一点 A 和直线的方向，那么也可以用点 A 的标高投影 a_9 和直线的坡度 $i=1:1.5$ 来表示直线，并规定直线上表示坡度方向的箭头指向下坡，如图 2-131(b)所示。

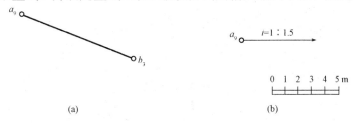

图 2-131 直线的标高投影表示法

【例 2-38】 如图 2-132 所示，已知直线 AB 的标高投影 a_3b_7 和直线上点 C 到点 A 的水平距离 $L=3$ m；试求直线 AB 的坡度 i、平距 l 和点 C 的高程。

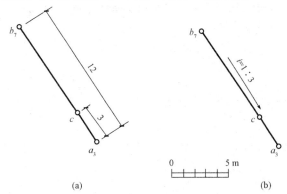

图 2-132 求直线的坡度、平距和点 C 的高程

解：

$$i=\frac{H}{L}=\frac{7-3}{12}=\frac{1}{3}$$

由此可求得直线的平距：

$$l=\frac{1}{i}=\frac{3}{1}=3(\mathrm{m})$$

又因为点 C 到 A 的水平距离 $L_{AC}=3$ m，所以点 C 和 A 的高差：

$$H_{AC}=iL_{AC}=\frac{1}{3}\times 3=1(\mathrm{m})$$

由此可求得点 C 的高程：

$$H_C=H_A+H_{AC}=3+1=4(\mathrm{m})$$

记为 c_4，如图 2-132(b)所示。

3)直线上的整数标高点。标高投影中直线上的整数标高点可利用计算法或图解法求得。

【例 2-39】 如图 2-133 所示，已知直线 AB 的标高投影为 $a_{11.5}b_{6.2}$，求作 AB 上各点整

数标高点。

解：①计算法。

根据已给出的作图比例尺在图中量得 $L_{AB}=10$ m，可计算出坡度：

$$i=\frac{H_{AB}}{L_{AB}}=\frac{11.5-6.2}{10}=\frac{5.3}{10}=0.53$$

由此可计算出平距：

$$l=\frac{1}{i}=1.88(\text{m})$$

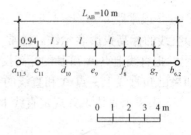

图 2-133　求作直线上各点整数标高点

点 $a_{11.5}$ 到第一个整数标高点 c_{11} 的水平距离应为：

$$L_{AC}=\frac{H_{AC}}{i}=\frac{11.5-11}{0.53}=0.94(\text{m})$$

用图中的绘图比例尺在直线 $a_{11.5}b_{6.2}$ 上自点 $a_{11.5}$ 量取 $L_{AC}=0.94$ m，便得点 c_{11}。以后的各整数标高点 d_{10}、e_9、f_8、g_7 间的平距均为 $l=1.88$ m。

②图解法。也可利用比例线段的方法作出已知直线标高投影上各整数标高点。图 2-134(a) 所示为用一组等距的平行线进行图解；图 2-134(b) 所示为用相似三角形方法进行图解，图中过点 $a_{11.5}$ 所引的直线为任意方向。

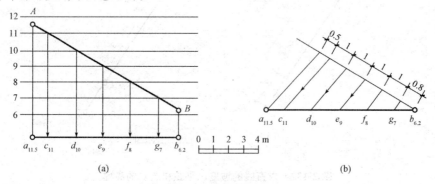

图 2-134　图解法

2.8.2　平面

(1) 平面上的等高线和坡度线。平面上的等高线就是平面上的水平线，也就是该平面与水平面的交线。平面上的各等高线互相平行，并且各等高线间的高差与水平距离成同一比例。当各等高线的高差相等时，它们的水平距离也相等，如图 2-135 所示。

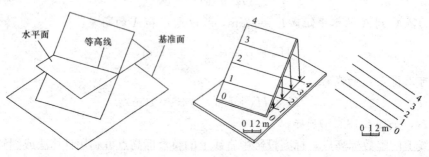

图 2-135　平面上的等高线和坡度线

平面上的坡度线就是平面上对水平面最陡的直线,即最大斜度线,它的坡度代表了该平面的坡度。平面上的坡度线与等高线互相垂直,它们的标高投影也互相垂直,如图2-136所示(注:坡度线垂直于等高线)。

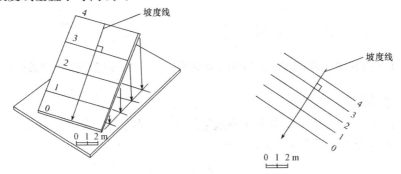

图2-136　平面上的坡度线

(2)平面的标高投影表示法。

1)用一组高差相等的等高线表示平面。图2-137(a)表示高差为1、标高从0到4的一组等高线表示平面,从图可知,平面的倾斜方向和平面的坡度都是确定的。

2)用坡度线表示平面。图2-137(b)中①给出用带有标高数字(刻度)的一条直线表示平面,该条带刻度的直线也称为坡度比例尺,它既确定了平面的倾斜方向,也确定了平面的坡度;图2-137(b)中②用平面上一条等高线和平面的坡度表示平面;图2-137(b)中③用平面上一条等高线和一组间距相等、长短相间的示坡线表示平面。示坡线应从等高线[见图2-137(b)中③中标高为4的等高线]画起,指向下坡。示坡线上应注明平面的坡度。

3)用平面上一条倾斜直线和平面的坡度表示平面。在图2-137(c)中画出了平面上一条倾斜直线的标高投影 a_8b_5。因为平面上的坡度线不垂直于该平面上的倾斜直线,所以在平面的标高投影中坡度线不垂直于倾斜直线的标高投影 a_8b_5,把它画成带箭头的弯折线,箭头仍指向下坡。

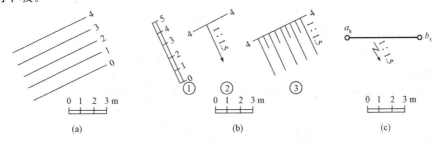

图2-137　坡度线表示平面

4)用平面上三个带有标高数字的点表示平面。图2-138中给出了三个带有标高数字的点(a_9、b_6、c_3)表示平面。假如用直线连接各点,则为三角形平面 ABC 的标高投影。

5)水平面标高的标注形式。在标高投影图中水平面的标高,可用等腰直角三角形标注,也可以用标高数字外画细实线矩形框标注,如图2-139所示。

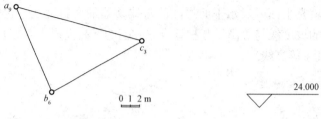

图 2-138 用平面上带有标高数字的点表示平面 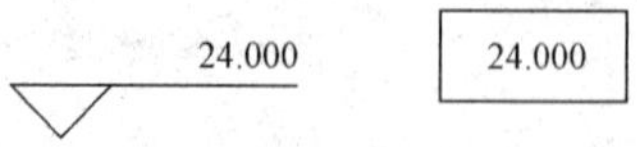   图 2-139 水平面的标高

(3)平面的标高投影表示法。

【例 2-40】 已知平面用三个带有标高数字的点 a_1、$b_{8.3}$、c_5 表示，如图 2-140 所示，试求作该平面上的整数标高的等高线和平面的坡度。

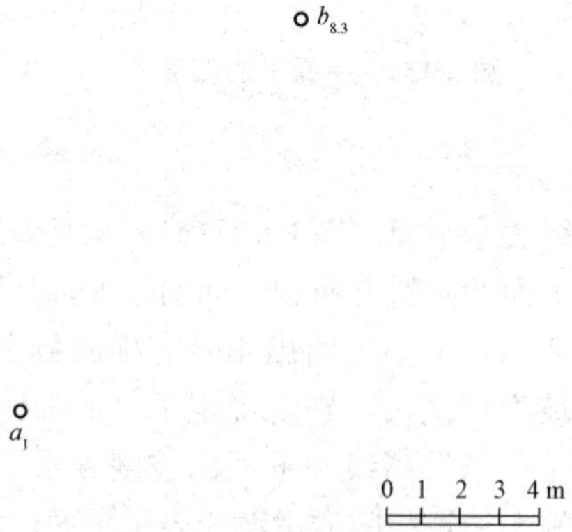

图 2-140 求作该平面上的整数标高的等高线和平面的坡度

作图步骤：

① 连线：连接 a_1，$b_{8.3}$，c_5 三点；
② 过标高点 a_1 作一条斜线；
③ 在斜线上定出整数点及小数点；
④ 斜线上的 8.3 与 $b_{8.3}$ 相连；
⑤ 作 $8.3b_{8.3}$ 的平行线；
⑥ 连接点 5 和 c_5；
⑦ 过 $a_1b_{8.3}$ 边上各整数点作等高线平行于 $5c_5$；
⑧ 过标高点 $b_{8.3}$ 作平面的坡度线。

(4)平面交线的标高投影。在标高投影中，两平面的交线，就是两平面上两队相同标高的等高线相交后所得交点的连线。

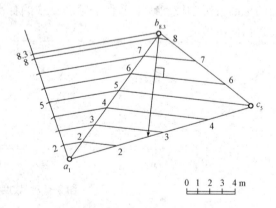

图 2-141 作图方法

使图 2-142(a)中平面 P 的坡度为 1:1.5，平面 Q 的坡度线为 1:2，根据已知的绘图比例尺分别作出 P 和 Q 上标高数值相同的两条等高线 15 和 11，相同标高等高线的交点分别为点 a_{15} 和 b_{11}，直线 $a_{15}b_{11}$ 即为两平面交线的标高投影，如图 2-142(b)所示。

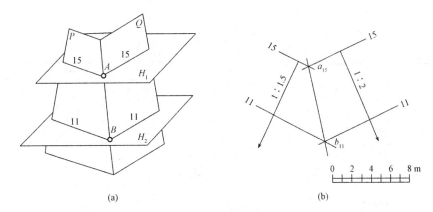

图 2-142 平面交线的标高投影

【例 2-41】 如图 2-143 所示，已知地面标高为 24.00 m，基坑底面标高为 20.00 m，基坑形状和各开挖坡面的坡度如图所示。试求作各坡面间、坡面与地面的交线，并画出各坡面上部分示坡线。

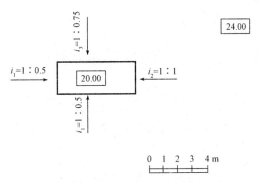

图 2-143 求作各坡面间、坡面与地面的交线

解：标高为 20.000 的等高线与 24.000 的等高线之间的水平距离可根据各坡面的坡度计算得到，即：

$$L_1 = \frac{H}{i_1} = \frac{4}{1/0.5} = 2(\text{m})$$

$$L_2 = \frac{H}{i_2} = \frac{4}{1/1} = 4(\text{m})$$

$$L_3 = \frac{H}{i_3} = \frac{4}{1/0.75} = 3(\text{m})$$

【例 2-42】 已知两土堤顶面的标高、各坡面的坡度、地面的标高，如图 2-145 所示。试作出两堤之间、堤面与地面之间的交线。

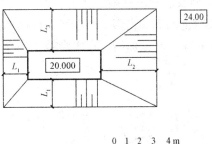

图 2-144 作图结果

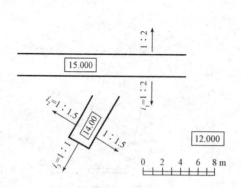
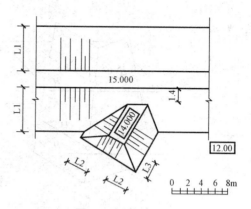

图 2-145　作两堤之间、堤面与地面之间的交线　　　　图 2-146　作图结果

解： 从图中可知，两堤的堤顶边线为等高线 15 和 14，所以各土堤坡面是以一条等高线和坡面的坡面的坡度这种形式给出的。

首先，作各坡面上标高为 12 的等高线，即为各坡面与地面的交线。它们的水平距离可以分别根据各坡面的坡度计算出，即

$$L_1 = \frac{H}{i_1} = \frac{15-12}{1/2} = 6(\text{m})$$

$$L_2 = \frac{H}{i_2} = \frac{14-12}{1/1.5} = 3(\text{m})$$

$$L_3 = \frac{H}{i_3} = \frac{14-12}{1/1} = 2(\text{m})$$

然后，求作距离 L_4，它是斜交的小堤坡面与大堤坡面交线到等高线 15.000 的距离，根据坡度 i_1 可得

$$L_4 = \frac{H}{i_1} = \frac{15-14}{1/2} = 2(\text{m})$$

2.8.3　曲线、曲面和地面

1. 曲线的标高投影

曲线上的标高投影，由曲线上一系列点的标高投影的连线来表示，如图 2-147(a)所示；呈水平位置的平面曲线，即本身就是等高线，一般只标注一个标高，如图 2-147(b)所示。

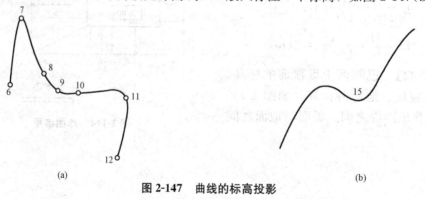

图 2-147　曲线的标高投影
(a)一般位置曲线的标高投影；(b)水平面上的标高投影

2. 曲面的标高投影

(1)圆锥面的标高投影。在标高投影中圆锥面的底圆为水平面。用一组间距相等的水平面与圆锥相交,截交线都为圆。用这组标有高度值的圆的水平投影来表示圆锥,直圆锥面的标高投影为一组同心圆,如图 2-148 所示。

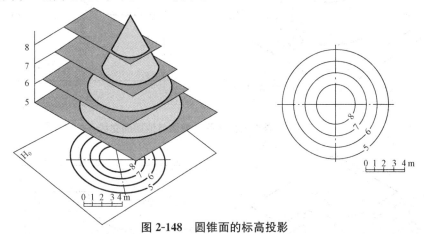

图 2-148 圆锥面的标高投影

显然,当圆锥正放(锥顶朝上)时,等高线的标高值越大,则圆的直径越小,如图 2-149(a)所示;当圆锥倒放时,等高线的标高值越大,则圆的直径也越大,如图 2-149(b)所示。

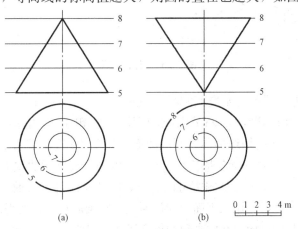

图 2-149 圆锥的正放与倒放

【例 2-43】 已知带有圆角标高为 8.000 m 的平台和标高为 4.000 m 的地面,各坡面的坡度均为 1∶1.5,试求作图 2-150 所示坡面之间、坡面与地面的交线,并画出坡面上部分示坡线。

解:

$$L=\frac{H}{i}=\frac{1}{1/1.5}=6(\mathrm{m}) \qquad l=\frac{1}{i}=\frac{1}{1/1.5}=1.5$$

作图步骤(图 2-151):
①作平坡面与地面的交线;
②作圆锥面与地面的交线;
③作圆锥面与坡面的交线;

④作示坡线。

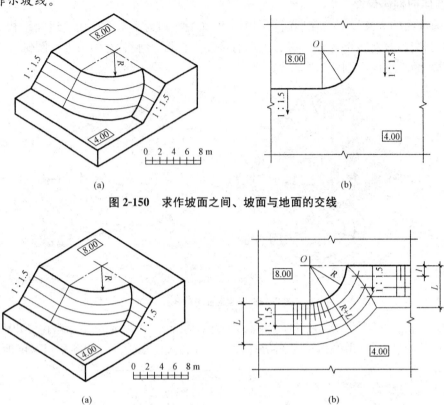

图 2-150 求作坡面之间、坡面与地面的交线

图 2-151 作图结果

(2) 同坡曲面的标高投影。从空间解析几何知，当圆柱轴线平行(或重合)于 Z 轴时，过圆柱螺旋线上每点所作的切线与 OXY 面(水平面)具有相同的倾角 a，即每条切线的坡度相同，这种由所有切线形成的切线面称为同坡曲面，如图 2-152(a)所示。

同坡曲面也可以看作锥轴始终垂直于水平面而锥顶沿着空间曲线 L 运动的正圆锥包络面(公切面)，如图 2-152(b)所示。从图中可以看出，同坡曲面是直纹面，同坡曲面与圆锥面的切线为同坡曲面上的坡度线。用水平面与同坡曲面、圆锥面相交，所得的交线相切。这说明，同坡曲面上的等高线与圆锥面上相同高程的等高线(圆)相切，且切点位于坡度线上。

在土建工程中山区弯曲盘旋道路，弯曲的土堤斜道等的两侧的坡面，往往为同坡曲面，如图 2-152(c)所示。

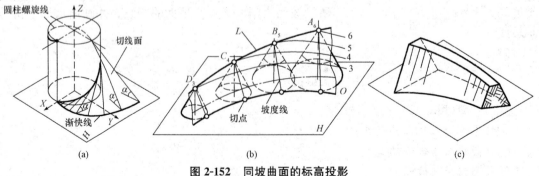

图 2-152 同坡曲面的标高投影

【例2-44】 已知同坡曲面上一条空间曲线的标高投影，曲线上点A的标高投影为a_8，曲线的坡度$i_0=1:6$，又知同坡曲面的坡度$i=1:2$和坡面的倾斜方向，如图2-153(a)所示，试作同坡曲面上整数标高的等高线。

分析：为了方便作图，常采用图2-153(b)所示的原理，通过作各圆锥面上等高线的标高投影(圆)来求得同坡曲面上的等高线。

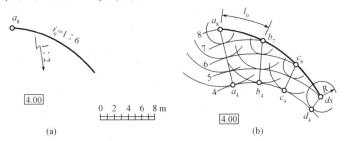

图2-153 求作同坡曲面上整数标高的等高线

作图步骤：

①空间曲线上高差为1 m的整数标高点$l_0=\frac{1}{i_0}=\frac{1}{1/6}=6(\text{m})$；

②作出各圆锥面上高差为1 m的等高线$l=\frac{1}{i}=\frac{1}{1/2}=2(\text{m})$；

③作同高程等高线的公切线；

④画坡度线。

【例2-45】 已知平台标高为12.000 m，地面标高为8.000 m。欲修筑一条弯曲斜路与平台相连，斜路位置和路面坡度为已知，所有填筑坡面的坡度i为1:1.5，如图2-154所示，试作各坡面与地面的交线。

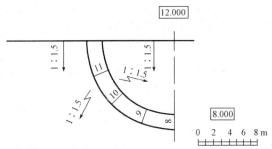

图2-154 求作各坡面与地面的交线

作图步骤：

①作正圆锥的等高线；

  计算高差为1时的平距：$l=1/i=1.5(\text{m})$；

  以l为半径作正圆锥面上的等高线；

②作同高程圆弧的公切线，即为同坡曲面上的等高线；

③作交线及坡脚线。

$$L=H/i=(12-8)/(1/1.5)=6(\text{m})$$

④画示坡线。

作图结果如图 2-155 所示。

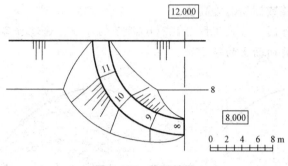

图 2-155 作图结果

3. 地面的标高投影

(1) 地形平面图。通过阅读地形平面图可以较全面了解该区域地形起伏变化的情况。在图 2-156 的地形平面图中可了解左侧为山包，高程为 19，中部为山谷。从等高线 12、13 的形状可知，山谷中水流将从图的上方流向下方。在地形平面图中，相邻等高线间距小的地方表示该处地势较陡，反之则表示该处地势较缓。图 2-156 表明该区域地形总体情况是左边地势较陡，右边地势较缓。地形平面图中应有绘图比例尺，或注明绘图所用的比例。

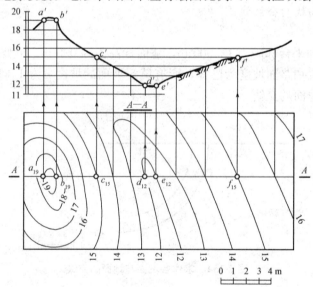

图 2-156 地形平面图和断面图

(2) 地形断面图。根据地形平面图作地形断面图的具体步骤如下：

1) 确定剖切位置；
2) 在高度比例尺上作水平线；
3) 在地形图上过交点处作竖直线；
4) 画地形断面图；
5) 注图名及断面符号。

2.8.4 应用示例

下面举几个例子说明标高投影的应用：

【例 2-46】 如图 2-157 所示，沿直线 $a_{19.7}b_{20.7}$ 拟修筑一铁道，需在山上开挖隧道。试求隧道的进出口。

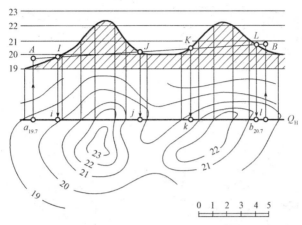

图 2-157 地形平面图和断面图

分析：问题可以理解为求直线 $a_{19.7}b_{20.7}$ 与山地的交点，所求交点就是隧道的进出口。参照图 2-157，过直线 AB 作 H 面垂直面 Q 作为辅助平面，作山地断面图。根据 AB 的标高在断面图上作出直线 AB，它与山地断面的交点 I、J、K、L，就是所求交点。

最后，画出各交点的标高投影。

【例 2-47】 山坡上修建一水平场地，形状和高程如图 2-158(a)所示，边坡的填方坡度为 1:2，挖方坡度为 1:1.5，求作填、挖方坡面的边界线及各坡面交线。

分析：如图 2-158(b)所示，因为水平场地高程为 25 m，所以地面上高程为 25 m 的等高线是挖方和填方的分界线，它与水平场地边线的交点 C、D 就是填、挖边界线的分界点。挖方部分在地面高程为 25 m 的等高线北侧，其坡面包括一个倒圆锥和两个与它相切的平面，因此，挖方部分没有坡面交线。填方部分在地面高程为 25 m 的等高线南侧，其边坡为三个平面，因此，有三段坡脚线和两段坡面交线。

作图步骤如图 2-158(c)、(d)所示。

① 求挖方边界线。地面上等高距为 1 m，坡面上的等高距也应为 1 m，等高线的平距 $l=1/i=1.5$(m)。顺次作倒圆锥面及两侧平面边坡的等高线，求得挖方坡面与地面相同高程等高线交点 c、1、2…7、d，顺次光滑连接交点，即得挖方边界线，如图 2-158(c)所示。

② 求填方边界线和坡面交线。由于填方相邻坡的坡度相同，因此，坡面交线为 45° 斜线。根据填方坡度 1:2，等高距 1 m，填方坡面上等高线的平距 $l=2$ m。分别求出各坡面的等高线与地面上相同高程等高线的交点，顺次连接交点 c—8—9—n，m—10—11—12—13—e，k—14—15—d，可得填方的三段坡脚线。相邻坡脚线相交分别得交点 a、b，该交点是相邻两坡面与地面的共有点，因此相邻的两段坡脚线与坡面交线必交于同一点。确定点 a 的方法也可先作 45° 坡面交线，然后连接坡脚线上的点，使相邻两段坡脚线通过坡面交线上的同一点 a，即三线共点。确定点 b 的方法与其相同，如图 2-158(d)所示。

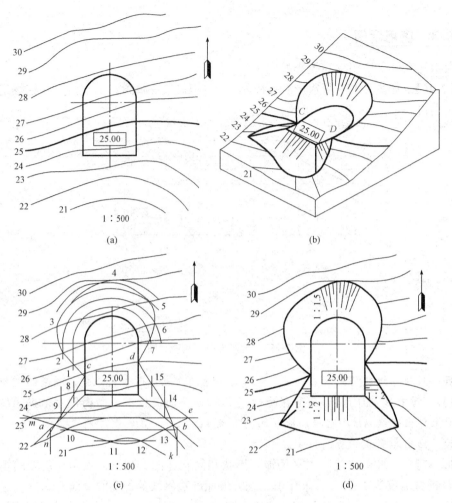

图 2-158 求作填、挖方坡面的边界线及各坡面交线

【**例 2-48**】 在地形面上修筑一斜坡道，路面位置及路面上等高线的位置如图 2-159(a) 所示，其两侧的填方坡度为 1∶2，挖方坡度为 1∶1.5，求各边坡与地面的交线。

解：从图 2-159(a) 中可以看出，路面西段比地面高，应为填方；东段比地面低，应为挖方。填、挖方的分界点在路北边缘高程 69 m 处，在路南边缘高程 69 m 和 70 m 之间，准确位置需通过作图才能确定。

作图步骤如图 2-159(b) 所示：

①作填方两侧坡面的等高线。因为地形图上的等高距是 1 m，填方坡度为 1∶2，所以应在填方两侧作平距为 2 m 的等高线。其做法是：在路面两侧分别以高程为 68 m 的点为圆心，平距 2 m 为半径作圆弧，自路面边缘上高程为 67 m 的点分别作该圆弧的切线，得出填方两侧坡面上高程为 67 m 的等高线。再自路面边缘上高程为 68 m、69 m 的点作此切线的平行线，即得填方坡面上高程为 68 m、69 m 的等高线。

②作挖方两侧坡面的等高线。挖方坡面的坡度为 1∶1.5，等高线的平距是 1.5 m。求法同填方坡面等高线，但等高线的方向与填方相反，因为求挖方坡面等高线的辅助圆锥面为倒圆锥面。

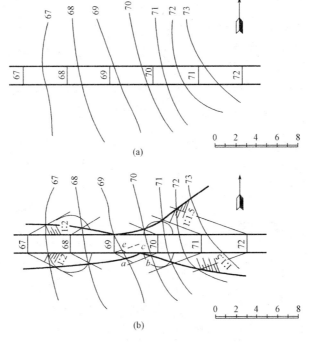

图 2-159 求作各边坡与地面的交线

③作坡面与地面的交线。确定地面与坡面上高程相同等高线的交点,并将这些交点依次连接,即得坡脚线和开挖线。但路南的 a、b 两点不能相连,应与填、挖方分界点 c 相连。求点 c 的方法:假象扩大路南挖方坡面,自高程为 69 m 的路面边缘点再作坡面上高程为 69 m 的等高线(图中用虚线表示),求出它与地面上高程为 69 m 的等高线的交点 e,b、e 的连线与路地边缘的交点即 c 点。也可假象扩大填方坡面,其结果相同。

④画出各坡面的示坡线,注明坡度。

3 制图基础

学习要点
(1) 绘图工具和仪器的使用方法。
(2) 有关制图标准和基本规定。
(3) 几何作图和平面图形的尺寸标注。
(4) 组合体投影和构型设计。
(5) 工程形体的表达方式。

3.1 制图基本知识和基本技能

3.1.1 绘图工具、仪器和使用方法

土木工程图样是土木工程技术人员信息传递、思想交流的工程技术语言。工程技术的传递和交流离不开绘图工具和绘图仪器。

长期以来，人们以笔、尺、圆规、图板等工具和简单仪器，在纸上手工绘制工程图样，进行技术交流。如今，虽然出现了计算机等现代化绘图工具，但手工绘图仍是不可或缺的。所以，有必要对笔、尺、圆规、图板和仪器等使用方法加以了解，并正确使用。

(1) 图板、丁字尺、三角板。图板用于铺放和固定图纸。板面一般用胶合板制成，板面平整，四周镶以较硬的木质边框。图板的左边作为丁字尺上下移动的导边，因此，要求平直。图板应防止受潮、暴晒和烘烤，以免板面变形影响绘图质量。图板有0、1、2、3、4号大小图板之分，学习中多用2号或1号图板。

丁字尺主要用来画平行线，由尺头和尺身两部分组成，尺头与尺身垂直。使用时，左手扶住尺头，使尺头紧靠导边，移动到需要画线的位置，自左向右画水平线。丁字尺的工作边必须保持平直光滑，切勿用工作边裁纸，不用时最好挂起来，以防止变形，如图 3-1(a) 所示。

三角板一般用有机玻璃制成，一副三角板有两个。三角板与丁字尺的配合使用可画铅垂线，如图 3-1(b) 所示。也可以画 15°、30°、45°、60°、75°的倾斜线和它们的平行线，如图 3-1(c) 所示；

还可以用两块三角板配合画出任意倾斜直线的平行线或垂直线,如图 3-1(d)所示。

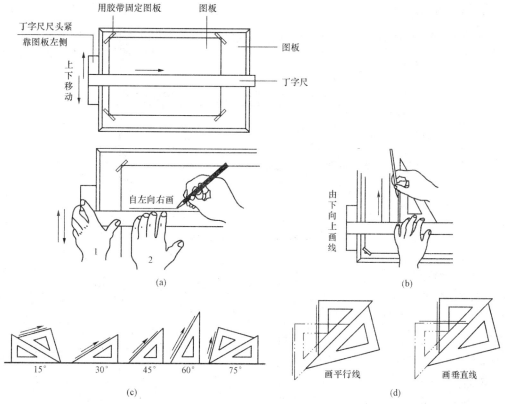

图 3-1　图板、丁字尺、三角板

(a)用丁字尺画平行线；(b)用三角板配合丁字尺画铅垂线；
(c)三角板与丁字尺配合画多种角度斜线；(d)画任意直线的平行线和垂直线

(2)比例尺。绘图时会用到不同的比例,这时可借助比例尺来截取线段的长度。比例尺又称三棱尺,如图 3-2 所示。三个尺面共有六个常用的比例尺刻度 1∶100,1∶200,1∶300,1∶400,1∶500,1∶600。使用时先要在尺上找到所需的比例,看清楚尺上每单位长度所表示的相应长度,即可按需在其上量取相应的长度作图。

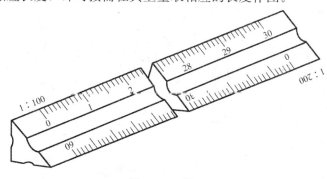

图 3-2　三棱尺

(3)绘图铅笔。铅笔用来画底稿,加深描黑图线。绘图铅笔的铅芯有各种不同的硬度,分别用字母"H"和"B"表示。H 表示硬,B 表示软；H 或 B 前面的数字越大表示越硬或越软；HB表示软硬适中。绘图时常用H或2H画底稿，用HB描中粗线和书写文字，用B或2B加深描黑粗线。

削铅笔时要注意保留有标号的一端，以便于识别。用来画粗线的笔尖要削磨成扁铲形（也称一字形），其他笔尖削磨成尖锥形，如图3-3所示。画图时，持笔要自然，用力要均匀。

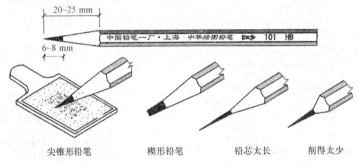

图3-3 绘图铅笔的削法

(4)绘图墨水笔。绘图墨水笔是用来描绘图样的墨线图的工具。它的笔头为一针管，所以又称针管笔，如图3-4所示。绘图墨水笔的针管有不同的粗细规格，可以分别用来画出不同线宽的墨线。用完后，需刷净存放在盒内。

(5)圆规、分规。圆规是画圆、圆弧的仪器。在使用前应先调整针脚，使针尖稍长于铅芯。铅芯应削磨成65°的斜面，画图时要注意调整好两腿的关节，使钢针和插腿尽量能垂直纸面，如图3-5(a)所示。画圆或圆弧时应一次画完。

分规的形状像圆规，但两腿都为钢针。分规有两个用途：①量取长度；②等分线段，如图3-5(b)所示。

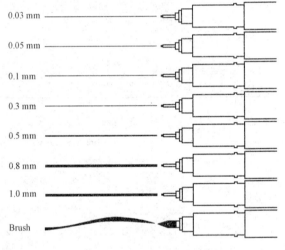

图3-4 不同规格的绘图墨水笔

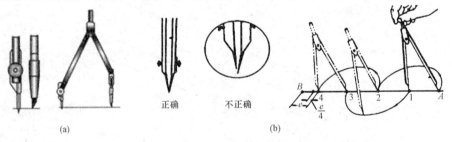

图3-5 圆规、分规
(a)圆规的使用方法；(b)分规的使用方法

(6)曲线板。曲线板是用于画非圆曲线的工具。使用时，首先要定出足够数量的点，然后徒手将各点轻轻地依次连成曲线，并找出这曲线板上与所画曲线吻合的一段，沿着边缘，将该段曲线画出,如图 3-6 所示。

图 3-6 曲线板及其使用方法

(7) 其他绘图工具。小刀、砂纸、擦图片、透明胶带、绘图橡皮、建筑模板、小毛巾等都是制图中常用的用品。为了提高绘图质量,加快绘图速度,市场上也相继出现了一些专用化、量画结合多功能的绘图工具,如绘图机、一字尺和多用三角板等。

随着计算机技术的日益发展,人们已普遍使用计算机绘图。有关计算机绘图系统的硬件和软件,将在本书第五章做详细介绍。

3.1.2 制图标准和基本规定

为了使工程图样表达统一、清晰,便于技术交流,对图幅大小、图样的画法、线型、线宽、字体、尺寸标注、图例等都有统一的规定。本节摘录了《房屋建筑制图统一标准》(GB/T 50001—2010)中的部分内容,要求学生从开始学习建筑制图起,就要严格执行国家制图标准的有关规定。

1. 图纸幅面、标题栏与会签栏

图纸幅面简称图幅,是指图纸本身的大小、规格,有 A0、A1、A2、A3、A4 五种规格,图框是指在图纸上绘图范围的界限,幅面线和图框线尺寸见表 3-1。

表 3-1　图纸幅面及图框尺寸　　　　　　　　　　　　　　　　　　　mm

尺寸代号 \ 幅面代号	A0	A1	A2	A3	A4
$b \times l$	841×1 189	594×841	420×594	297×420	210×297
c	10			5	
a	25				

图纸有横式幅面和立式幅面两种。以短边作为垂直边称为横式,以短边作为水平边称为立式。A0~A3 图纸宜用横式,必要时也可立式使用,A4 图纸只能用立式;绘图时,图纸的短边一般不应加长,长边可以加长,但尺寸应符合规定[详见《房屋建筑制图统一标准》(GB/T 50001—2010)],其格式如图 3-7 所示。

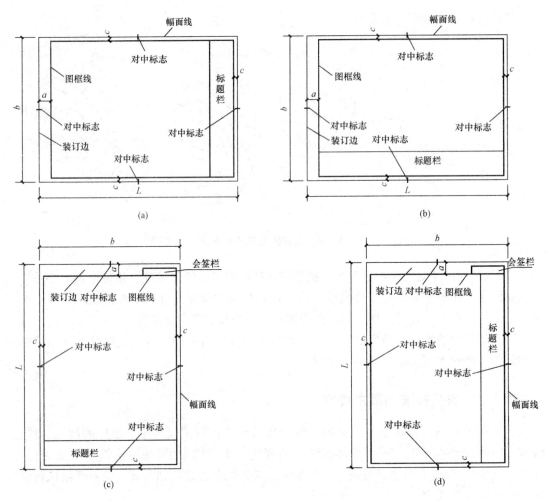

图 3-7 幅面线和图框线格式

(a)A0～A3 横式幅面(一)；(b)A0～A3 横式幅面(二)；(c)A0～A4 立式幅面(一)；(d)A0～A4 横立幅面(二)

标题栏也称图标，放在规定位置，标题栏中文字的方向一定是看图的方向。标题栏内容包括设计单位名称、注册师签章、项目经理、修改记录、工程名称、图号区、签字区和会签区八项内容，其格式如图 3-8 所示。

注：学生在作图练习时，可以将标题栏中内容修改为：学校名、学院名、专业、班级、图名、图号、学生姓名、学号等内容。

2. 图线

(1)线宽与线型。图样是由不同形式、不同粗细的线条所组成的，每种线条都有规定的用途。绘图时，应根据图样的复杂程度与比例的大小，先确定基本线宽 b，再选用表 3-2 中适当的线宽组。图线的宽度 b 宜从 1.4、1.0、0.7、0.5、0.35、0.25、0.18、0.13(mm)线宽系列中选取。需要微缩的图纸，不宜用线宽为 0.18 mm 及更细的图线。同一张图纸内，各不同线宽中的细线，可统一采用较细的线宽组的细线。

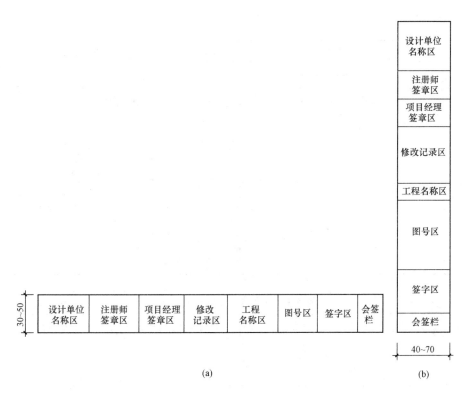

图 3-8 标题栏格式
(a)标题栏格式(一); (b)标题栏格式(二)

表 3-2 线宽组

mm

线宽比	线宽组			
b	1.4	1.0	0.7	0.5
$0.7b$	1.0	0.7	0.5	0.35
$0.5b$	0.7	0.5	0.35	0.25
$0.25b$	0.35	0.25	0.18	0.13

工程建设制图的线型及一般用途见表 3-3。图框线和标题栏线宽见表 3-4。学习阶段的制图作业的图框线和标题栏外框线的线宽,建议用 b;标题栏分格线的线宽,则建议用 $0.25b$。

表 3-3 线型

名称		线 型	线宽	用 途
实线	粗	——————	b	主要可见轮廓线
	中	——————	$0.5b$	可见轮廓线
	细	——————	$0.25b$	可见轮廓线、图例线等
虚线	粗	– – – – – –	b	见各有关专业制图标准
	中	– – – – – –	$0.5b$	不可见轮廓线
	细	– – – – – –	$0.25b$	不可见轮廓线、图例线等

续表

名称		线型	线宽	用途
点画线	粗		b	见有关专业制图标准
	中		$0.5b$	见有关专业制图标准
	细		$0.25b$	中心线、对称线等
双点画线	粗		b	见有关专业制图标准
	中		$0.5b$	见有关专业制图标准
	细		$0.25b$	假想轮廓线、成型前原始轮廓线
折断线	细		$0.25b$	断开界线
波浪线	细		$0.25b$	断开界线

表 3-4　图框线、标题栏的线宽　　　　　　　　　　　　　　　mm

幅面代号	图框线	标题栏外框线	标题栏分格线
A0、A1	b	$0.5b$	$0.25b$
A2、A3、A4	b	$0.7b$	$0.35b$

(2)图线画法。

1)在同一张图纸内，相同比例的各图样，应选用相同的线宽组。

2)相互平行的图线，其净间隙或线中间隙不宜小于 0.2 mm。

3)虚线、单点长画线或双点长画线的线段长度和间隔，宜各自相等。

4)当在较小图形中，绘制单点长画线或双点长画线有困难时，可用实线代替。

5)点画线或双点画线的两端，不应是点，点画线与点画线或其他图线交接时，应是线段交接。

6)虚线与虚线或其他图线交接时，应是线段交接。虚线为实线的延长线时，不得与实线连接。

7)图线不得与文字、数字或符号重叠、混淆，不可避免时，应首先保证文字等的清晰。图线画法的正误对比如图3-9所示。

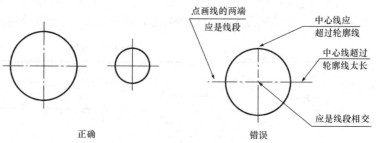

图 3-9　图线画法的正误对比

3. 字体

文字、数字和符号都是工程图纸的重要内容。如果工程图纸中的文字、数字和符号书写不清，不仅会影响图面质量，还可能会造成工程事故。图纸上所需注写的文字、数字或符号等，均应笔画清晰、字体端正、排列整齐，标点符号清楚正确。

图样及说明中的文字，应采用长仿宋体。长仿宋体的字体高度与宽度之比为 3∶2 或

$\sqrt{2}:1$,字高代表文字的字号。常见长仿宋体有 20、14、10、7、5、3.5 六种字号(表3-5)。仿宋字的特点为:横平竖直、起落分明、排列均匀、填满方格,基本笔画如图 3-10 所示。如需书写更大的文字,其高宽应按$\sqrt{2}$的比值递增。拉丁字母、阿拉伯数字及罗马数字宜采用单纯简体,字高应不小于 2.5 mm;如需写成斜体字,其斜度应是从字的底线逆时针向上倾斜 75°,如图 3-11 所示。字体的号数即为字体的高度。

表 3-5 长仿宋体字的宽度与高度的关系

字高	20	14	10	7	5	3.5
字宽	14	10	7	5	3.5	2.5

横　　　竖　　　撇　　　点　　　捺　　　钩　　　提　　　折

图 3-10 长仿宋体字基本笔画

为了写好图纸上的文字、数字或符号,请读者按照字体示例,写字前先画好格子,多做练习,且持之以恒,方熟能生巧,写出的字自然、流畅、挺拔、有力。

10号字

字体工整 笔画清楚 间隔均匀 排列整齐

7号字

横平竖直注意起落结构均匀填满方格

5号字

字母与数字和汉字并列书写时 它们的字高比汉字小

3.5号字

画法几何与土木工程制图

ABCDEFGHIJKLMNOP
QRSTUVWXYZ
abcdefghijklmnopq
rstuvwxyz
0123456789
IIIIIIIVVVIVIIVIIIIXX

ABCDEFGHIJKLMNOP
QRSTUVWXYZ
abcdefghijklmnopq
rstuvwxyz
0123456789
αβγδεζηθ9

图 3-11 字体示例

4. 比例

图样的比例是指图形与实物对应线型尺寸之比。比例用阿拉伯数字表示，宜注写在图名右侧，字的基准线应取平，比例的字高应比图名的字高小一号或二号，如图3-12所示。

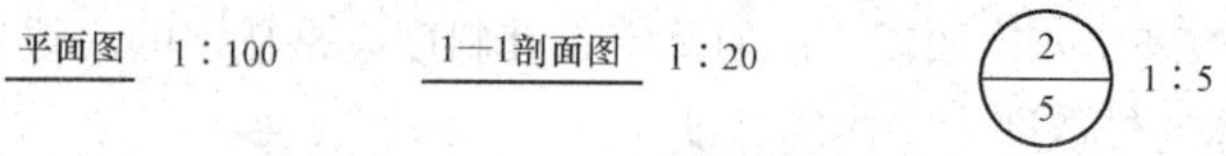

平面图 1∶100   1—1剖面图 1∶20   ②/⑤ 1∶5

图3-12 比例的注写

绘图所用的比例，应根据图样的用途和被绘对象的复杂程度，从表3-6中选用，并优选表中的常用比例。

表3-6 绘图所用的比例

常用比例	1∶1、1∶2、1∶5、1∶10、1∶20、1∶30、1∶50、1∶100、1∶150、1∶200、1∶500、1∶1 000、1∶2 000
可用比例	1∶3、1∶4、1∶6、1∶15、1∶25、1∶40、1∶60、1∶80、1∶250、1∶300、1∶400、1∶600、1∶5 000、1∶10 000、1∶20 000、1∶50 000、1∶100 000、1∶200 000

5. 尺寸标注

工程图纸上除要画出工程图样、注写说明外，还必须正确地标注尺寸，作为施工的依据。

尺寸标应包括尺寸界线、尺寸线、尺寸起止符号和尺寸数字，如图3-13所示。

(1)尺寸的组成与注法。

1)尺寸界线。尺寸界线应用细实线绘制，一般应与被注长度垂直，其一端应离开图样轮廓线不小于2 mm，另一端宜超出尺寸线2~3 mm。必要时，图样轮廓线可作尺寸界线。

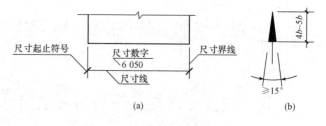

图3-13 尺寸的组成与其注写形式

2)尺寸线。尺寸线也用细实线绘制，应与被注长度平行，任何图线不得用作尺寸线。平行排列的尺寸线的间距，宜为7~10 mm。

3)尺寸起止符号。尺寸起止符号一般应用中粗斜短线绘制，其倾斜方向应与尺寸界线成顺时针45°角，长度宜为2~3 mm。

半径、直径、角度与弧长的尺寸起止符号，宜用箭头表示，箭头的画法如图3-13(b)所示。

4)尺寸数字。图样上所标注的尺寸数字，是物体的实际尺寸，它与绘图所用的比例无关。因此，抄绘工程图时，不得从图上直接量取，应与所注写的尺寸数字为准。图样上的尺寸单位，除标高及总平面图以米(m)为单位外，都以毫米(mm)为单位。因此，图样上的尺寸数字不需注写单位。

尺寸数字的方向，应按图3-14(a)所示注写。若尺寸数字在30°斜线区内，宜按图3-14(b)形式注写。尺寸数字应依照其读数方向注写在靠近尺寸线的上方中部，如没有足够的注写空间，最外边的尺寸数字可注写在尺寸界线的外侧，中间相邻的尺寸数字可错开注写，也可引出注写，如图3-14(c)所示。

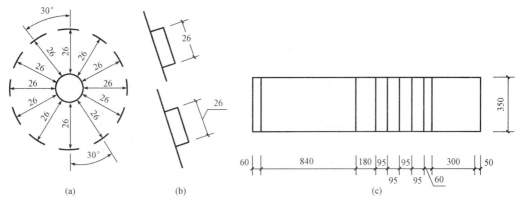

图 3-14 尺寸数字的注写方法

(2)尺寸的排列与布置。尺寸宜标注在图样轮廓线以外，不宜与图线、文字及符号等相交，如图 3-15(a)所示。如果图线不得不穿过尺寸数字时，应将尺寸数字处的图线断开，如图 3-15(b)所示。

相互平行的尺寸线，应从被注的图样轮廓线由近向远整齐排列，小尺寸应离轮廓线较近，大尺寸应离轮廓线较远。图样轮廓线以外的尺寸线，距图样最外轮廓线之间的距离，不宜小于 10 mm。平行排列的尺寸线的间距，宜为 7～10 mm，并保持一致，如图 3-15(c)所示。

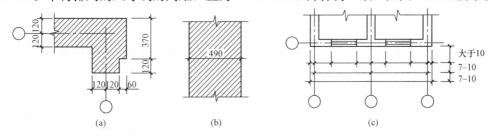

图 3-15 尺寸注写与尺寸排列

(3)尺寸标注示例。有关半径、直径、角度、坡度、非圆曲线、对称图形的尺寸注法，以及尺寸的简化注法的有关规定，如图 3-16 所示。弦长、弧长、薄板厚度、正方形、球、构配件的相同要素等的尺寸标注的有关规定，用时请查阅《房屋建筑制图统一标准》(GB/T 50001—2010)。

1)标注角度的尺寸数字应按水平方向书写；尺寸线以圆心是该角顶点的圆弧表示；没有足够位置画尺寸箭头时，箭头可画在尺寸界线外，尺寸线两侧的两个箭头可用一个小圆点代替。半径、直径和角度的示例如图 3-16 所示。

2)坡度符号应画成单面箭头，如图 3-17 所示。

3)对于左右对称的图形，可在图形中间画出对称线从而省略不画另一半边。在对称线两端用长度为 6～10 mm、间隔为 2～3 mm 的平行线画出对称符号，尺寸线应延长过对称线后断开，如图 3-18 所示。

4)尺寸简化注法。如图 3-19(a)所示，将桁架杆件的长度尺寸数字直接标注在桁架简图(单线图)的各杆件的一侧。图 3-19(b)所示为一根弯起钢筋，各段长度数字也直接标注在钢筋的一侧。

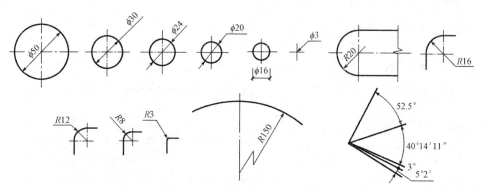

图 3-16 半径、直径和角度的尺寸标注示例

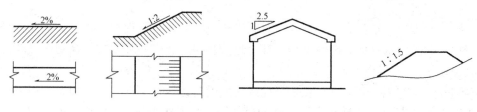

图 3-17 坡度的尺寸标注示例

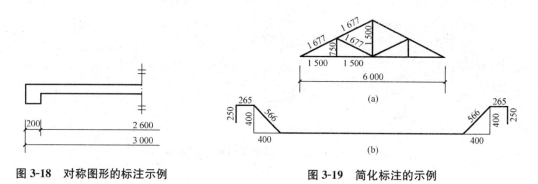

图 3-18 对称图形的标注示例　　　　图 3-19 简化标注的示例

3.1.3 几何作图

建筑物的构件实际上都是由各种几何图形组合而成的。正确掌握几何形体的画法，能够提高制图的准确性和速度，保证制图质量。这里只重点阐述直线段的等分、正多边形、圆弧连接、椭圆的作法。

1. 直线段的等分

(1)作直线段上的等分点。如图 3-20 所示，以求作五等分直线段 AB 为例，说明直线上的等分点的作法：首先，过直线段的任一端点 A 画一条任意方向的直线，在该直线上连续量取五段相等的长度；然后，将最后量得的点与直线段的另一端点 B 相连，由其他量得的点用两块三角板作连线的平行线，与 AB 交得五等分 AB 的各个分点。作直线段上的等分点，也可用分规以试分法作出。

(2)任意等分平行线间的距离。n 等分两条平行线之间的距离，插入等距的平行线的作图过程是：首先，将一把带刻度的直尺零点放在任一条平行线上，取定单位长度并转动尺子，使得尺上第 n 个单位长度点落于另一条平行线上，在单位刻度位置上标出各等分点，再通过各等分点作已知直线的平行线，即为所求，如图 3-21 所示。

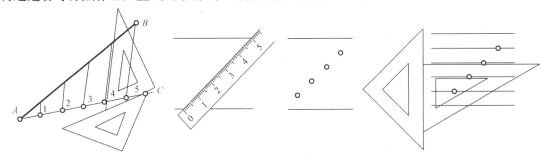

图 3-20 作直线段上的等分线　　　　　图 3-21 n 等分平行线间的距离

2. 圆内接正多边形

(1) 圆内接正三角形和正方形。已知正三角形的外接圆，可借助 30°、60°三角板和丁字尺作出，只要使三角板的 60°直角边紧靠丁字尺，斜边过竖直中心线与圆周的交点，就可作出一边，翻转三角板，作出第二边，最后用丁字尺连接这两条边与圆周的交点，便作出第三条边。

已知正方形的外接圆，可借助 45°三角板和丁字尺，作出该正方形。这里不再附图。

(2) 圆内接正五边形。如图 3-22 所示，已知正五边形的外接圆，用圆规以 OA 为半径，以点 1 为圆心画弧得点 2、3；连接点 2、3 得点 O_1；再以 O_1 为圆心，以 O_1A 为半径画弧得 O_2；然后以 A 为起点，以 AO_2 为长平分圆周得平分点 A、B、C、D、E；最后依次连各个等分点即可得。

(3) 圆内接正六边形。作已知圆的内接正六边形有两种方法：一种是用圆规以 A、B 为起点，以圆半径为长等分圆周得点 C、D、E、F，再用直尺依次连成正六边形，如图 3-23 所示；另一种方法是借助 30°、60°三角板和丁字尺作正六边形，作图时，可外接圆的水平中心线与圆周的交点，用丁字尺和 30°、60°三角板作出正六边形的四条边，再用丁字尺将这四条边与外接圆圆周的另外四个交点，分别连成这个正六边形的两条水平边。

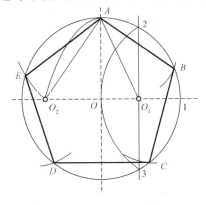　　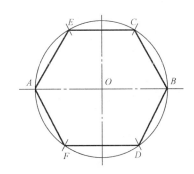

图 3-22 圆内接正五边形　　　　　图 3-23 圆内接正六边形

(4)圆内接任意正多边形。圆内接正三角形、正方形、正六边形、正八边形、正十二边形(正八边形和正十二边形的作法,请读者自己思考),可用丁字尺和三角板或圆规很方便地作出来。任意正多边形(以正七边形为例)都可以用图 3-24 所示的方法作出。首先将直径 AN 等分为七份,得等分点 1、2、3、4、5、6;其次以 N 为圆心,AN 为半径作弧,交水平中心线于 M_1、M_2 点;然后将 M_1、M_2 分别与偶数等分点 2、4、6 相连并得到交于圆弧上的点 B、C、D、E、F、G,将这 6 个点与点 A 依次连线;最后清理图面,加深图线。

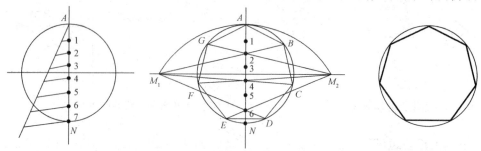

图 3-24　圆内接正多边形的作法(以正七边形为例)

3. 圆弧连接

如果在直线与直线、直线与圆弧、两个圆弧之间,以某个指定半径的圆弧作光滑连接,则该圆弧称为连接圆弧,这种连接方式称为圆弧连接。在制图过程中,画好连接弧的关键是:根据已知半径准确地作出连接弧的圆心和切点。

(1)用半径为 R 的圆弧光滑连接两相交直线。如图 3-25 所示,首先,分别作与两直线距离为 R 的平行线并交于点 O;然后,过 O 分别作两直线的垂线,垂足 A、B 即为切点;最后以 O 为圆心,R 为半径,自 A 向 B 画圆弧。

(2)用半径为 R 的圆弧光滑连接直线与圆弧。如图 3-26 所示,首先,作与直线距离为 R 的平行线,以 O_1 为圆心,$R+r$ 为半径画圆弧,两者交得连接圆弧的圆心 O;然后,过圆心 O 作直线的垂线和垂足 N,将 O 与 O_1 相连,连线与已知圆弧交得切点 M;最后,以 O 为圆心,R 为半径,自 M 从 N 画圆弧即可得。这是连接圆弧外切已知圆弧的作法,按照相似的原理亦可得出连接圆弧内切已知圆弧的作法。

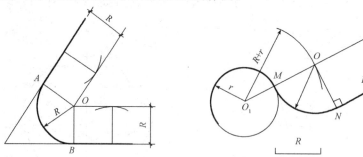

图 3-25　圆弧连接两相交直线　　　　图 3-26　圆弧连接直线与圆弧

(3)用半径为 R 的圆弧光滑连接圆心为 O_1、O_2 和半径为 R_1、R_2 的两个圆弧。如图 3-27(a)所示,用半径为 R 的连接圆弧外切两个圆弧,可按下列步骤作图:首先,分别以 O_1、O_2 为圆心,$R+R_1$、$R+R_2$ 为半径画弧,两者交得连接圆弧的圆心 O;然后,将 O 与

O_1、O_2 相连,连线与已知圆弧交得切点 M、N;最后,以 O 为圆心,R 为半径,自 M 向 N 画圆弧。

如图 3-27(b)所示,用半径为 R 的连接圆弧内切两个圆弧,可按下列步骤作图:首先,分别以 O_1、O_2 为圆心,$|R-R_1|$、$|R-R_2|$ 为半径画弧,两者交得连接圆弧的圆心 O;然后 O 与 O_1、O_2 相连,连线与已知圆弧交得切点 M、N;最后,以 O 为圆心,R 为半径,自 M 向 N 画圆弧。

如图 3-27(c)所示,用半径为 R 的连接圆弧,内切一个圆心为 O_1、半径为 R_1 的圆弧,外切另一个圆心为 O_2、半径为 R_2 的圆弧。可按下列步骤作图:首先,分别以 O_1、O_2 为圆心,$|R-R_1|$、$R+R_2$ 为半径画弧,两者交得连接圆弧的圆心 O;然后,将 O 与 O_1、O_2 相连,连线与已知圆弧交得切点 M、N;最后,以 O 为圆心,R 为半径,自 M 向 N 画圆弧。

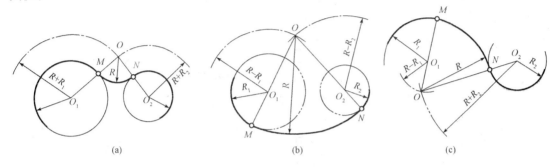

图 3-27 圆弧与圆弧用另一圆弧连接
(a)连接圆弧与两个圆弧外切;(b)连接圆弧与两个圆弧内切;(c)连接圆弧与一圆弧内切与另一圆弧外切

4. 椭圆

画椭圆常用三种方法:同心圆法、四心圆法和八点法作近似椭圆。已知椭圆的一对共轭轴用八点法画椭圆;已知椭圆的长、短轴用同心圆法或四心圆法画椭圆。这里就同心圆法和四心圆法作简单介绍。

(1)同心圆法作椭圆(比较准确)。已知椭圆的长轴 AB、短轴 CD,首先分别以 AB、CD 的一半为半径画两个同心圆,圆心为 O;其次把圆等分为若干等份,过圆心及各等分点作辐射线与同心圆相交,过大圆交点作垂直线、过小圆交点作水平线,其交点即为椭圆上的点;最后用曲线板将各个交点连接即得椭圆,如图 3-28(a)所示。

(2)四心圆法作近似椭圆(近似作法)已知椭圆的长轴 AB、短轴 CD,首先连接 AC,以 O 为圆心,OA 为半径画弧交 CD 于 E,以 C 为圆心,CE 为半径画弧交 AC 于 F;其次作线段 AF 的垂直平分线交 AB 于 O_1、CD 与 O_2;过 O 点分别作 O_1、O_2 的对称点 O_3、O_4;最后以 O_1、O_3 为圆心,O_1A、O_3B 为半径画小弧,以 O_2、O_4 为半径,O_2C、O_4D 为半径画大弧,即得近似椭圆,如图 3-28(b)所示。

3.1.4 平面图形分析与标注

为了使图形明确地反映出其形状、大小和各部分的相对位置,必须标注尺寸。因为图形和尺寸在画图过程中紧密相关,所以在标注平面图形的尺寸前,必须进行以下三方面的分析。

(1) 图形分析。平面图形常由若干图线组合而成,通过图形分析,逐步明确组成这个平面图形的每一条图线的线型、长短,以及与其他图线的相对位置。对于较为复杂的平面图形还可以将它分为几个简单的几何图形,分析各个简单的几何图形的形状和图线,各个图形之间的联系和相对位置,然后综合出整个平面图形的总体形状。

(2) 尺寸分析。平面图形是二维图形,应包括长和高两个方向的尺寸。一个平面图通常由几个部分组成,反映整个平面图形总长和总高的尺寸,称为总尺寸;确定各组成部分之间的相对位置的尺寸,称为定位尺寸;确定各组成部分的形状和大小的详细尺寸,称为细部尺寸。有时,同一个尺寸也可能既是细部尺寸,又是定位尺寸或总尺寸。

(3) 圆弧连接的线段分析。在平面图形的圆弧连接处,常常需要作线段分析,从而确定绘图步骤,才能顺利地画出这些图线;在标注尺寸时,也需进行这样的分析,以免漏缺尺寸以及标注不必要的重复尺寸或矛盾尺寸。

圆弧连接处可能有三种图线:根据已标注的尺寸能直接画出的线段,称为已知线段;缺少一个尺寸,要按一端与其他图线相切或相接的条件才能画出的尺寸,称为中间线段;缺少两个尺寸,要按两端与其他图线相切或相接的条件才能画出的线段,称为连接线段。画图时,若连接处存在两种或三种线段,则应先画已知线段,再画中间线段,最后画连接线段。

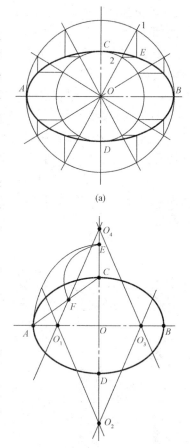

图 3-28 椭圆的画法
(a) 用同心圆法作椭圆;
(b) 用四心圆法作近似椭圆

3.1.5 徒手画草图

徒手画草图也是一种技能,不借助绘图工具和仪器。徒手画出图样的基本要求:快、准、好。快即画图速度要快;准即目测比例比较准确;好即画出的图形基本正确,字体工整,图面质量较好。徒手草图被广泛用于绘图工程设计草图和工程现场的测绘图。

徒手草图一般画在白纸上,也可画在印有浅色方格的方格纸上。要想画好徒手草图,就必须先掌握各种线条的画法。

(1) 直线的画法。画直线时,笔从起点出发,眼睛应注视其终点,运笔用力要均匀,线条尽量以一笔画出,避免来回反复画同一条直线。

画水平线,自左向右;画竖直线,自上向下;画斜线,目估水平与竖线方向的直角边近似比例。握笔姿势和直线的画法如图 3-29 所示。

(2) 圆的画法。如图 3-30 所示,画小圆时,应先画中心线,确定圆心,再在中心线上目测半径长度定出四个点,然后,分左、右两半画圆弧,左、右半圆都是从上向下画。画较大的圆时,先画中心线,再过圆心增画两条 45°线,在中心线和 45°斜线上目测半径长度定出八个点,然后,从上向下分别画左半圆和右半圆。

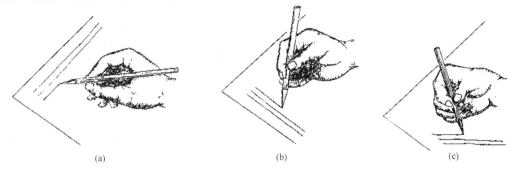

图 3-29 握笔姿势和直线的画法

图 3-30 徒手画圆

(3)椭圆的画法。如图 3-31(a)所示,已知长、短轴画椭圆时,应先画长、短轴,确定圆心,再在长、短轴上目测长、短轴的一半长度定出四个点;然后,过这四个点分别作长、短轴的平行线,画出一个矩形,连矩形的对角线,在四段半对角线上,按目估从角点向中心取 3∶7 的分点;最后,将作出的长、短轴上的四个点和对角线上的四个分点顺序连成椭圆。

已知共轭轴画椭圆时,应先画共轭轴,确定椭圆的中心,再在共轭轴上目测共轭轴的一半长度定出共轭轴的四个端点;然后,过这四个点分别作出共轭轴的平行线,画出一个平行四边形,连平行四边形的对角线,在四段半对角线上,按目估从角点向中心取 3∶7 的分点;最后,将作出的共轭轴上的四个端点和对角线上的四个分点顺序连接成椭圆,如图 3-31(b)所示。

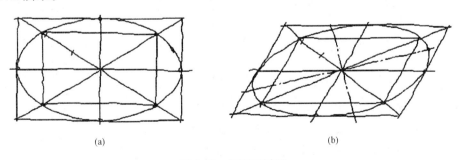

图 3-31 徒手画椭圆

(a)已知长、短轴画椭圆;(b)已知共轭轴画椭圆

3.2 组合体投影图的画法、尺寸标注

有些物体虽然形状复杂，但通过分析可看成由若干个简单几何体按一定方式组合而成的，这样由简单几何形体组成的立体称为组合体，这样的分析方法称为形体分析法。画组合体时，应先将组合体分解为基本的几何形体，再分析它们之间的相对位置和组成特点，然后画出组合体的投影，最后尺寸标注。

3.2.1 组合体投影图的画法

组合体投影图的画法一般分为形体分析、选择投影方向、确定比例图幅和布图、画投影图和尺寸标注等五个步骤。

(1)形体分析。再复杂的组合体都是由若干个简单的几何形体通过叠加、切割或即叠加又切割组合而成的。因此，组合体分为叠加型、切割型和混合型。

1)叠加型组合体。叠加型组合体是由几个简单几何形体相互叠加在一起的组合体。图 3-32(a)是由大的四棱柱、小的四棱柱和一个三棱柱组合在一起的组合体；图 3-32(b)是由六棱柱和一个圆柱组合在一起的组合体。

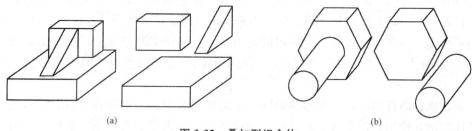

图 3-32 叠加型组合体

2)切割型组合体。切割型组合体是由一个简单几何形体通过一次或多次切割而成的组合体。图 3-33(a)是由一个圆柱简单几何形体，通过一定位置进行切割出一个四棱柱而形成的组合体；图 3-33(b)是一个四棱柱，第一次切割出四棱柱，第二次垂直切割后再斜面未切割而成的组合体。

3)混合型组合体。混合型组合体是由几个组合体通过切割和叠加组合而成的组合体，如图 3-34 所示。

(2)选择投影方向。选择投影方向主要应考虑以下三个基本条件：

1)正立面图最能反映组合体的基本特征。

2)组合体的正常工作位置。如：梁横置，柱竖置。

3)投影面的平行面最多，投影图上的虚线最少。

(3)确定比例图幅和布图。通常有两种方法：一是先选比例，再确定图形大小选图幅；二是选定图幅，再根据图幅大小调整比例。在实际工作中，常常两种方法兼顾考虑。布图时，应注意：

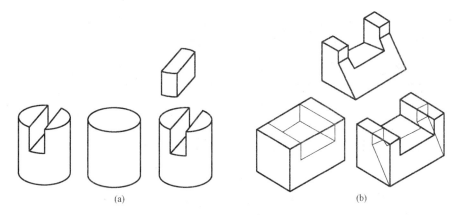

图 3-33 切割型组合体
(a)圆柱体；(b)圆棱柱

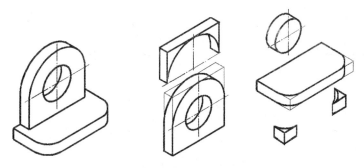

图 3-34 混合型组合体

1)图形大小要适当。不能将一个形体图形在这一幅图中显得过大或过小。
2)各投影图与图框线的距离大致相等。
3)各投影图之间的间隔要大致相等。
(4)画投影图。图形分析、投影方向选择和比例、图幅确定之后，一般按以下步骤画投影图：
1)布图。确定各投影图的定位线或基准线在图纸上的具体位置。
2)画底稿线。用 H 铅笔或较硬的铅笔，按次序画出一个一个简单几何形体的三面投影。
3)检查与修改。画底稿图后，仔细检查，修改错误之处。
4)加深图线。检查无误后，用 B 铅笔或更软的铅笔加深图线。加深图线的顺序是从上至下，从左至右依次进行，并且先曲线后直线，直线加深的顺序是水平线、垂线最后是斜线。
(5)尺寸标注、填写标题栏。尺寸标注、填写标题栏是作图的最后一项工作。尺寸标注，标题栏填写以及图线要求见 3.1.2 节相关内容。

3.2.2 组合体投影图的尺寸标注

形体的形状用投影图表示，而形体的大小用尺寸标示。

（1）基本形体尺寸标注。基本形体一般标注出长、宽、高三个方向的尺寸即可，一般有两个投影就可以表示清楚。但是，这两个投影中必须有一个能够反映基本形体特征的投影，即必须有一个与轴线垂直的投影，如图3-35所示。

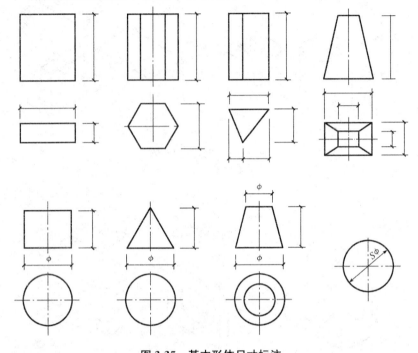

图3-35　基本形体尺寸标注

1）棱柱、棱锥。需标注出下底的长、宽边长或多边形的外接圆直径和高。
2）圆柱、圆锥。需标注出下底直径和高。
3）球。标注代号"S"及直径。

（2）基本形体截口尺寸标注。带截口的基本形体除了标注形体本身的长宽高三个方向尺寸外，还应标注出截口的定位尺寸，即和某轴或某平面的关系，如图3-36所示。

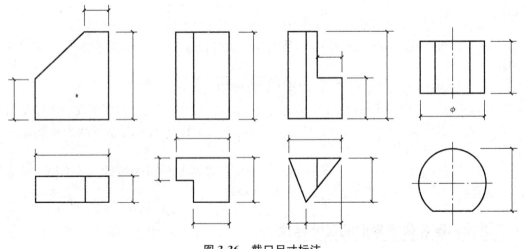

图3-36　截口尺寸标注

(3)组合体尺寸标注。组合体尺寸标注要符合国家有关制图标准和规定,要求尺寸完整、清晰、正确和相对集中。

1)尺寸分类。组合体(含建筑形体)的尺寸分为定位尺寸、定量尺寸和总尺寸三种。定位尺寸,是确定各基本形体的相对位置关系;定量尺寸,是确定基本形体的大小;总尺寸是确定组合体的总长、总宽和总高。

2)尺寸标注的方法。尺寸标注分内部尺寸和外部尺寸两种方法。除特殊情况外,一般标注在投影图的外面,与其投影图相距 10~20 mm,书写的文字、数字或符号应做到笔画清晰、字体端正排列整齐、标点符号正确等,保持投影图的表晰,如图 3-37 所示。

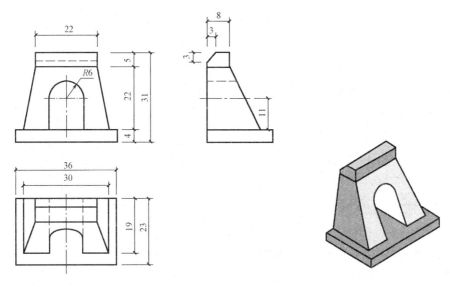

图 3-37 组合体尺寸标注

3.3 工程形体的表达方式

工程形体一般都可以看作基本形体组合而成的立体,由于工程形体的形状和结构相对比较复杂,仅用前述三面投影面投影图很难表达清楚,因此,《房屋建筑制图统一标准》(GB 50001—2010)规定了工程形体的表达方式。

3.3.1 投影图和视图配置

工程形体的图样应按第一分角正投影法绘制。用正投影法绘制出的物体图形称为视图。

(1)基本视图。当工程形体比较复杂时,设想在已有的三个投影面基础上再增加三个投影面,按正投影原理在这六个投影面上进行投影,就会得到工程形体上、下、前、后、左、右六个方向的正投影,即六个基本视图。这六个基本视图分别称正立面图、左侧立面图、背立面图、右立面图、平面图和底面图,如图 3-38 所示。

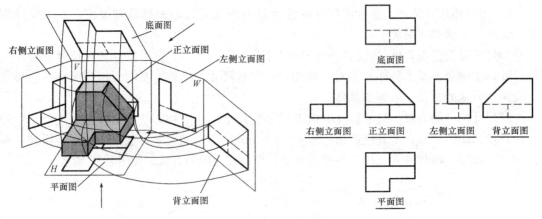

图 3-38 六个基本视图形成

基本视图与三视图相同,六个视图之间仍然保直着"长对正、宽相等、高平齐"的三等规律。六视图绘在同一张图纸上时,按图 3-39 布置,一律不注写图名。

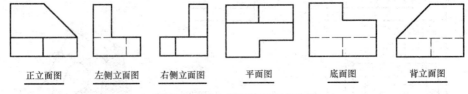

图 3-39 基本视图的配置与布置

受幅面限制,土建专业图一般不按图 3-39 布置,而是按先平面后立面,先整体后局部的顺序配置,保证工程形体表达完整、清晰的前提下,视图数量最少。图名主要包括平面图、立面图、剖面图或断面图、详图等。平面图以楼层编号命名,包括地下二层平面图、地下一层平面图、首层平面图、二层平面图等,立面图以建筑两端墙体轴线编号命名,剖面图或断面图以剖切编号命名,详图以索引编号命名。每个视图均应标注图名,图名标注在视图的下方或一侧,并在图名下绘一粗线,其长度应以图名所占长度为宜,如图 3-40 所示。

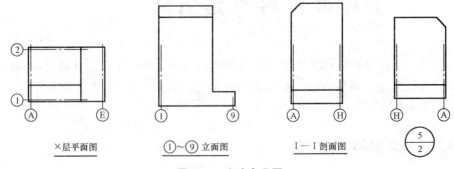

图 3-40 土建专业图

(2)斜视图、局部视图和向视图。当工程形体的某些部分与六个投影面均不平行时,六个视图均不能反映这部分的实形,如图 3-41 所示。为了得到这部分的实形,用画法几何中的换面法,设置一个平行于这部分的辅助投影面,然后将工程形体按正投影原理进行投影,所得到的视图称为斜视图。

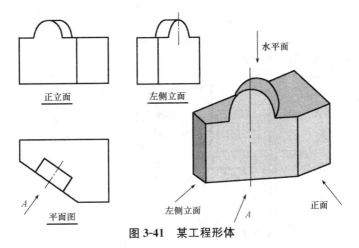

图 3-41 某工程形体

当斜视图所表示的图形外轮廓线是封闭时，可以只画出这部分的视图，这部分的视图称为向视图，如图 3-42 所示。

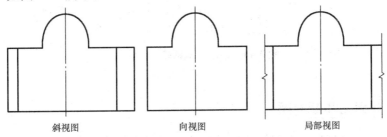

图 3-42 某工程形体斜视图、向视图、局部视图区别

斜视图可以将整个工程形体的投影全部画出，也可以将工程形体中平行于辅助投影面的实形画出后，再向两侧扩展出一部分后可用波浪线或折断线断开，这样的视图称为局部视图。

(3)展开视图。平面形状曲折的建筑物，可绘图展开立面图，并在图名后注写"展开"字样，如图 3-43 所示。

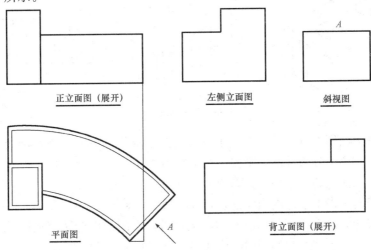

图 3-43 工程形体展开视图示例

(4)镜向视图。某些工程构造，当用第一分角不易表示时，可用镜像投影法绘制，但应在图名后注写"镜像"字样。如：建筑吊顶（顶棚）、灯具、风口等设计，应反映在地面上的镜面图，不是仰视图，如图 3-44 所示。

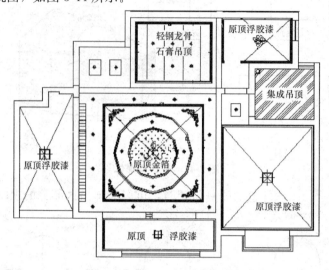

图 3-44　某住宅顶棚装修设计图

3.3.2　剖面图和断面图

（1）剖面图。当工程形体内部构造比较复杂，用正投影图来表达时，图中的虚线较多，实线、虚线交叉重叠，增加了工程技术人员的认读难度。为了有助于工程形体的表达，我们假想一个剖切平面，让它通过工程形体的内部结构进行剖切，移去观察者和剖切面之间的部分，对留下部分进行投影所得到的图形称为剖面图，如图 3-45 所示。剖切平面称为剖切面，剖切面一般为平面，必要时可以是柱面。

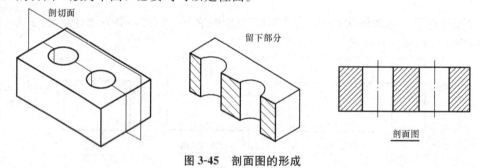

图 3-45　剖面图的形成

1）剖切面种类剖切面可以是一个，也可以是两个或两个以上。根据剖切面的多少和剖切面之间关系，剖切可分为平剖、阶梯剖、旋转剖和分层剖，如图 3-46 所示。

①用一个剖切面剖切，称平剖，如图 3-46 所示。

②用两个或两个以上平行剖切面剖切，称阶梯剖，如图 3-46(a)所示。

③用两个或两个以上相交剖切面剖切，剖切后，将剖切面旋转至相同的平面内再进行投影，称旋转剖，用此法绘制的剖面图应注写"展开"两字，如图 3-46(b)所示。

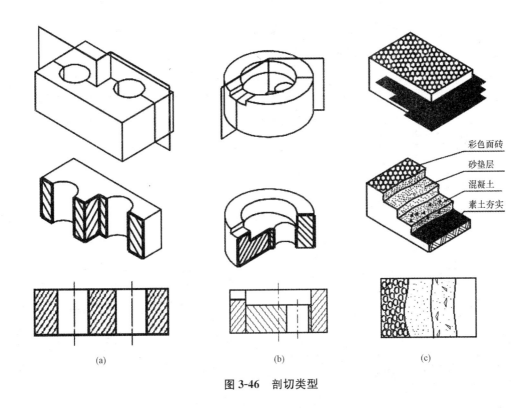

图 3-46 剖切类型

④用两个或两个以上平行剖切面逐层剖切,称分层剖(属阶梯部的一种),如图 3-46(c)所示。

2)画剖面图的有关规定。

①剖切符号。剖切符由剖切位置线及投射方向线两部分组成。剖切位置线 6~10 mm,投射方向线 4~6 mm,相互垂直,均为粗实线。绘图时不宜与图面上的图线相接触。剖切符号的编号宜采用阿拉伯数字,按顺序由左至右,由上至下连续编排,并注写在投射方向线的端部,如图 3-47 所示。剖面图的图名一般是以剖切符号的编号来命名的,如×—×剖面图或×—×剖面等。

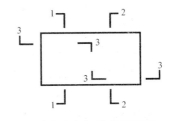

图 3-47 剖切符号及编号

②建筑材料图例。工程形体假想被剖切面剖切,工程形体与剖切面接触部分称为剖切区域,剖切区域的轮廓线用粗实线,剖切区域内用建筑材料用材料图例填充,常用建筑图例见表 3-7。剖切平面后的物体主要轮廓线用中实线表示,剖面图中一般不画虚线。

需要注意的是:

a. 剖切面是假想的平面,只有在绘制剖面图时,才假想工程形体被剖切面剖切开,实际是不存在的。因此,三视图中,一个视图绘制成剖面图时,并没有影响其他视图的完整性。

b. 当不需表明是哪一种材料时,可画同方向等间距的 45°细实线。两个相同的图例相接时,图例线宜错开或倾斜方向相反;一张图纸内的图样只有一种建筑材料或图形小而无法画出建筑材料图例时,可以不画建筑材料图例,但应加文字说明;若断面很小,断面内的建筑材料图例可用涂黑表示，在两个相邻的涂黑图例间，应留有空隙，其宽度不得小于 0.7 mm；面积过大的建筑材料图例，可沿轮廓线局部表示。

表 3-7　常用建筑材料图例

序号	名称	图　例	备　注
1	自然土壤		包括各种自然土壤
2	夯实土壤		—
3	砂、灰土	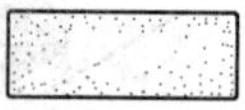	—
4	砂砾石、碎砖三合土	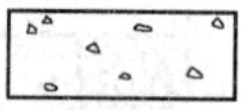	—
5	石材		—
6	毛石		—
7	普通砖	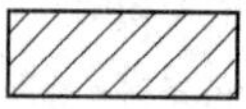	包括实心砖、多孔砖、砌块等砌体。断面较窄不易绘出图例线时，可涂红，并在图纸备注中加注说明，画出该材料图例
8	耐火砖	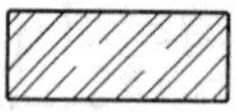	包括耐酸砖等砌体
9	空心砖	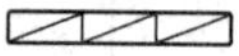	指非承重砖砌体
10	饰面砖		包括铺地砖、马赛克、陶瓷马赛克、人造大理石等
11	焦渣、矿渣	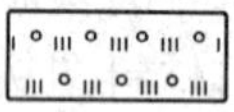	包括与水泥、石灰等混合而成的材料
12	混凝土	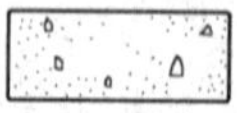	1. 本图例指能承重的混凝土及钢筋混凝土 2. 包括各种强度等级、集料、添加剂的混凝土 3. 在剖面图上画出钢筋时，不画图例线 4. 断面图形小，不易画出图例线时，可涂黑
13	钢筋混凝土		
14	多孔材料	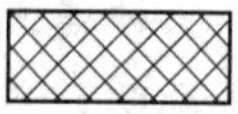	包括水泥珍珠岩、沥青珍珠岩、泡沫混凝土、非承重加气混凝土、软木、蛭石制品等

续表

序号	名称	图例	备注
15	纤维材料	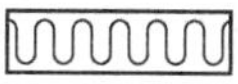	包括矿棉、岩棉、玻璃棉、麻丝、木丝板、纤维板等
16	泡沫塑料材料	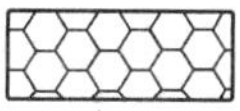	包括聚苯乙烯、聚乙烯、聚氨酯等多孔聚合物类材料
17	木材		1. 上图为横断面，左上图为垫木、木砖或木龙骨 2. 下图为纵断面
18	胶合板	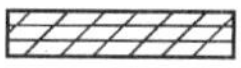	应注明为×层胶合板
19	石膏板	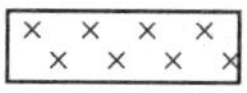	包括圆孔、方孔石膏板、防水石膏板、硅钙板、防火板等
20	金属	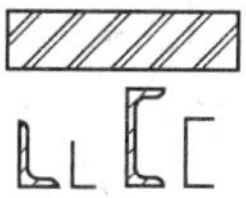	1. 包括各种金属 2. 图形小时，可涂黑
21	网状材料		1. 包括金属、塑料网状材料 2. 应注明具体材料名称
22	液体	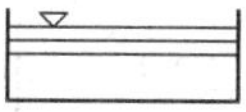	应注明具体液体名称
23	玻璃		包括平板玻璃、磨砂玻璃、夹丝玻璃、钢化玻璃、中空玻璃、夹层玻璃、镀膜玻璃等
24	橡胶		—
25	塑料		包括各种软、硬塑料及有机玻璃等
26	防水材料		构造层次多或比例大时，采用上图例
27	粉刷		本图例采用较稀的点

3）剖面图的类型。根据剖面图中被剖切的范围划分，剖面图可分为全剖面图、半剖面图和局部剖面图。

①全剖面图。用剖切面完全地剖切工程形体,所得的剖面图称为全剖面图,如图3-48所示。

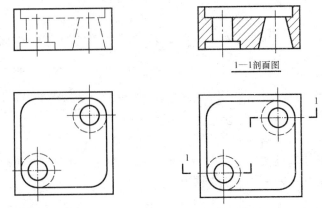

图3-48 某建筑模型全剖面图

②半剖面图。工程形体具有对称性时,以对称中心为界,一半画成投影图,另一半画成剖面图,这样的剖面图称为半剖面图,如图3-49所示。

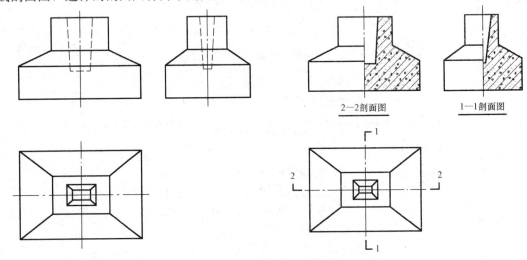

图3-49 杯形基础半剖面图

③局部剖面图。当工程形体局部内部结构需要表达清楚时,可用剖切面局部剖开工程形体,所得的剖面图称为局部剖面图,如图3-50所示。

(2)断面图。假想一个剖切平面将工程形体剖切,仅画出断面的图形称为断面图。断面图可简称断面,常用来表示物体局部断面形状,如图3-51所示。

1)断面图与剖面图的区别。断面图与剖面图相同,都假想的剖切平面对工程形体进行剖切,但有所不同,如图3-51所示。

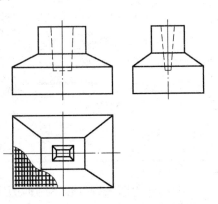

图3-50 杯形基础局部剖面图

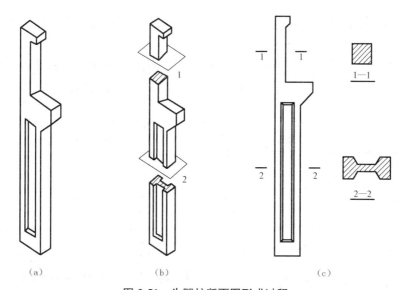

图 3-51 牛腿柱断面图形成过程
(a)牛腿柱;(b)剖开后的牛腿柱;(c)断面图

①剖切符号不同。断面图的剖切符号仅有剖切位置线,长度 6~10 mm,粗实线,没有投射方向线,投射方向用编号所在的一侧来代替。

②图名命名不同。断面图的图名也是以剖切符号的编号来命名的,但不写"断面图"三个字。

③仅画与剖切面接触部分。断面图仅画与剖切面接触部分,但如果画出的断面图是分开的时候,为了确保完整,可画成剖面图,如图 3-52(b)所示。

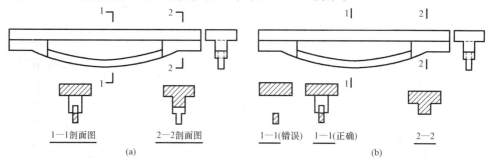

图 3-52 断面图和剖面图的区别

2)断面图的分类。根据断面图画所在位置,可分为中断断面、移出断面和重合断面。

①中断断面。杆件中断处的断面图称为中断断面,中断断面不需要标注剖切位置,不需要标注图名,如图 3-53 所示。

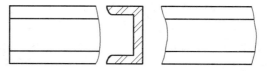

图 3-53 某型钢中断断面

②移出断面。断面图画在视图以外，称为移出断面，移出断面需要标注剖切位置和注图，如图3-54所示。

③重合断面。钢筋混凝土屋顶结构的梁板，由于屋面板很薄，断面很小，无法画清材料图例，所以用涂黑方式表示，这种将断面与结构重合的断面图称为重合断面，如图3-55所示。

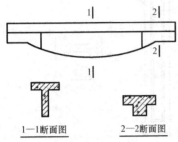

图3-54 某混凝土梯形梁移出断面

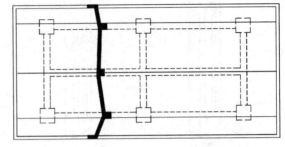

图3-55 钢筋混凝土屋顶梁板重合断面

3.3.3 简化画法

《房屋建筑制图统一标准》(GB/T 50001—2010)规定了一些简化画法，应用简化画法可以提高工作效率。

(1)构配件视图有一条对称线，可只画该视图的一半，有两条对称线，可只画1/4，并画出对称符号，如图3-56所示。图形稍超出对称线，可不画对称线，如图3-57所示。

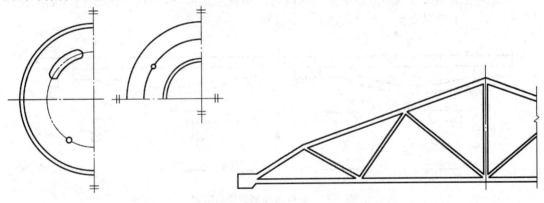

图3-56 画对称符号的简化画法　　　　图3-57 不画对称符号的简化画法

(2)构配件内多个完全相同相连续排列的构造要求，可仅在两端或适当位置画出其完整形状，其余部分以中心线或中心线交点表示，如图3-58(a)所示。当相同构造要素少于中线交点，则其余部分在相同构造要素位置的中心线交点处用小圆点表示，如图3-58(b)所示。

(3)较长的构件，当沿长度方向形状相同或按一定规律变化，可断开省略绘制，断开处应以折断线表示，如图3-59(a)所示。

(4)一个构配件与另一构配件仅部分不同，该构配件可只画不同部分，但应在两个构配件的相同部分与不同部分的分界线处，分别绘制连接符号，如图3-59(b)所示。

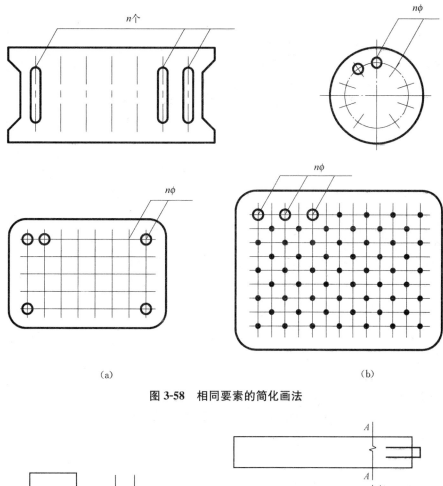

图 3-58 相同要素的简化画法

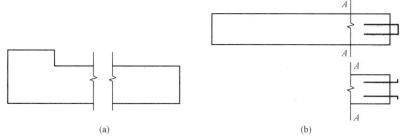

图 3-59 折断简化和局部构造不同的简化

4 土木工程专业图

学习要点
(1)房屋建筑施工图。
(2)房屋结构施工图。
(3)给水排水施工图。
(4)道路、桥梁涵洞和隧道工程图。

4.1 房屋建筑施工图

4.1.1 房屋建筑施工图概述

(1)房屋的组成及作用。房屋按其使用功能通常可分为工业建筑、农业建筑和民用建筑。工业建筑包括各种厂房、仓库等;农业建筑包括谷仓、饲养场、农机站等;民用建筑分为居住建筑和公共建筑,居住建筑如住宅、宿舍,公共建筑如商场、医院、学校等。

各种不同类型的建筑物,尽管它们在使用要求、空间组合、外形处理、结构形式、构造方式及规模大小等有各自的特点,但其基本组成是相似的,其主要组成分为六大部分:基础、墙或柱、楼(地)面、楼梯、屋顶、门窗等。另外,台阶、散水、雨水管、花池、各种构配件也属于建筑物的组成部分。现以图 4-1 中某建筑为例,将房屋六大组成部分的名称及其作用做一介绍。

1)基础。基础是建筑物埋在地面以下的承重结构,它承受建筑物的全部荷载,并把这些荷载传给地基。基础应有足够的强度,以传递荷载。

2)墙或柱。墙位于基础上部、具有承重、维护和分隔作用。建筑物的内墙主要起分隔房间的作用,避免相互干扰;建筑物的外墙主要起围护作用,抵御风、雨、雪及寒暑对室内的影响;有些建筑由墙承重,有些则由柱承重;柱子在建筑中主要起承重作用。另外,有的柱子在建筑中主要起增加建筑稳定性和刚度的作用,称为构造柱。

3)楼(地)面。在房屋建筑中,楼板层是水平的承重和分隔构件,将楼层的荷载通过楼板传给墙或柱,同时对墙体还有水平支撑作用。楼板层由楼板、楼面和顶棚组成;首层室内地坪称为地面,仅承受首层室内的活荷载和本身自重,通过垫层传到土层上。

4)楼梯。楼梯是建筑物中联系上下层的垂直交通设施,供人们上下楼层和紧急疏散之用。楼板应有足够的坚固性,目前使用的楼板大部分为钢筋混凝土楼板。

5)屋顶。屋顶是建筑物顶部的承重和围护结构,由承重层、防水层和保温、隔热等其他构造层组成,保证顶层房间能正常使用。

6)门窗。门是为交通联系构件;窗主要作用是采光和通风,要求具有隔声、保温、防风沙等功能。

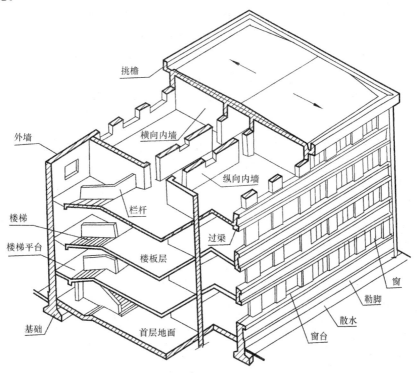

图 4-1 房屋的构造和组成

(2)施工图的产生及分类。房屋的建造一般需要经过设计和施工两个过程。但对于一些大型的、重要的或技术复杂的工程,还要扩大初步设计阶段(也称为技术设计阶段),用来协调该工程各专业工种之间的技术问题。

1)初步设计阶段。根据该项目的设计任务,明确要求、收集资料、调查研究,设计人员接受设计任务后,根据使用单位的要求综合分析,合理构思后做出几种方案以供选用。设计方案主要画出建筑物简单的平、立、剖面图。

2)施工图设计阶段。设计人员根据最后确定的设计方案,按照施工的要求具体化。各专业画出尽可能详细的一套完整的施工图图样,该图样既能用来施工,又能为施工安装、编制预算、工程竣工验收等提供完整的依据。

一套完整的房屋施工图按其内容与作用的不同,一般的编排顺序为:

①图纸目录。列出本套图纸有几类,各有几张,每张图纸的编号、图名和图幅大小。

②设计总说明。主要包括本工程设计的依据、实际规模、建筑面积、相对标高起点、

建筑用料等。一些建筑部位使用的材料及其他图纸中表达不清楚的地方，都可用文字来说明。

③建筑施工图(简称建施)。主要用来表示建筑物的规划位置、外部造型、内部各房间的布置、内外装修、构造及施工要求等。主要内容包括施工图首页、总平面图、各层平面图、立面图、剖面图及详图。

④结构施工图(简称结施)。主要表示建筑物承重结构的结构类型、结构布置、构件种类、数量、大小及做法。它的内容包括结构设计说明、结构平面布置图及构件详图。

⑤设备施工图(简称设施)。主要表达建筑物的给水排水、暖气通风、供电照明、燃气等设备的布置和施工要求等。它主要包括各种设备的布置图、系统图和详图等内容。

(3)建筑施工图的有关规定和要求。绘制建筑施工图时，除了要符合制图基本规定外，为了对图样表达清晰、完整、满足设计和施工的需要，还要符合以下要求：

1)图线。为了表达图中不同的内容和不同粗细的图线，增加立体感，图线的宽度 b 应从下列线宽系列中选取：0.18 mm、0.25 mm、0.35 mm、0.5 mm、0.7 mm、1.0 mm、1.4 mm、2.0 mm。

每个图样应根据复杂程度与比例大小，先确定基本线宽 b，再选用适当的线宽组。

2)比例。由于建筑物的实体一般都比较大，绘图时不可能按实际大小来绘制，故要将其缩小后绘制；为了反映建筑物的细部构造及其具体做法，常配有较大比例的图样，常用文字和符号详细说明。

图形与实物相对应的线性尺寸之比称为比例。比值大于 1 的称放大比例，比值小于 1 为缩小比例。

比例＝图样上的线段长度/实物上的相应线段长度

比例的大小是指其比值的大小，如 1∶50 比 1∶100 大。

建筑专业制图选用比例应符合表 4-1 的规定。

表 4-1　建筑施工图中所用的比例

图名	比例
总平面图、管线图、土方图	1∶500、1∶1 000、1∶2 000
建筑物或构筑物的平面图、立面图、剖面图	1∶50、1∶100、1∶150、1∶200、1∶300
建筑物或构筑物的局部放大图	1∶10、1∶20、1∶25、1∶30、1∶50
配件及构造详图	1∶1、1∶2、1∶5、1∶10、1∶15、1∶20、1∶30、1∶50

一般情况下，一个图样一般选用一个比例。根据专业制图的需要，同一图样也可选用两种不同的比例，如梁的侧立面与横断面就应采用两个不同的比例(主要用于长度与宽度相差悬殊的构配件)。

在工程图样上，比例应以阿拉伯数字表示，比例的符号为"∶"，如 1∶1、1∶20、1∶100 等。其他表示方法是不允许的(如 1/100)。

3)定位轴线及其编号。确定建筑物承重构件位置的线称为定位轴线，各承重构件均需标注纵横两个方向的定位轴线，非承重或次要构件应标注附加轴线。定位轴线应用细单点长画线绘制，一般应编号，编号应注写在轴线端部的圆内。圆应用细实线绘制，直径为 8～10 mm。定位轴线圆的圆心，应在定位轴线的延长线上或延长线的折线上。

平面图上定位轴线的编号，宜标注在图样的下方与左侧。横向编号应用阿拉伯数字，从左至右顺序编写，竖向编号应用大写拉丁字母，从下至上顺序编写。

拉丁字母的 I、O、Z 不得用作轴线编号，是为了防止和数字 1、0、2 混淆。如字母数量不够使用，可增用双字母或单字母加数字注脚，如 AA、BA、…YA 或 A_1、B_1、…Y_1，如图 4-2 所示。

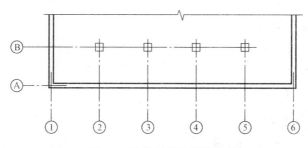

图 4-2　定位轴线编号顺序

附加定位轴线的编号，应以分数形式表示，并应按下列规定编写：

①两根轴线间的附加轴线，应以分母表示前一轴线的编号，分子表示附加轴线的编号，编号宜用阿拉伯数字顺序编写，如图 4-3 所示。

②1 号轴线或 A 号轴线之前的附加轴线的分母应以 01 或 0A 表示，如图 4-3 所示。

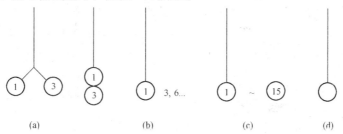

图 4-3　附加定位轴线的编号

③一个详图适用于几根轴线时，应同时注明各有关轴线的编号，通用详图中的定位轴线，应只画圆，不注写轴线编号，如图 4-4 所示。

图 4-4　详图的轴线编号

(a)用于 2 根轴线时；(b)用于 3 根或 3 根以上轴线时；(c)用于半年 3 根以上连续；
(d)通用详图中的定位轴线

④圆形平面图中定位轴线的编号，其径向轴线宜用阿拉伯数字表示，从左下角开始，按逆时针顺序编写；其圆周轴线宜用大写英文字母表示，从外向内顺序编写，如图 4-5 和图 4-6 所示。

4）标高。标高是标注建筑物各部位高度的另一种尺寸形式，有绝对标高和相对标高两种。以青岛附近黄海平均海平面为零点所确定的标高，称为绝对标高，又称海拔标高。以建筑物某一部位（通常是底层室内主要地坪）为零点所确定的标高，称为相对标高。因为绝对标高不便于使用，所以除总平面图外，施工图中都使用相对标高。

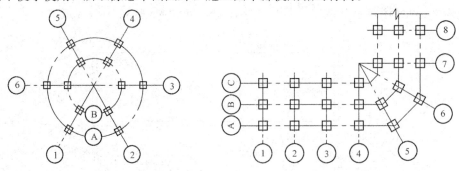

图 4-5　圆形平面定位轴线编号　　　　图 4-6　折线形平面定位轴线编号

标高符号应以等腰直角三角形表示，按如图 4-7(a)所示形式用细实线绘制，如标注位置不够，也可按如图 4-7(b)所示形式绘制。标高符号的具体画法如图 4-7(c)、(d)所示。图 4-7(d)中 l 指取适当长度注写标高数字，h 指根据需要取适当高度。

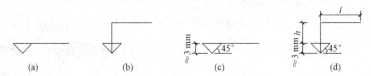

图 4-7　标高符号的具体画法
(a)平面图上的楼地面标高符号；(b)标注位置不够时符号；
(c)标高符号的具体画法；(d)标注位置不够时符号的具体画法

总平面图室外地坪标高符号，宜用涂黑的三角形表示，如图 4-8(a)所示，具体画法如图 4-8(b)所示。

标高符号的尖端应指至被注高度的位置。尖端一般应向下，也可向上。标高数字应注写在标高符号的左侧或右侧，如图 4-8(c)所示。在图样的同一位置需表示几个不同标高时，标高数字可按图 4-8(d)所示的形式注写。

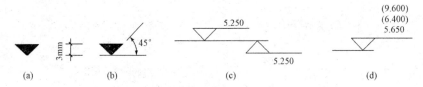

图 4-8　标高符号的表示方法
(a)总平面图室外地坪标高符号；(b)总平面图室外地坪标高符号具体画法；
(c)同一标高上下不同的表示方法；(d)同一位置注写多个标高数字

标高数字应以米(m)为单位，注写到小数点以后第三位。在总平面图中，可注写到小数字点以后第二位。零点标高应注写成±0.000，正数标高不注"＋"，负数标高应注"－"，如 3.000、－0.600。

· 108 ·

5)索引符号与详图符号。

①索引符号。图样中的某一局部或构件,如需另见详图,应以索引符号索引,如图4-9(a)所示。索引符号是由直径为10 mm的圆和水平直径组成的,圆及水平直径均应以细实线绘制。索引符号应按下列规定编写。

a. 索引出的详图,如与被索引的详图同在一张图纸内,应在索引符号的上半圆中用阿拉伯数字注明该详图的编号,并在下半圆中间画一段水平细实线,如图4-9(b)所示。

b. 索引出的详图,如与被索引的详图不在同一张图纸内,应在索引符号的上半圆中用阿拉伯数字注明该详图的编号,在索引符号的下半圆中用阿拉伯数字注明该详图所在图纸的编号,如图4-9(c)所示。数字较多时,可加文字标注。

c. 索引出的详图,如采用标准图,应在索引符号水平直径的延长线上加注该标准图册的编号,如图4-9(d)所示。

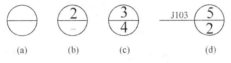

图4-9 索引符号

(a)索引符号;(b)详图在本张图纸上;(c)详图不在本张图纸上;(d)采用标准图集索引

索引符号如用于索引剖面详图,应在被剖切的部位绘制剖切位置线,并以引出线引出索引符号。引出线所在的一侧应为投射方向,如图4-10所示。

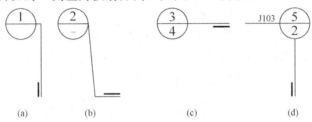

图4-10 用于索引剖面详图的索引符号

(a)向左剖视索引;(b)向下剖视索引;(c)向上剖视索引;(d)向右剖视索引

零件、钢筋、杆件、设备等的编号,以直径为4~6 mm(同一图样应保持一致)的细实线圆表示,其编号应用阿拉伯数字按顺序编写。

②详图符号。详图的位置和编号,应以详图符号表示。详图符号的圆应以直径为14 mm的粗实线绘制。详图应按下列规定编号。

a. 详图与被索引的图样同在一张图纸内时,阿拉伯数字注明详图的编号,如图4-11(a)所示。

b. 详图与被索引的图样不在同一张图纸内,符号内画一水平直径,在上半圆中注明详图编号,在下半圆中注明被索引的图纸的编号,如图4-11(b)所示。

图4-11 详图符号

(a)详图与被索引图样在同一张图纸上;(b)详图与被索引图样不在同一张图纸上

6)引出线。

①引出线应以细实线绘制，宜采用水平方向的直线，与水平方向成 30°、45°、60°、90° 的直线，或经上述角度再折为水平线。文字说明宜注写在水平线的上方，如图 4-12(a)所示，也可注写在水平线的端部，如图 4-12(b)所示。索引详图的引出线，应与水平直径线相连接。

②同时引出几个相同部分的引出线，宜互相平行，如图 4-13(a)所示，也可画成集中于一点的放射线，如图 4-13(b)所示。

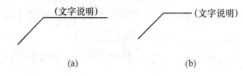

图 4-12　引出线
(a)文字说明宜注写在水平线上方；(b)文字说明也可写在水平线的端部

图 4-13　共用引出线
(a)同时引出几个相同的部分(引出线平行)；(b)同时引出几个相同的部分(引出线集中于一点)

③多层构造或多层管道共用引出线，应通过被引出的各层。文字说明宜注写在水平线的上方，或注写在水平线的端部，说明的顺序应由上至下，并应与被说明的层次相互一致；如层次为横向排序，则由上至下的说明顺序应与左至右的层次相互一致，如图 4-14 所示。

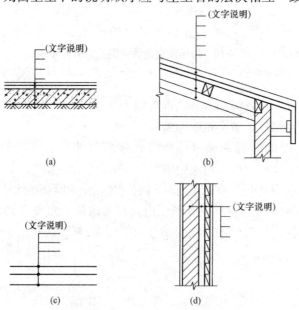

图 4-14　多层构造或多层管道共用引出线

7)图例。为了绘图简便,表达清楚,"国标"规定了一系列图形符号来代表建筑构配件、卫生设备、建筑材料等,这种图形符号称为图例,见表3-7。

4.1.2 施工图首页

施工图首页一般包括图纸目录、建筑设计说明、工程作法表、门窗统计表等。

(1)图纸目录。说明该工程由哪几个工种的图纸组成,各工种图纸名称、图纸内容和图号顺序。其目的是便于查找图纸。表4-2为某办公楼工程的图纸目录。

表4-2 某办公楼工程的图纸目录

图别	图号	图名	图别	图号	图名
建施	1	图纸目录及建筑设计说明	结施	11	顶层梁配筋图、顶层结构平面图
建施	2	一层平面图	结施	12	标高4.170层结构平面图
建施	3	二层平面图	结施	13	标高7.770、11.370层结构平面图
建施	4	三、四层平面图、门窗表	结施	14	标高14.970层结构平面图
建施	5	五层平面图	结施	15	楼梯平面配筋图
建施	6	屋顶平面图、楼梯平面图、卫生间大样图	结施	16	楼梯剖面配筋图
建施	7	正立面图			
建施	8	背立面图	水施	1	图例表、说明、材料统计表
建施	9	右侧立面图、Ⅱ-Ⅱ剖面图、节点详图	水施	2	一层给水排水平面图
建施	10	Ⅰ-Ⅰ剖面图、楼梯剖面图	水施	3	二~四层给水排水平面图
			水施	4	五层给水排水平面图
结施	1	结构设计总说明	水施	5	给水排水系统图、室外管网平面图
结施	2	梁配筋图示示例	水施	6	消火栓系统图
结施	3	基础平面图			
结施	4	基础详图(一)	电施	1	供电系统图、设计说明、电话系统图、主材表
结施	5	基础详图(二)	电施	2	一层照明平面图
结施	6	一层柱配筋平面图	电施	3	二~四层照明平面图
结施	7	二~五层柱配筋平面图	电施	4	五层照明及防雷平面图、屋顶防雷平面图
结施	8	一层梁配筋图	电施	5	一层弱电平面图
结施	9	二、三层梁配筋图	电施	6	二~四层弱电平面图
结施	10	四层梁配筋图	电施	7	五层弱电平面图

(2)建筑设计说明。建筑设计说明主要用于说明建筑概况、设计依据、施工要求及需要特别注意的事项等。有时,其他专业的设计说明可以和建筑设计说明合并为整套图纸的总

说明，放置于所有施工图的最前面。表4-3为某学校工程建筑施工图设计说明的实例。

表4-3 建筑设计说明

1	建设单位	××学校	7	建筑合理使用年限	50年
2	工程名称	办公楼	8	平屋顶防水等级	Ⅱ级，本等级防水层耐用年限为10年
3	建设地点	××学校	9	《民用建筑设计通则》《住宅设计规范》	
4	建筑规模	建筑面积2 767.02平方米		《商店建筑设计规范》	
		使用面积2 241.29平方米		《建筑设计防火规范》《建筑照明设计标准》	
				《民用建筑电气设计规范》《建筑给水排水设计规范》	
5	耐火等级	二级		《建筑结构荷载规范》《建筑地基基础设计规范》	
6	抗震设防烈度	六度		《建筑抗震设计规范》《混凝土结构设计规范》	

（3）门窗表。为了方便门窗的下料、制作和安装，需将建筑的门窗进行编号，统计汇总后列成表格。门窗统计表用于说明门窗类型，每种类型的名称、洞口尺寸、每层数量和总数量以及可选用的标准图集、其他备注等。表4-4为某办公楼工程的门窗表。

表4-4 某办公楼工程的门窗表

类别	设计编号	洞口尺寸/mm		数量	采用标准图集及编号		备注
		宽	高		图集代号	编号	
门	M—1	3 100	3 300	2	定做		60A系列地弹门中空玻璃
	M—2	2 700	2 700	82	88ZJ601	M—22—1027	普通木门
	M—3	2 700	2 700	10	88ZJ601	M—22—1027	普通木门
	M—4	2 700	2 700	6	JSMC—98—(2)	PM1—76—1527	60系列半玻平开门中空玻璃
窗	C—1	1 800	2 100	32	JSMC—98—(2)	TC55—1821AC	60系列推拉窗中空玻璃
	C—2	1 500	2 100	7	JSMC—98—(2)	TC54—1521AC	60系列推拉窗中空玻璃
	C—3	见图	2 100	60	定做		60系列推拉窗中空玻璃
	C—4	见图	2 400	12	定做		60系列推拉窗中空玻璃
	C—5	1 800	1 800	2	JSMC—98—(2)	TC49—1818AC	60系列推拉窗中空玻璃

（4）工程做法表。工程做法表主要是对建筑各部位构造做法用表格的形式加以详细说明，如房屋的屋面、楼地面、顶棚、内外墙面、踢脚、墙裙、散水、台阶等建筑细部，根据其构造做法可以绘出详图进行局部图示，也可以用列成表格的方法集中加以说明。当大量引用通用图集中的标准做法时，使用工程做法表十分方便高效。工程做法表的内容一般包括工程构造的部位、名称、做法及备注说明等，因为多数工程做法属于房屋的基本土建装修，所以又称为建筑装修表。表4-5为某办公楼工程做法表。

表 4-5 某办公楼工程做法表

序号	建筑构造	采用图集	页码	节点号	序号	建筑构造	采用图集	页码	节点号
1	平屋面	DBJ41/T039—2000	20	屋111，上人屋面采用改性沥青卷材防水屋面	8	山墙泛水	98ZJ201	10	①
			18	屋91，不上人屋面采用石油沥青卷材防水屋面	9	女儿墙出水口	98ZJ201	11	②
2	地面	98ZJ001	4	地19，水泥砂浆拉毛用于办公室地面	10	雨水配件	98ZJ201	1/34	d/35 a/36 a/37 φ100UPVC雨水管
			4	地50，水泥砂浆拉毛用于卫生间地面	11	楼梯栏杆	98ZJ401	Y/8	扶手 8/27 起步 6/28
3	楼面	98ZJ001	14	楼1，水泥砂浆抹光楼梯间楼面	12	踢脚	98ZJ501	3	①采用水泥砂浆踢脚
			15	楼10，水泥砂浆拉毛用于办公楼屋面	13	墙裙	98ZJ501	5	①
			20	楼27，水泥砂浆拉毛用于卫生间楼面	14	内墙护角	98ZJ5001	20	①
4	内墙面	98ZJ001	30	内墙4，混合砂浆（营业房墙面批腻子二道）	15	墙面预留空调孔	98ZJ901	27	⑧
					16	散水	98ZJ901	4	④混凝土散水
5	外墙面	98ZJ001	43	外墙12，面砖外墙面	17	坡道	98ZJ901	18	①
			43	外墙15，涂料外墙面					
6	顶棚	98ZJ001	47	顶4，水泥砂浆顶棚	18	台阶	98ZJ901	8	⑪
7	涂料	98ZJ001	55	涂1，用于木质面	19	排气道	200YJ205	5	⑤
			58	涂13，用于金属面	20	台阶花台	98ZJ901	13	⑥
			62	涂32，888仿瓷涂料，用于内墙及顶棚	21	台阶挡墙	98ZJ901	17	⑤

4.1.3 总平面图

(1)总平面图的形成和用途。建筑总平面图是将拟建房屋所在基地一定范围内的总体布置,连同其周围的地形、地貌状况用水平投影的方法和相应的图例所画出的图样。

建筑总平面图主要表明新建建筑平面形状、层数、室内外地面标高,新建道路、绿化、场地排水和管线的布置情况,并表明原有建筑、道路、绿化等和新建筑的相互关系以及环境保护方面的要求等。由于建设工程的性质、规模及所在基地的地形、地貌的不同,建筑总平面图所包括的内容有的较为简单,有的则比较复杂,必要时还可分项绘出竖向布置图、管线综合布置图、绿化布置图等。

总平面图是新建房屋定位、放线以及布置施工现场的依据。

(2)总平面图的图示方法。由于总平面图包括地区较大,国家制图标准(以下简称"图标")规定:总平面图的比例应用1∶500、1∶1 000、1∶2 000来绘制。实际工程中,总平面图常用1∶500的比例绘制。

总平面图是用正投影原理绘制的,由于比例较小,总平面图上的房屋、道路、桥梁、绿化等都用图例表示。表4-6列出的为"国标"规定的总平面图图例。在较复杂的总平面图中,如果用了一些"国标"上没有的图例,应在图纸的适当位置,以附加图例的形式加以说明。

表4-6 总平面图图例

序号	名称	图 例	备 注
1	新建建筑物	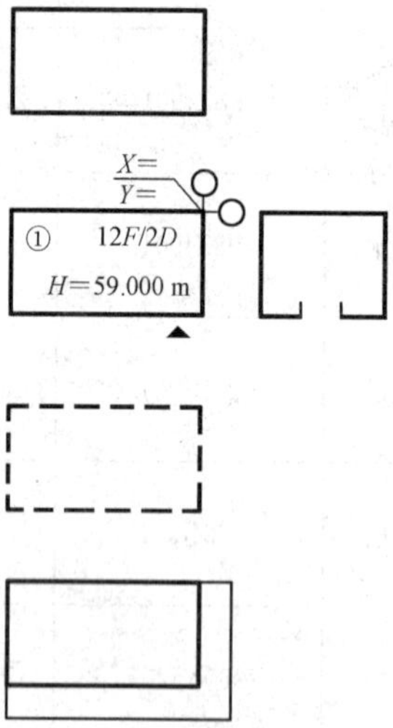 ① $\frac{X=}{Y=}$ 12F/2D $H=59.000$ m	新建建筑物以粗实线表示与室外地坪相接处±0.000外墙定位轮廓线 建筑物一般以±0.000高度处的外墙定位轴线交叉点坐标定位。轴线用细实线表示,并标明轴线号 根据不同设计阶段标注建筑编号,地上、地下层数,建筑高度,建筑出入口位置(两种表示方法均可,但同一图纸采用一种表示方法) 地下建筑物以粗虚线表示其轮廓 建筑上部(±0.000以上)外挑建筑用细实线表示 建筑物上部连廊用细虚线表示并标注位置
2	原有建筑物	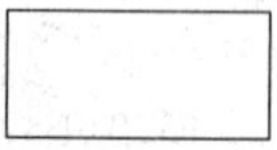	用细实线表示

续表

序号	名称	图例	备注
3	计划扩建的预留地或建筑物		用中粗虚线表示
4	拆除的建筑物	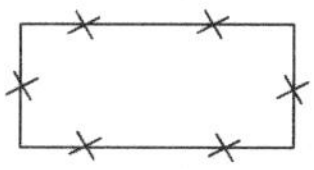	用细实线表示
5	挡土墙	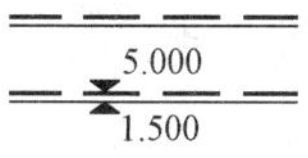 5.000 / 1.500	挡土墙根据不同设计阶段的需要标注 墙顶标高 墙底标高
6	围墙及大门	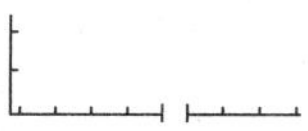	—
7	新建的道路	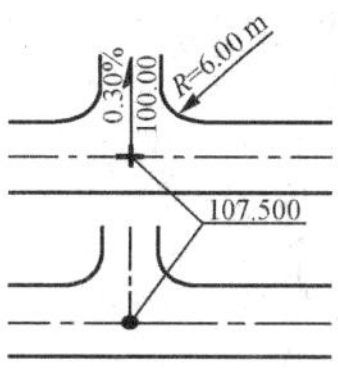 R=6.00 m, 0.30%, 100.00, 107.500	"R=6.00 m"表示道路转弯半径；"107.500"为道路中心线交叉点设计标高，两种表示方式均可，同一图纸采用一种方式表示；"100.00"为变坡点之间距离，"0.30%"表示道路坡度，⟶表示坡向
8	原有道路	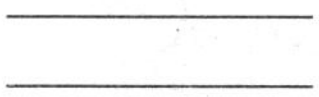	—
9	计划扩建的道路		—
10	室内地坪标高	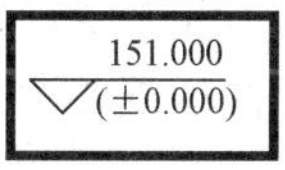 151.000 / ▽(±0.000)	数字平行于建筑物书写
11	室外地坪标高	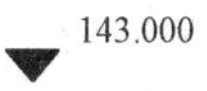 ▼ 143.000	室外标高也可采用等高线

总平面图常画在有等高线和坐标网格的地形图上。地形图上的坐标称为测量坐标，是与地形图相同比例画出的 50 m×50 m 或 100 m×100 m 的方格网，此方格网的竖轴用 X 表

示,横轴用 Y 表示。

一般房屋的定位应注其三个角的坐标,如建筑物、构筑物的外墙与坐标轴线平行,可标注其对角坐标,如图4-15所示。当房屋的两个主向与测量坐标网不平行时,为方便施工,通常采用施工坐标网定位。其方法是在图中选用某一适当位置为坐标原点,以竖直方向为 A 轴,水平方向为 B 轴,同样以 50 m×50 m 或 100 m×100 m 进行分格,即为施工坐标网。

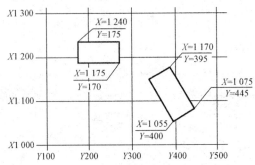

图 4-15 测量坐标网图

新建房屋的朝向与风向,可在图纸的适当位置绘制指北针或风向频率玫瑰图(简称"风玫瑰")来表示。指北针应按"国标"规定绘制,如图4-16所示,其圆用细实线,直径为24 mm;指针尾部宽度为3 mm,指针头部应注"北"或"N"字。如需用较大直径绘制指北针时,指针尾部宽度宜为直径的1/8。

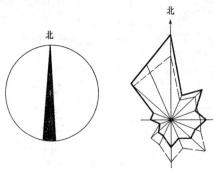

图 4-16 指北针与风玫瑰

风向频率玫瑰图在8个或16个方位线上用端点与中心的距离代表当地这一风向在一年中发生次数的多少,粗实线表示全年风向,细虚线范围表示夏季风向。风向由各方位吹向中心,风向线最长者为主导风向。

总平面图上的尺寸应标注新建房屋的总长、总宽及与周围房屋或道路的间距。尺寸以米为单位,标注到小数点后两位。新建房屋的层数在房屋图形右上角上用点数或数字表示,一般低层、多层用点数表示层数,高层用数字表示。如果为群体建筑,也可统一用点数或数字表示。

新建房屋的室内地坪标高为绝对标高的零点。

(3)总平面图的内容。总平面施工图的内容主要包括以下两个方面:

1)为建设用地及相邻地带的现状(地形与地物);
2)为新建建筑及设施的平面与竖向定位,以及道路、绿化设计。

前者多由城建规划部门提供并附有建设要求,构成设计前提条件;后者则是建筑师运作的设计内容。两者在图纸内均应充分、正确的表达,才能便于施工。此要点与单体建筑施工图有所不同。

总平面图应表达以下几个方面内容:
1)保留的地形和地;
2)测量坐标网、坐标值;
3)场地四界的测量坐标(或定位尺寸),道路红线和建筑红线或用地界线的位置;
4)场地四邻原有及规划道路的位置(主要坐标值或定位尺寸),以及主要建筑物和构筑物的位置、名称、层数;
5)建筑物、构筑物的名称或编号、层数、定位坐标或相互关系尺寸;
6)广场、停车场、运动场地、道路、无障碍设施、排水沟、挡土墙、护坡的定位(坐标或相互关系)尺寸;
7)指北针或风玫瑰图;
8)建筑物、构筑物使用编号时,应列出"建筑物和构筑物名称编号表";
9)注明施工图设计的依据、尺寸单位、比例、坐标及高程系统补充图例等。

(4)总平面图的识读举例。现以图4-17所示某学校总平面图为实例,进行建筑总平面图的识读。

总平面图主要用于新建建筑的定位,绘图比例是1∶500,图中的风玫瑰标出了方位。

场地的北部为坡地,等高线显示出了地势情况,数字表示高程。南侧设置了一个大门。

校区中,粗实线线框显示出了新建建筑①、②、③、④、⑤号楼。其中,④号楼为新建办公楼,左上角以圆点表示该办公楼的层数,共5层;细实线显示出了原有建筑⑥号楼,东南角有一处需拆除的小房子。

各建筑间,设有道路和台阶,标注了路面的标高,如"103.05",注意这里的形式为室外标高,数值为绝对标高数值,精准至小数点后两位,即cm;而新建建筑④号楼线框内的标高为室内底层相对标高±0.000部位对应的绝对标高103.50。

4.1.4 建筑平面图

在建筑施工图中,平面图是最基本、最重要的图样,尤其是首层平面图,含有大量的工程信息,是需要重点绘制和阅读的对象。

(1)建筑平面图的形成、用途及分类。建筑平面图实际上是房屋的水平剖面图(除屋顶平面图),也就是假想用水平的剖切平面在窗台上方某一部位将整幢房屋剖开,移去上面部分后的正投影图,简称平面图。建筑平面图的形成如图4-18所示。

平面图用来表达房屋的平面布置情况,标定了主要构配件的水平位置、形状和大小,在施工过程中是进行放线、砌筑、安装门窗等工作的依据。

当建筑物为多层时,应每层剖切,得到的平面图以所在楼层命名,称为某层平面图,如一(首)层平面图、二层平面图、三层平面图等。如果上下各楼层的房间数量、大小和布置都一样时,则相同的楼层可用一个平面图表示,称为标准层平面图。

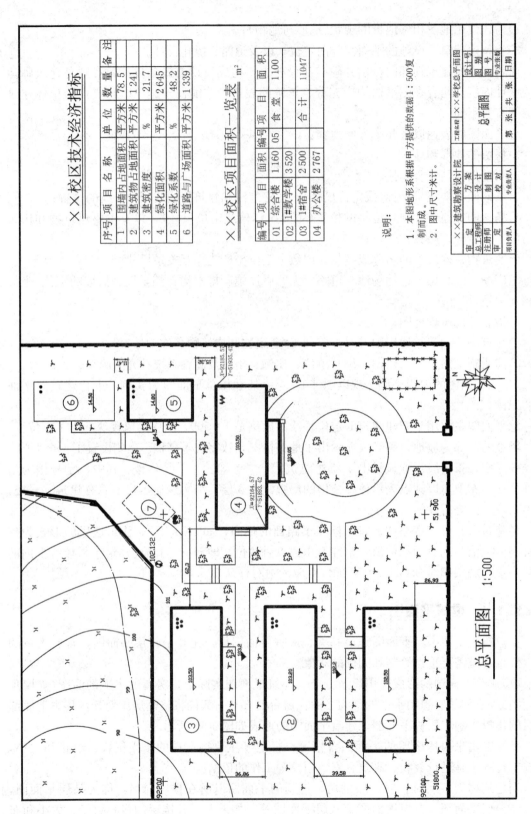

图4-17 某学校总平面图

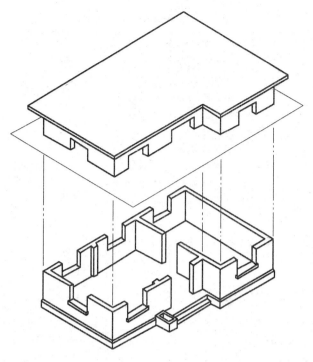

图 4-18　建筑平面图的形成

当建筑物的某一部分较为特殊或需要详细表达，而将其水平剖视图单独绘出时，称为局部平面图，常以所绘部位命名，如卫生间平面图、楼梯间平面图等。局部平面图的作用与一般建筑平面图的作用基本相同，且多用作建筑详图。

完整的房屋建筑向水平投影面正投影所得到的图样，称为屋顶平面图。它是整幢建筑的俯视图，是多面投影图的重要组成部分。屋顶平面图表明了屋顶的形状、屋面排水组织及屋面上各构配件的布置情况。

可以看出，只有屋顶平面图才是真正意义的平面图。建筑平面图和局部平面图实际上属于水平剖面图。

(2)建筑平面图的图例及符号。

1)图例。建筑施工图的绘图比例较小，某些内容因此无法用真实投影绘制，如门、窗等一些尺寸较小的建筑构配件，可以使用图例来表示。

有时仅以真实投影绘制并不能较好地反映实际情况，也可以使用图例来示意，如孔洞、坑槽等。

另外，某些内容用真实投影绘制十分烦琐且又毫无必要，如立面图中的砖石、断面图中的建筑材料等，以图例表示，不但能大大提高效率，而且使图面清晰明确，易于识读。

图例使投影图具有专业图的实用色彩，正确使用简化图例是从学习投影原理过渡到专业制图的重要环节。在绘制施工图时，应当根据需要，确定哪些必须是真实投影，哪些用图例表示，哪些可以省略不画。

图例应按《建筑制图标准》(GB/T 50104—2010)中的规定绘制。表 4-7 给出了建筑物中常用构造及配件图例。

表 4-7 常用构造及配件图例

名称	图例	说明	名称	图例	说明
墙体		应加注文字或填充图例表示墙体材料	单扇门（包括平开或单面弹簧门）	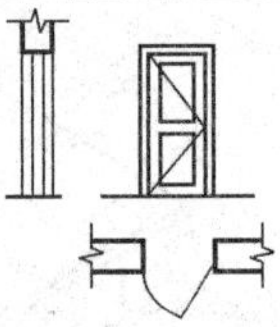	1. 门的代号用 M 表示 2. 立面图中的斜线表示门的开启方向，实线为外开，虚线为内开；开启方向线交角的一侧为安装铰链的一侧，一般设计图中可不表示 3. 图例中，剖面图所示左为外开，右为内开，平面图所示下为外开，上为内开 4. 平面图和剖面图中的虚线仅说明开关方式，在设计图中无须表示。立面图中的开启线在一般设计图中可不表示，在详图及室内设计图中应表示 5. 门的立面形式应按实际绘制 6. 平面图上门线应以 90°或 45°开启，开启弧线宜绘出
隔断		包括板条抹灰、木制、石膏板、金属材料等隔断。适用于到顶与不到顶隔断	双扇门（包括平开或单面弹簧门）	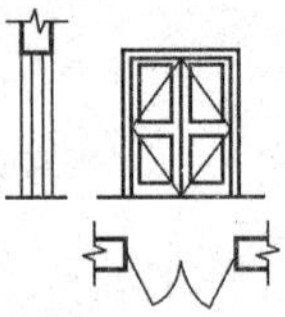	
栏杆		—	转门	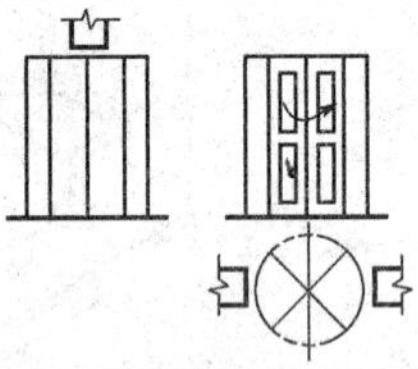	
楼梯	底层		楼梯及栏杆扶手的形式和梯段踏步数按实际情况绘制	对开折叠门	
	标准层			推拉门	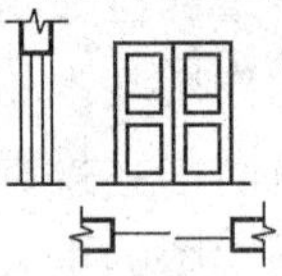
	顶层			单扇双面弹簧门	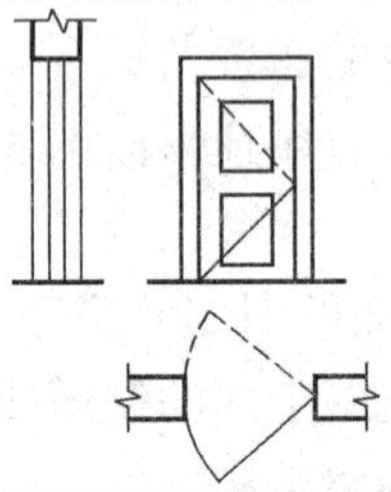
门口坡道	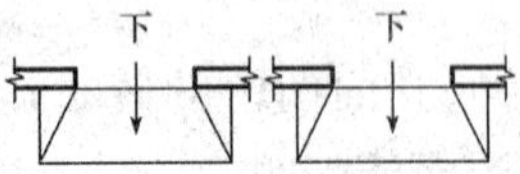		双扇双面弹簧门	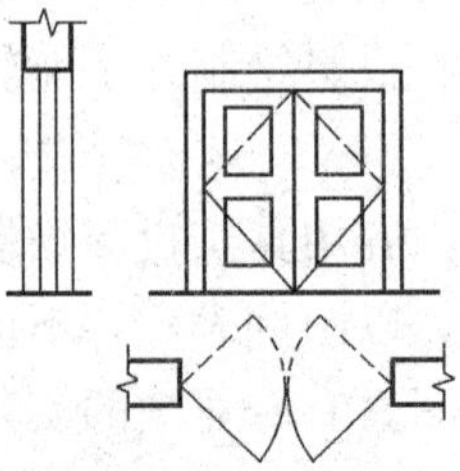	
长坡道	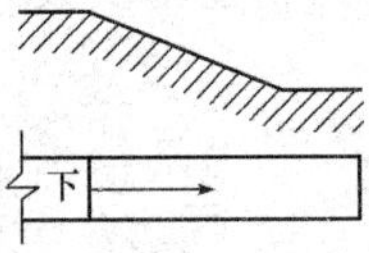		卷帘门	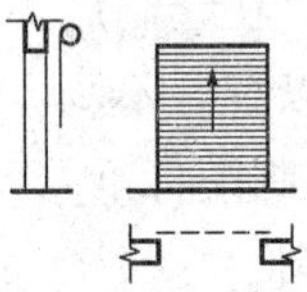	

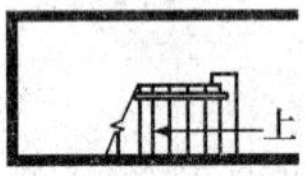

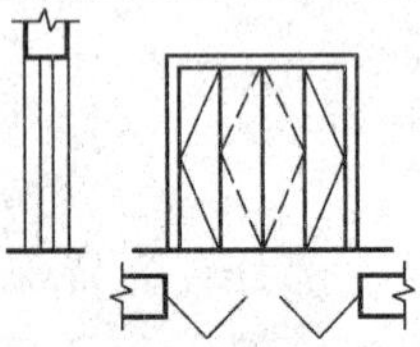

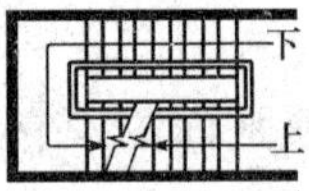

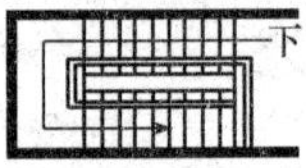

续表

名称	图例	说明	名称	图例	说明
检查孔		前者为可见检查孔，后者为不可见检查孔	单层固定窗	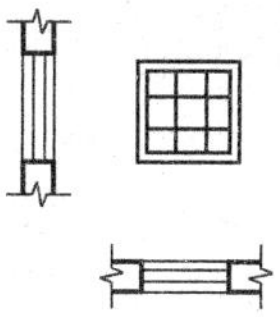	1. 窗的代号用C表示 2. 立面图中的斜线表示窗的开启方向，实线为外开，虚线为内开；开启方向线交角的一侧为安装铰链，一般设计图中可不表示 3. 图例中，剖面图所示左为外开，右为内开，平面图所示下为外开，上为内开 4. 平面图和剖面图中的虚线仅说明开关方式，在设计图中不需表示。立面图中的开启线在一般设计图中可不表示，在详图及室内设计图中应表示 5. 窗的立面形式应按实际绘制 6. 小比例绘图时平、剖面的窗线可用单粗实线表示
孔洞		阴影部分可以涂色代替	单层外开上悬窗	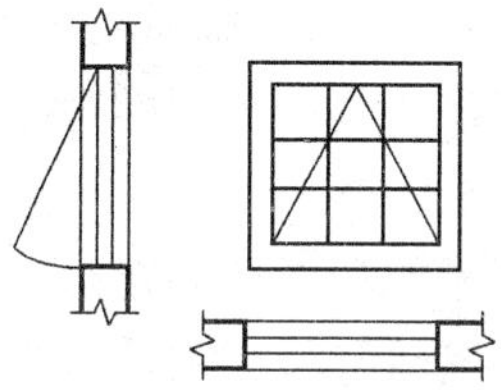	
坑槽		—	单层中悬窗	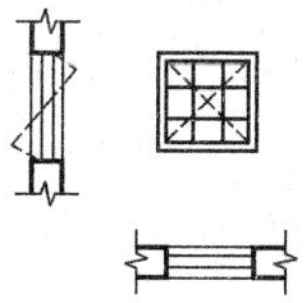	
烟道	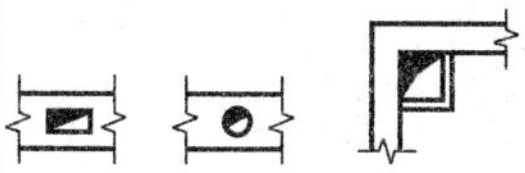	阴影部分可以涂色代替烟道与墙体为同一材料，其相连接处墙身线应断开	单层内开下悬窗	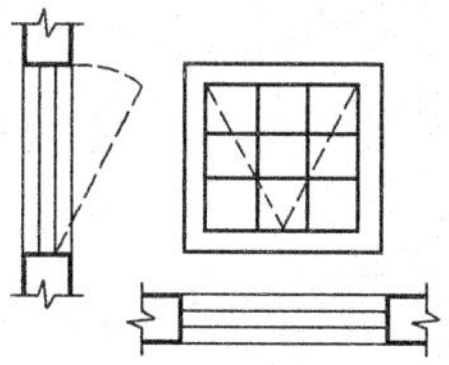	
通风道	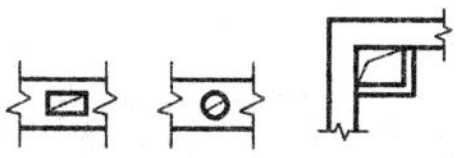	—	立转窗	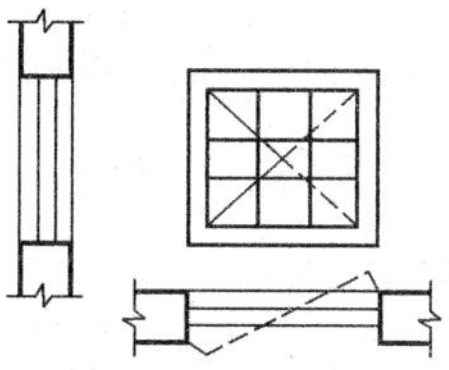	
推拉窗	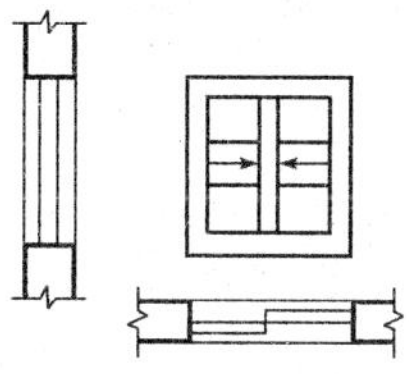	—	单层外开平开窗	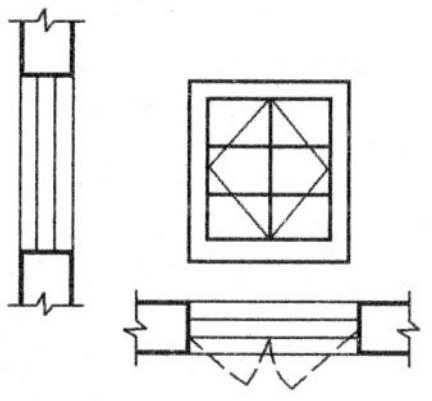	
百叶窗	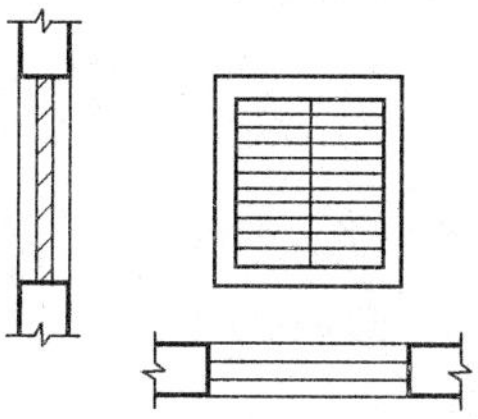	—	高窗	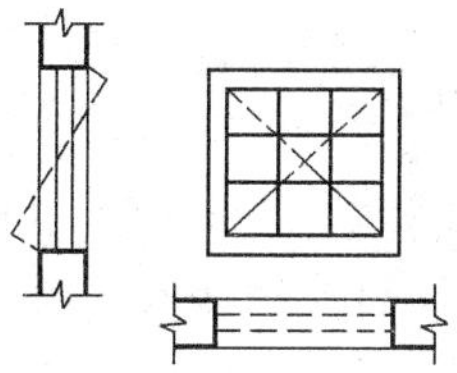	

2)符号。施工图中的符号不是建筑物的投影组成,而是人为规定的专用图形,这些图形具有特定的样式和含义,具有不可替代的作用。

例如,图纸上常见的定位轴线,在现实的墙体或柱中并不存在,它是一根假想的辅助线。绘图时将承重结构的特定位置与其重合,这样,当这根线的位置确定了,与之对齐的承重结构也就定位了。如果对每一根轴线进行编号,则位于轴线上的墙体或柱也同时具有各自的编号。

以上例子中,由细点画线与圆圈组成的定位轴线及其编号,只是一种图示符号,是施工图常用符号中的一种,这些符号并非任何实体在投影面上的投影,但它们对于施工图的使用有着重要意义,是施工图的重要内容。

为了保证图纸的规范性与统一性,符号必须按国家制图标准规定绘制和使用。一套完整的建筑施工图常常包括以下符号:

定位轴线及其编号、索引符号与详图符号、引出线、标高、指北针与风玫瑰图、剖切符号、箭头、折断线与连接符号、对称符号等。

其中,某些符号在本书前面的章节已有所述及,此处不再赘述。其他符号将在下面的内容中进行介绍。

(3)建筑平面图的图示内容与规定画法。建筑平面图一般采用1∶100~1∶200的比例绘制;当内容较少时,屋顶平面图常按1∶200的比例绘制;局部平面图根据需要,可采用1∶100,1∶50、1∶20、1∶10等比例绘制。

1)建筑平面图和局部平面图。建筑平面图和局部平面图通常包括以下内容:

①定位轴线及其编号。定位轴线是确定建筑构配件位置及相互关系的基准线,主要承重构件一般直接位于轴线上,纵横交错的轴线网也给其他构配件的定位带来方便。通过定位轴线,大体可以看出房间的开间、进深和规模。

②墙体和柱。墙体和柱围合出各种形状的房间,显示了建筑空间的平面组成,是平面图的主要内容。

墙体是指各种材料的承重墙和非承重墙,包括轻质隔断及某些斜坡屋面(如利用坡屋顶空间的阁楼层)。柱指各种材料的承重柱、构造柱等。

墙体是和柱应按真实投影进行绘制,图线分为剖切轮廓线(粗实线)和可见轮廓线(中实线)。同时,还应注意不同比例的平面图,其抹灰层、材料图例的省略画法如下:

a. 比例大于1∶50的平面图,应画出抹灰层,并宜画出材料图例。

b. 比例等于1∶50的平面图,抹灰层的面层线应根据需要而定。

c. 比例小于1∶50的平面图,可不画出抹灰层。

d. 比例为1∶100~1∶200的平面图,可画简化的材料图例(如砌体墙涂红、钢筋混凝土涂黑等)。

e. 比例小于1∶200的平面图,可不画材料图例,面层线可不画出。

③门窗及其编号。门窗一般位于墙体上,与墙体共同分隔空间。门的位置还显示了建筑的交通组织。

门窗实际是墙体上的洞口,多数可以被剖切到,绘制时将此处墙线断开,以相应图例显示。对于不能剖切到的高窗,则不断开墙线,用虚线绘制。门窗应编号,编号直接注写于门窗旁边。

④楼梯。在平面图中，楼梯是交通流线的起点或终点。楼梯的形式多样，但都可以按楼层分为三类：底层、中间层和顶层。因为楼梯竖向贯穿楼层，所以除顶层外，楼梯段在每层都会被剖断，剖断处以折断线示意。中间层与底层的区别是，中间层梯段被剖断后，向下投影还可见下层楼梯，底层则没有。

楼梯参照《建筑制图标准》(GB/T 50104—2010)中的图例绘制。其中，楼梯段、休息平台、楼梯井、踏步和扶手应为真实投影线，此外，还包括折断线和指示行进方向的箭头与文字。

⑤其他建筑构配件。常见的其他建筑构配件有：卫生洁具、门口线(门槛)、操作平台、设备基座、台阶、坡道等。底层平面图还会有散水、明沟、花坛、雨水管(只在底层表示)等，楼层平面图则还会有本层阳台、下一层的雨篷顶面和局部屋面等。

某些不可见或位于水平剖切面之上的构配件，当需要表达时，应使用虚线绘制，如地沟、高窗、吊柜等。

在建筑施工图中，各种设备管线、电气设施、暖气片等无须绘制，家具按需要绘制。

⑥尺寸标注。建筑施工图的尺寸标注可以分为外部尺寸和内部尺寸两种类型。

在建筑物四周，沿外墙应标注三道尺寸，即外部尺寸：最靠近建筑的一道是表示外墙细部的尺寸，如门窗洞口及墙垛的宽度及定位尺寸等；中间一道用于标注轴线尺寸；最外一道则标注整个建筑的总尺寸(局部平面图不标注总尺寸)。

除外部尺寸外，图上还应当有必要的局部尺寸，即内部尺寸，如墙体厚度和位置、洞口位置和宽度、踏步位置和宽度等。凡是在图上无法确定位置和大小，又未经专门说明的，都应标注其定位尺寸和定形尺寸。标注时，应注写与其最邻近的轴线间的尺寸。

尺寸标注以线性尺寸为主，此外，还包括径向尺寸、角度和坡度。为了方便施工，宜少用角度标注，而转换为线性尺寸进行定位。

⑦标高。建筑平面图中应标注主要楼地面的完成面标高。一般取底层室内地坪为零点标高。其他各处室内楼地面，凡竖向位置不同，都应标注其相对标高。底层平面图还应标注室外标高。

⑧文字说明。常见的文字说明有图名、比例、房间名称或编号、门窗编号、构配件名称、做法引注等。

⑨索引符号。图中如需另画详图或引用标准图集来表达局部构造，应在图中的相应部位以索引符号索引，包括剖切索引和指向索引。相同的建筑构造或配件，索引符号可仅在一处绘出。

⑩指北针和剖切符号。在首层平面图应绘制指北针和剖切符号。指北针用于确定建筑朝向；剖切符号用于指示剖面图的剖切位置及剖视方向。

剖切符号应当编号以便查找，编号的书写位置与剖切方向有关，旁边还应注写剖面图所在的图纸。剖切符号与剖视图一一对应。

其他符号有箭头、折断线、连接符号、对称符号等。箭头多用于指示坡度和楼梯走向。指示坡度箭头应指向下坡方向，指示楼梯走向时以图样所在楼层为起始面。此外，在进行角度标注、径向标注及标注弧长时，尺寸起止符号也可使用箭头。

2)屋顶平面图。屋顶平面图通常包括以下内容：

①轴线及其编号：屋顶平面图内容较少，可只绘制端部和主要转折处的轴线及其编号。

②屋面构配件：平屋面一般包括女儿墙、挑檐、檐沟、上人孔、天窗、水箱、烟囱、通气道、爬梯等。坡屋面一般包括屋面瓦、屋脊线、挑檐、檐沟、天沟、天窗、老虎窗、烟囱、通气道等。

③排水组织：平屋面应绘出排水方向和坡度、分水线位置。有组织排水还应确定雨水口位置。坡屋面采用有组织排水时，应绘出檐沟的排水方向和坡度、分水线、雨水口位置。

④尺寸标注：屋顶平面图四周可只画两道尺寸，即细部尺寸和总尺寸，而省略轴线尺寸。局部尺寸主要是屋面构配件和分水线、雨水口的定位定形尺寸。

⑤文字说明及索引符号：文字说明主要有图名、比例、构配件注释、做法引注等。当图中有需要另画详图或引用标准图集的构造时，应在相应部位以索引符号索引。

(4)建筑平面图的识读举例。现以某学校办公楼工程为实例，进行建筑平面图的识读。

通过首页图中的设计说明，可以了解本工程的功能、规模、结构形式等基本情况，对识读平面图等各种图样将有一定的帮助。

1)首层平面图的识读。如图 4-19 所示，由图名可知，其为首层平面图，比例是 1：100。

图中右上角绘有指北针，可知房屋坐北朝南。

本建筑为框架结构办公楼，内廊式。从平面图的形状和总长总宽尺寸，可计算出房屋的占地面积。

从图中墙体的分隔情况和房间的名称，可了解房屋内部各房间的配置、用途、数量及其相互间的联系情况。走廊南侧主要是办公区域，另有楼梯、卫生间。展室在走廊北侧。

从图中定位轴线的编号及其间距，可了解到各承重构件的位置及房间的大小。本建筑横向轴线为①~⑬，纵向轴线为Ⓐ~Ⓓ。

图中标注有外部尺寸和内部尺寸。从各道尺寸的标注，可了解各房间的开间、进深、外墙与门窗及室内设备的大小和位置。

a. 外部尺寸。为了方便读图和施工，一般在图形的外部，注写三道尺寸：

第一道尺寸，表示外墙上的门窗洞口、墙垛的形状和位置，依托轴线注写，如本例中①、②轴线间Ⓐ轴线上的窗 C-1，宽度 1 800 mm，位置为左距①轴线 850 mm，右距②轴线 850 mm。

第二道尺寸，表示轴线间的距离，用以表示柱距的开间和进深，如本例中②、③轴线，Ⓒ、Ⓓ轴线间的柱距，横向 3 500 mm，纵向 6 000 mm。

第三道尺寸，表示外轮廓的总尺寸，即指从一端外墙边到另一端外墙边的总长和总宽。本建筑物总长为 42 000+240=42 240(mm)。

另外，阳台、散水、台阶或坡道等的细部尺寸，可单独标注。

三道尺寸线之间应留有适当的距离，一般为 7~10 mm，其中，第一道尺寸应离图形的最外轮廓线 10~15 mm，以便注写尺寸数字。如果房屋前后或左右不对称，则平面图上四边都应标注尺寸，如有对称，可只标注在左侧和下方。

b. 内部尺寸。为了说明房屋的内部大小和室内的门窗洞、孔洞、墙厚和固定设施(厨房和卫生间的固定器具、搁板等)的大小和位置，在平面图上应注写相关的内部尺寸。

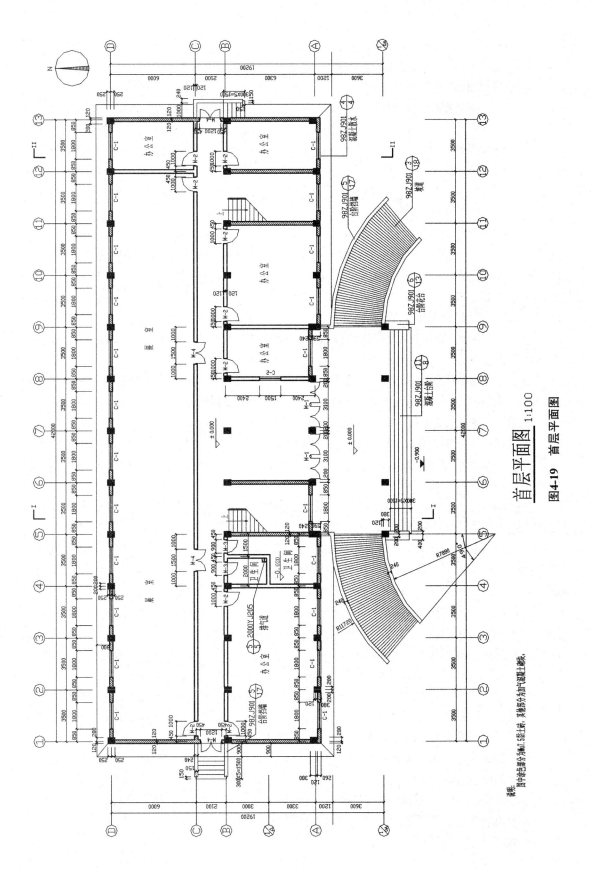

图4-19 首层平面图

c. 标高。⑥～⑦轴线间的门厅标注了标高±0.000，显示该部位被设置为该项工程的相对零点标高，多数房间地面都处于此高度，而卫生间地面标高为－0.020，室外地面为－0.900，室内外高差为900 mm。

从图中门窗的图例及其编号，可了解到门窗的数量、类型和位置，如本例中的M－1、M－2、C－1等。

沿建筑四周是宽度1 000 mm的混凝土散水。办公楼大门入口处左右两侧设有两个坡道，南侧设有室外台阶，走廊东西端头有大门和室外台阶，具体图样如图4-19所示。图中共有6处详图索引，均引用了标准图集98ZJ901、HE2 000、YJ205，图中还有两处剖切符号，对应于1—1、2—2剖面图。

2)楼层平面图的识读。图4-20所示为二层平面图，该层主要为办公室，比例1∶100。图4-21所示为三～四层平面图，仍然为办公室，比例1∶100。三～四层楼层平面图的表达内容和要求，基本相同，可画成一个平面图。图4-22所示为五层平面图，从图中可以看到该建筑物是局部五层，通过门洞可上四层屋顶。楼层平面图室外构配件只需绘出本层剖切面以下和下一层剖切面以上的内容。

通过各层平面图的轴线和墙体可以看出，外墙上下贯通，主要承重构件保持上下对正，符合结构的合理性。

由于作为垂直交通设施的楼梯竖向贯穿各楼层，因此，建筑的两个室内楼梯间在各层平面图中的位置保持不变。与首层平面图不同，楼层平面图中的楼梯可以显示出完整的平面形式。

在图中，建筑南面底层入口上方设一雨篷，标注为仅二层有。

3)屋顶平面图的识读。图4-23所示为屋顶平面图，绘图比例是1∶100。屋顶平面图内容较少，主要显示屋顶的建筑构配件和排水组织；本例楼梯间出屋面，故这里还显示了楼梯的顶层。

从图中可以看出，该建筑屋顶为平屋面，南北双侧排水，坡度2%斜向外纵墙边的天沟，天沟坡度1%分段斜向水落口。

4)局部平面图的识读。图4-24所示的卫生间为局部平面图示例。因为在1∶100的各层平面图中卫生间的固定设施图形太小，无法清晰表达，所以需要放大绘出，选择的绘图比例是1∶50。

根据图示的定位轴线和编号，可以在各层平面图中确定此图样的位置。因为比例稍大，图中清楚地绘出了墙体、门窗、主要卫生洁具的形状和定位尺寸。其中，卫生洁具为采购成品，不用标注详细尺寸，只需定位即可。

(5)建筑平面图的绘图步骤。建筑平面图通常可按照以下三个步骤进行绘制。

1)定比例选图幅。根据建筑的规模和复杂程度确定绘图比例，然后按图样大小挑选合适的图幅。普通建筑的比例以1∶100居多，图样大小应将外部尺寸和轴线编号一并考虑在内。除图纸目录所常用的A4幅面外，一套图的图幅数不宜多于两种。

2)绘制底稿。底稿必须利用绘图工具和仪器，使用稍硬的铅笔按如下顺序绘制。

①绘制图框和标题栏，均匀布置图面，绘出定位轴线。

②绘出全部墙、柱断面和门窗洞口，同时补全未定轴线的次要的非承重墙。

③绘出所有的建筑构配件、卫生器具的图例或外形轮廓。

④标注尺寸和符号。

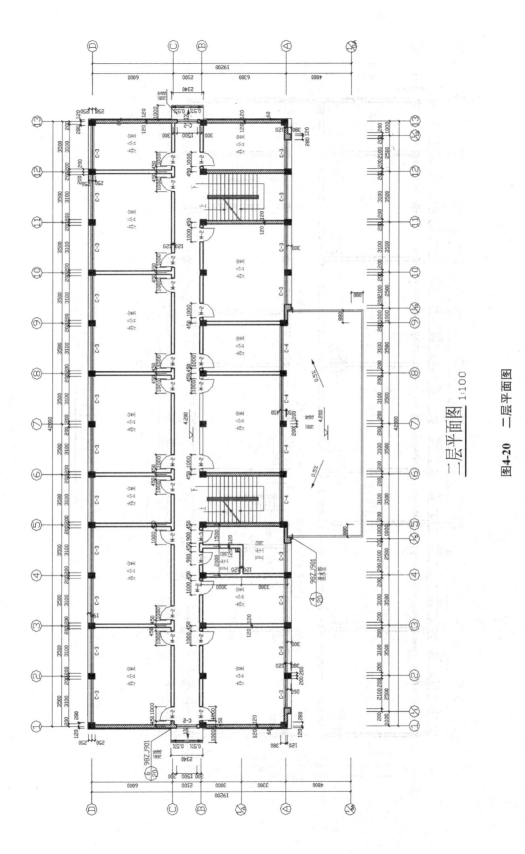

图4-20 二层平面图

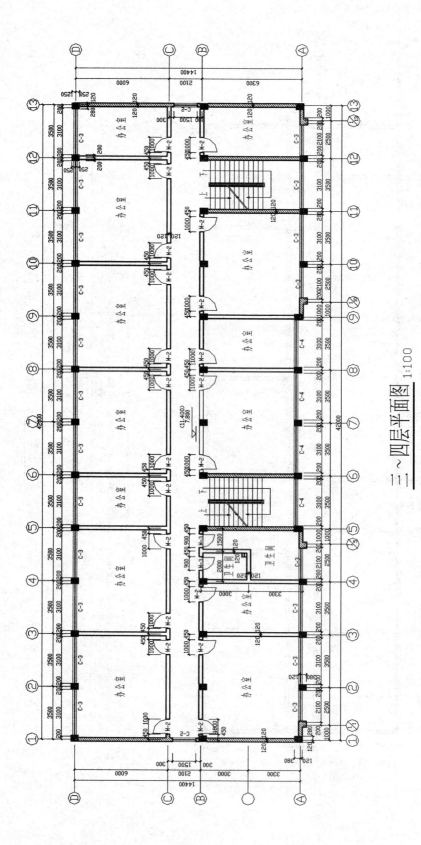

图4-21 三~四层平面图

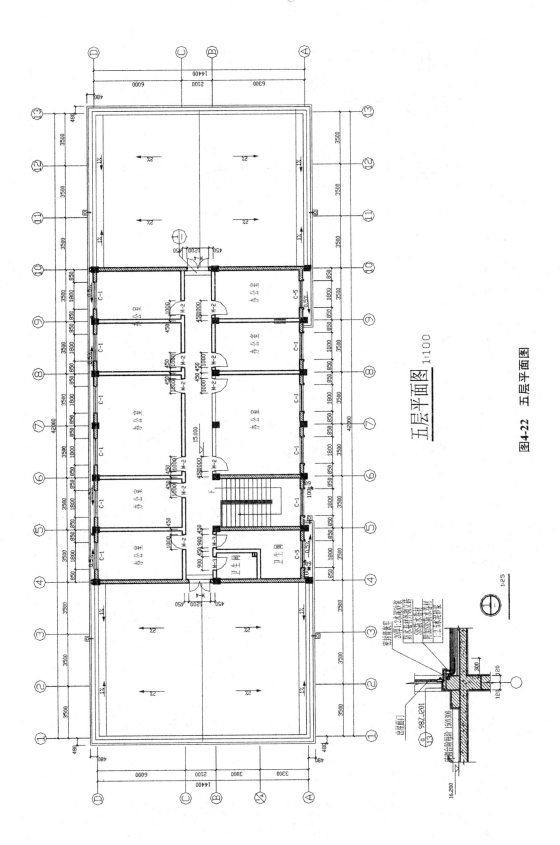

图4-22 五层平面图

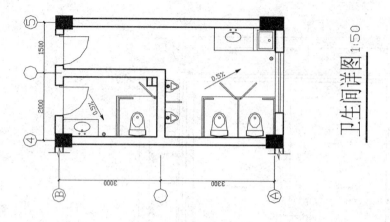

图4-24 卫生间详图

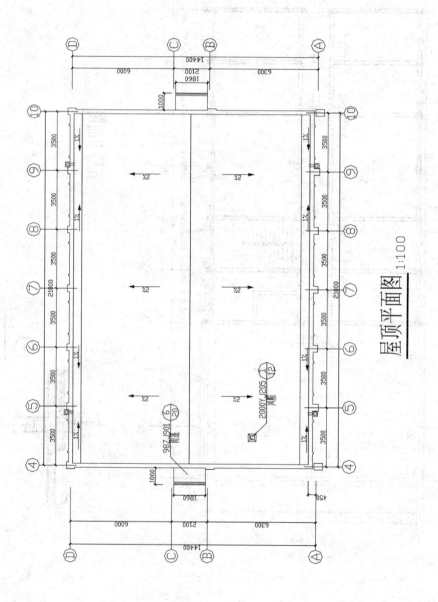

图4-23 屋顶平面图

⑤安排好书写文字、标注尺寸的位置。

3)校核,加深图线。加深图线应按照从上到下、从左到右、从细线到粗线的步骤进行,作为最终的成果图,应极为认真仔细。

图线的宽度 b,应根据图样的复杂程度和比例,按《房屋建筑制图统一标准》(GB/T 50001—2010)中图线的规定选用。绘制较简单的图样时,可采用两种线宽的线宽组,其线宽比宜为 b、$0.25b$,并符合表4-8的规定。

表4-8 图线

名称		线型	线宽	用途
实线	粗	——————	b	主要可见轮廓线
	中粗	——————	$0.7b$	可见轮廓线
	中	——————	$0.5b$	可见轮廓线、尺寸线、变更云线
	细	——————	$0.25b$	图例填充线、家具线
虚线	粗	– – – – –	b	见各有关专业制图标准
	中粗	– – – – –	$0.7b$	不可见轮廓线
	中	– – – – –	$0.5b$	不可见轮廓线、图例线
	细	– – – – –	$0.25b$	图例填充线、家具线
单点长画线	粗	—·—·—	b	见各有关专业制图标准
	中	—·—·—	$0.5b$	见各有关专业制图标准
	细	—·—·—	$0.25b$	中心线、对称线、轴线等
双点长画线	粗	—··—··—	b	见各有关专业制图标准
	中	—··—··—	$0.5b$	见各有关专业制图标准
	细	—··—··—	$0.25b$	假想轮廓线、成型前原始轮廓线
折断线	细	∿	$0.25b$	断开界线
波浪线	细	～～	$0.25b$	断开界线

4.1.5 建筑立面图

(1)建筑立面图的形成、用途及名称。

在与建筑物外墙面平行的投影面上所作的正投影图,称为建筑立面图,简称立面图。建筑立面图的形成如图4-25所示。

建筑立面图与屋顶平面图共同组成了建筑的多面投影图,在工程中它主要用来表明房屋的外形外貌,反映房屋的高度、层数,屋顶的形式,墙面的做法,门窗的形式、大小和位置,以及窗台、阳台、雨篷、檐口、勒脚、台阶等构造和配件各部位的标高。

立面图的名称,通常有以下三种命名方式,如图4-26所示。

1)按立面的主次命名。把房屋的主要出入口或反映房屋外貌主要特征的立面图称为正立面图,而把其他立面图分别称为背立面图、左侧立面图和右侧立面图等。

2)按着房屋的朝向命名。可把房屋的各个立面图分别称为南立面图、北立面图、东立

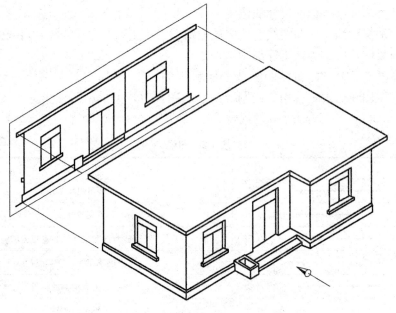

图 4-25 建筑立面图的形成

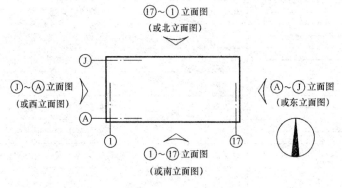

图 4-26 建筑立面图的投影方向及名称

面图和西立面图。

3）按立面图两端的定位轴线编号来命名，如①～⑩立面图、Ⓐ～Ⓔ立面图等。有定位轴线的建筑物宜按此方式命名。

平面形状曲折的建筑物，可绘制展开立面图，圆形或多边形平面的建筑物，也可分段展开绘制立面图，但均应在图名后加注"展开"二字。

（2）建筑立面图的图示内容与规定画法。建筑立面图一般采用1：100～1：200的比例绘制，通常包括以下内容：

1）轴线及其编号。立面图只需绘出建筑两端的定位轴线和编号，用于标定立面，以便与平面图对照识读。

2）构配件投影线。立面图是建筑物某一侧面在投影面上的全部投影，由该侧面所有构配件的可见投影线组成。因为建筑的立面造型丰富多彩，所以立面图的图线也往往十分繁杂，其中最重要的是墙、屋顶及门窗的投影线。

外墙与屋顶(主要是坡屋顶)围合成了建筑形体,其投影线构成了建筑的主要轮廓线,对建筑的整体塑造具有决定性的作用。外门窗在建筑表面常占有大片的面积,与外墙一起共同围合了建筑物,是立面图中的主要内容。图示时,外墙和屋顶轮廓一般以真实投影绘制,其饰面材料以图例示意,如面砖、屋面瓦等。门窗的细部配件较多,当比例较小时不易绘制。门窗一般按《建筑制图标准》(GB/T 50104—2010)中规定的图例表达,但应如实反映主要参数。

其他常见的构配件还有阳台、雨篷、立柱、花坛、台阶、坡道、勒脚、栏杆、挑檐、水箱、室外楼梯、雨水管等,应注意表达和识读。

3)尺寸标注。立面图的尺寸标注以线性尺寸和标高为主,有时也有径向尺寸、角度标注或坡度(直角三角形形式)。

线性尺寸一般注在图样最下部的两轴线间。如需要,也可标注一些局部尺寸,如建筑构造、设施或构配件的定型定位尺寸。

立面图上应标注某些重要部位的标高,如室外地坪、楼面、阳台、雨篷、檐口、女儿墙、门窗等。

4)文字说明。文字说明包括图名、比例和注释。

建筑立面图在施工过程中,主要用于室外装修。立面图上应当使用引出线和文字表明建筑外立面各部位的饰面材料、颜色、装修做法等。

5)索引符号。如需另画详图或引用标准图集来表达局部构造,应在图中的相应部位以索引符号索引。

(3)建筑立面图的识读举例。如图 4-27 所示,由图名可知,此为办公楼正立面图,比例是 1∶100,与平面图一致,便于对照阅读。

从图中可看到房屋的正立面外貌形状,了解办公楼大门、雨篷、室外台阶、坡道、外墙面窗户、屋顶、外墙装饰做法等细部的形式和位置。

从图中标注的标高可知,此房屋室外地面比室内±0.000 低 900 mm,房屋的总高度为 19 200+900=20 100(mm)。窗台高 900 mm,窗高为 2 100 mm。标高一般标注在图形外,要求符号排列整齐,大小一致。如果立面左右对称,可以只标注左侧。本例中,左侧标注了窗洞口的标高,右侧标注层高。另外,为清楚起见,标高符号也可标注在图形的内部,如本例中的楼梯间的窗户。

从图上的文字说明,了解房屋外墙的装饰做法,如本例中的"乳白色外墙漆"。

图 4-28 所示为办公楼背立面图,图 4-29 所示为办公楼右侧立面图,读者可自行阅读。

(4)建筑立面图的绘图步骤。绘制建筑立面图与绘制建筑平面图一样,也是先选定比例和图幅,然后绘制底稿,最后用铅笔加深。

在用铅笔加深建筑立面图图稿时,图线符合表 4-9 所列的规定。

1)室外地坪线,宜画成线宽为 $1.4b$ 的加粗实线。

2)建筑立面图的外轮廓线,应画成线宽为 b 的粗实线。

3)在外轮廓线之内的凹进或凸出墙面的轮廓线,都画成线宽为 $0.5b$ 的中实线。

4)一些较小的构配件和细部轮廓线,表示立面上凹进或凸出的一些次要构造或装饰线,如墙面上的分格线、勒脚、雨水管等图形线,还有一些图例线,都可画成线宽为 $0.25b$ 的细实线。

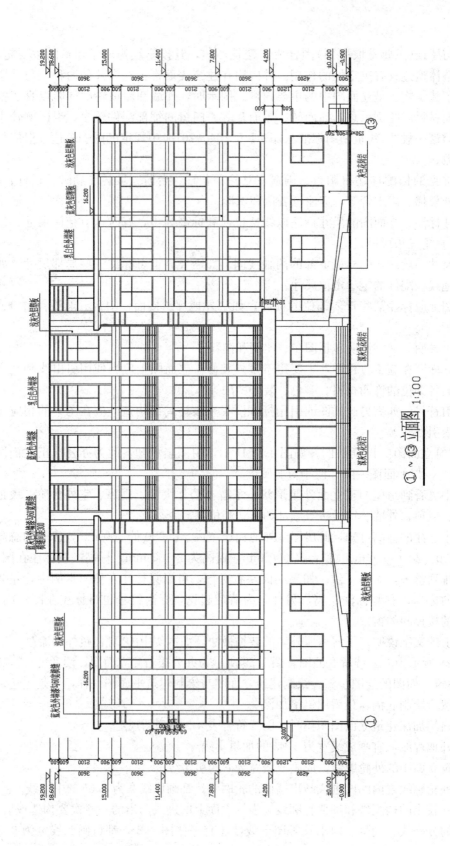

图4-27 办公楼正立面图

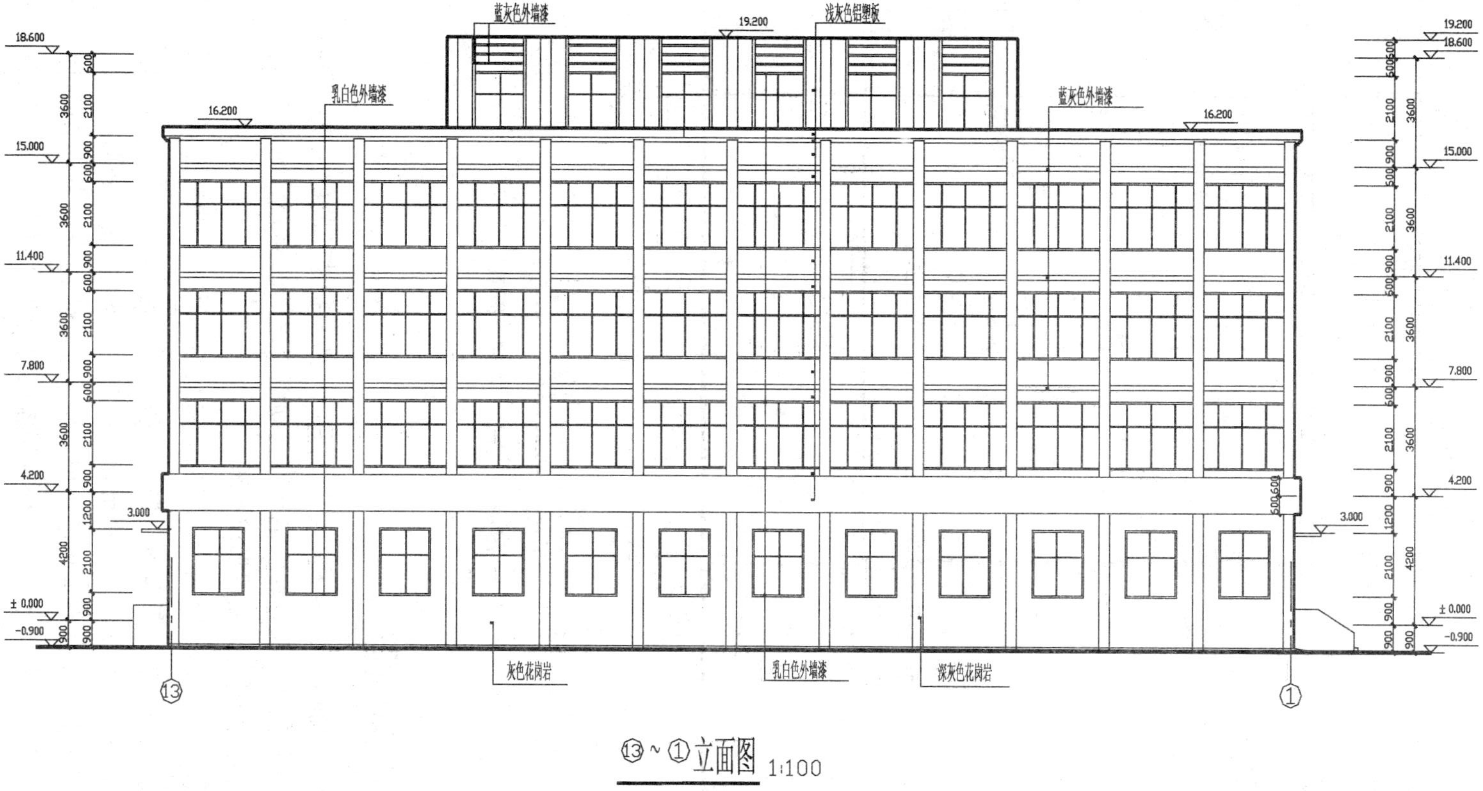

图4-28 办公楼背立面图

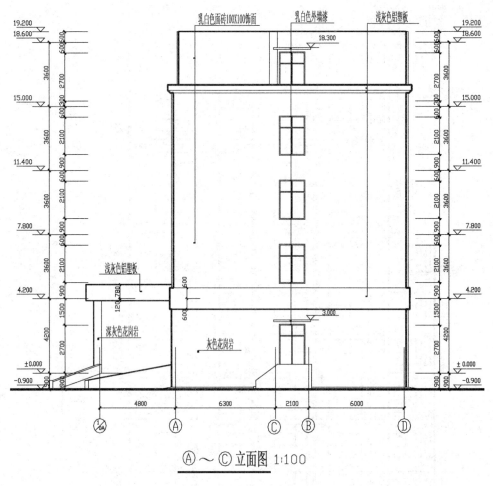

图 4-29 办公楼右侧立面图

4.1.6 建筑剖面图

(1)建筑剖面图的形成与用途。建筑剖面图一般是指建筑物的垂直剖面图,也就是假想用一个竖直的平面剖切房屋,移去剖切面与观察者之间的部分后的正投影图,称为建筑剖面图,简称剖面图。建筑剖面图形成如图 4-30 所示。

剖面图主要用来表示房屋内部的竖向分层、结构形式、构造方式、材料、做法、各部位间的联系及高度等情况,如楼板的竖向位置、梁板的相互关系、屋面的构造层次等。它与建筑平面图、立面图相配合,是建筑施工图中不可缺少的基本图样之一。

剖面图的剖切位置应选在房屋的主要部位,或建筑构造较为典型的部位,通常应通过门窗洞口和楼梯间。剖面图的数量应根据房屋的复杂程度和施工实际需要而定。两层以上的楼房一般至少要有一个通过楼梯间剖切的剖面图。

剖面图的图名、剖切位置和剖视方向,由首层平面图中的剖切符号确定。

(2)建筑剖面图的图示内容与规定画法。建筑剖面图的比例视建筑的规模和复杂程度选取,一般采用与平面图相同或较大些的比例绘制。建筑剖面图通常包括以下内容:

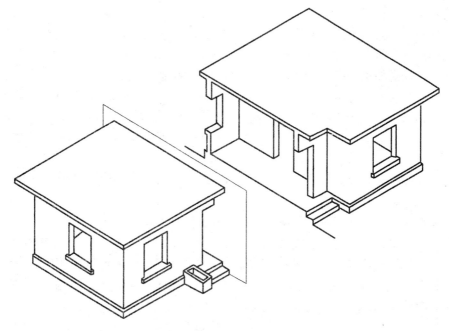

图 4-30 建筑剖面图的形成

1)轴线及其编号。在剖面图中,凡是被剖到的承重墙、柱都应标出定位轴线及其编号,以便与平面图对照识读,对建筑进行定位。

2)梁、板、柱和墙体。建筑剖面图的主要作用就是表达各构配件的竖向位置关系。作为水平承重构件的各种框架梁、过梁、各种楼板、屋面板以及圈梁、地坪等,在平面图和立面图中通常是不可见或者不直观的构件,但在剖面图中,不仅能清晰地显示出这些构件的断面形状,而且可以很容易地确定其竖向位置关系。

建筑物的各种荷载最终都要经过墙和柱传给基础。可见,水平承重构件与墙、柱的相互位置关系也是剖面图表达的重要内容,对指导施工具有重要意义。

梁、板、柱和墙体的投影图线分为剖切部分轮廓线(粗实线)和可见部分轮廓线(中实线),都应按真实投影绘制。其中,被剖切部分是图示内容的主体,需重点绘制和识读。

墙体和柱在最底层地面之下以折断线断开,基础可忽略不画。

不同比例的剖面图,其抹灰层、楼地面、材料图例的省略画法,应符合下列规定:

①比例大于1∶50的剖面图,应画出抹灰层与楼地面、屋面的面层线,并宜画出材料图例。

②比例等于1∶50的剖面图,宜画出楼地面、屋面的面层线,抹灰层的面层线应根据需要而定。

③比例小于1∶50的剖面图,可不画出抹灰层,但宜画出楼地面、屋面的面层线。

④比例为1∶100~1∶200的剖面图,可画简化的材料图例(如砌体墙涂红、钢筋混凝土涂黑等),但宜画出楼地面、屋面的面层线。

⑤比例小于1∶200的剖面图,可不画材料图例,楼地面、屋面的面层线可不画出。

3)门窗。剖面图中的门窗可分为两类:一是被剖切的门窗,一般都位于被剖切的墙体上,显示了其竖向位置和尺寸,是重要的图示内容,应按图例要求绘制;二是未剖切到的可见门窗，是该门窗的立面投影。

剖面图中的门窗不用注写编号。

4)楼梯。凡是有楼层的建筑，至少要有一个通过楼梯间剖切的剖面图，并且在剖切位置和剖切方向的选择上，应尽可能多地显示出楼梯的构造组成。

楼梯的投影线一般也包括剖切和可见两部分。从剖切部分可以清楚地看出楼梯段的倾角、板厚、踏步尺寸、踏步数以及平台板、休息板的竖向位置等。可见部分包括栏杆扶手和梯段，栏杆扶手一般简化绘制；梯段则分为明步楼梯和暗步楼梯，暗步楼梯常以虚线绘出不可见的踏步。

5)其他建筑构配件。其他建筑构配件主要有台阶、坡道、雨篷、挑檐、女儿墙、阳台、踢脚、吊顶、水箱、花坛、雨水管等。

6)尺寸标注。建剖立面图的尺寸标注也可以分为外部尺寸标注和内部尺寸标注两种。

图样底部应标注轴线间距和端部轴线间的总尺寸，上方的屋顶部分通常不标。图样左右两侧应至少标注一侧，且应当标注三道尺寸：最靠近图样的一道显示外墙上的细部尺寸，主要是门窗洞口的位置和间距；中间一道标注地面、楼板的间距，用于显示层高；最外层为总尺寸，显示建筑总高。

根据需要，建筑剖面图还包括一定数量的内部尺寸，用于确定一些局部的建筑构配件的位置和形状。

7)标高。标高专用于竖向位置的标注。建筑立面图中除使用线性尺寸进行标注外，还必须注明重要部位的标高，以方便施工。需要注明的部位一般包括室内外地坪、楼面、平台面、屋面、门窗洞口以及吊顶、雨篷、挑檐、梁的底面。楼地面和平台面应标注建筑标高，即工程完成面标高。

楼地面和门窗标高通常紧贴三道尺寸线的最外道注写，并竖向成直线排列。其他标高可直接注写于相应部位。

8)文字说明。常见的文字说明有图名、比例、构配件名称、做法引注等。

9)索引符号。如需另画详图或引用标准图集来表达局部构造，应在图中的相应部位以索引符号索引。

10)其他符号。其他符号有箭头、折断线、连接符号、对称符号等。

(3)建筑剖面图的识读举例。图4-31为Ⅰ—Ⅰ、Ⅱ—Ⅱ剖面图。以Ⅰ—Ⅰ剖面图为例，该图比例是1:100，查看首层平面图，找到相应的剖切符号，以确定该剖面图的剖切位置和剖切方向。在识读过程中，也不能离开各层平面图，而应当随时对照，便于对照阅读。本例中，剖切位置在⑤、⑥轴线间，通过楼梯间，剖切后向右观看，为一横剖面图。

从图中可以看出，建筑共五层，层高3 600 mm，建筑室内外高差为900 mm，楼板及屋面为钢筋混凝土板。

图中左右两侧均标注了标高和线性尺寸，表示外墙上的门窗洞口、楼地面、楼梯的平台面的高度信息。图中还注写了窗台、窗顶索引符号。

(4)建筑剖面图的绘图步骤。绘制建筑剖面图同样是先选定比例和图幅，然后绘制底稿，最后用铅笔加深。其绘制方法和图线要求与绘制建筑平面图类似，此处不再赘述。

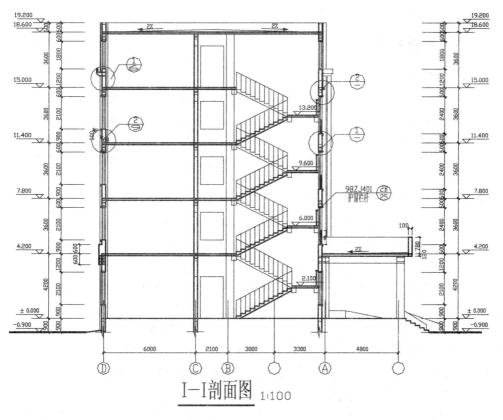

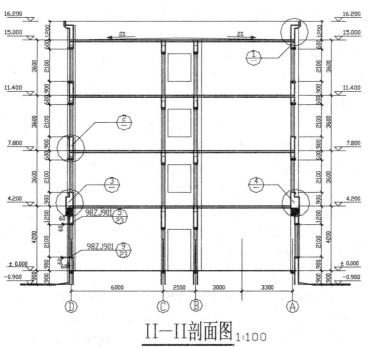

图 4-31 Ⅰ—Ⅰ、Ⅱ—Ⅱ 剖面图

4.1.7 建筑详图

1. 建筑详图的内容

建筑平、立、剖面图一般采用较小的比例绘制，而某些建筑构配件（如门窗、楼梯、阳台及各种装饰等）和某些建筑剖面节点（如檐口、窗台、散水及楼地面面层和屋面面层等）的详细构造无法表达清楚。为了满足施工要求，必须将这些细部或构、配件用较大的比例绘制出来，以便清晰表达构造层次、做法、用料和详细尺寸等内容，指导施工，这种图样称为建筑详图，也称为大样图或节点详图。

建筑详图是建筑平、立、剖面图等基本图的补充和深化，它不是建筑施工图的必有部分，是否使用详图根据需要来定。比如，某些十分简单的工程可以不画详图。但是，如果建筑含有较为特殊的构造、样式、做法等，仅靠建筑平、立、剖面图等基本图无法完全表达时，必须绘制相应部位的详图，不得省略。对于采用标准图或通用详图的建筑构、配件和剖面节点，只要注明所采用的图集名称、编号或页次，则可不必再画详图。

建筑详图并非一种独立的图样，它实际上是前面讲过的平、立、剖面图样中的一种或几种的组合。各种详图的绘制方法、图示内容和要求也与前述的平、立、剖面图基本相同，可对照学习。所不同的是，详图只绘制建筑的局部，且详图的比例较大，因而其轴线编号的圆圈直径可增大为 10 mm 绘制。详图也应注写图名和比例。另外，详图必须注写详图编号，编号应与被索引的图样上的索引符号相对应。

在建筑详图中，同样能够继续用索引符号引出详图，既可以引用标准图集，也可以专门绘制。在建筑施工图中，详图的种类繁多，不一而足，如楼梯详图、檐口详图、门窗节点详图、墙身详图、台阶详图、雨篷详图、变形缝详图等。凡是不易表达清楚的建筑细部，都可绘制详图。其主要特点是：用能清晰表达所绘节点或构配件的较大比例绘制，尺寸标注齐全，文字说明详尽。

2. 外墙剖面详图和楼梯详图

本书仅对较为常见的外墙剖面详图和楼梯详图进行简单介绍。外墙剖面详图又称为墙身大样图，是建筑外墙剖面的局部放大图，它显示了从地面（有时是从地下室地面）至檐口或女儿墙顶的几乎所有重要的墙身节点，是使用最多的建筑详图之一。图 4-32 所示为本工程的外墙剖面详图，绘图比例是 1∶20，该图可和Ⅱ－Ⅱ建筑剖面图对照阅读。楼梯详图在建筑平面图和剖面图中都包含了楼梯部分的投影，但因为楼梯踏步、栏杆、扶手等各细部的尺寸较小，图线又十分密集，所以不易表达和标注，绘制建筑施工图时，常常将其放大绘制成楼梯详图。楼梯详图表示楼梯的组成和结构形式，一般包括楼梯平面图和楼梯剖面图，必要时画出楼梯踏步和栏杆的详图。

图 4-33 所示为楼梯平面图详图，图 4-34 所示为楼梯剖面图详图，比例均是 1∶50。

（1）楼梯平面图。楼梯平面图是楼房各层楼梯间的局部平面图，相当于建筑平面图的局部放大。一般情况下，楼梯在中间各层的平面几乎完全一样，仅仅是标高不同，所以中间各层可以合并为一个标准层来表示，又称为中间层。这样，楼梯平面图通常由底层、中间层和顶层三个图样组成。本例因二层平面图与三～四层平面图不同，所以本例有四个楼梯平面详图。

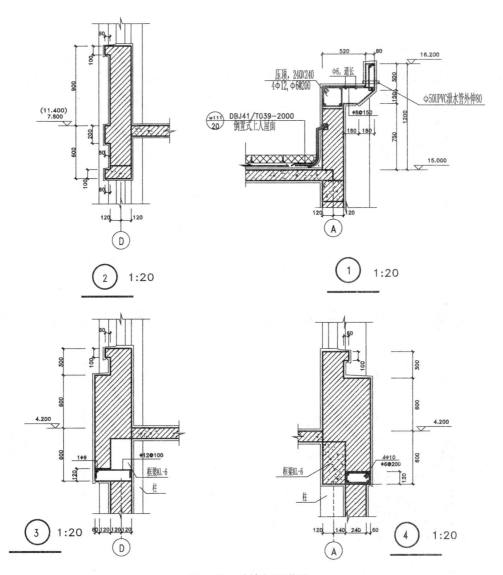

图 4-32 外墙剖面详图

本例楼梯为平行双跑楼梯,楼梯间开间 3 500 mm,梯段宽 1 550 mm,梯井宽 160 mm,底层层高为 4 200 mm,底层两个梯段均为 12 个踏宽,每个踏宽为 300 mm;二层以上层高为 3 600 mm,每梯段踏步数均相同,均为 12 个踏宽,每个踏宽为 300 mm;注意图中的标注方式,如 300×11=3 300(mm)。

一层楼梯平面图中应标出剖面详图的剖切符号,以对应楼梯剖面详图。

(2)楼梯剖面图。根据平面详图中的剖切符号,可知剖面详图的剖切位置和剖切方向。

楼梯剖面详图相当于建筑剖面图的局部放大,其绘制和识读方法与剖面图基本相同。从图中可以看出,楼梯休息平台板各层标高分别为 2.100 m、6.000 m、9.600 m、13.200 m。

底层两个梯段均为 13 个踢高,每个踢高为 161 mm;二层以上每梯段踢面数均相同,均为 12 个踢高,每个踢高为 150 mm。注意图中的标注方式,如 150×12=1 800(mm)。

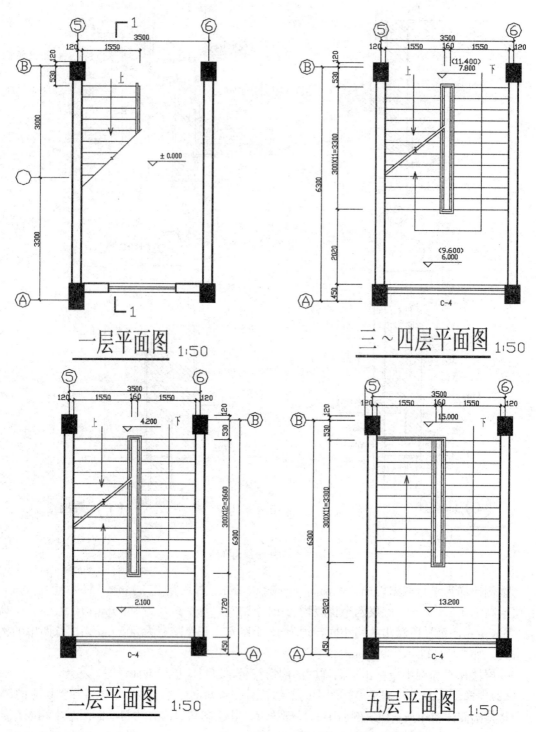

图 4-33 楼梯平面图

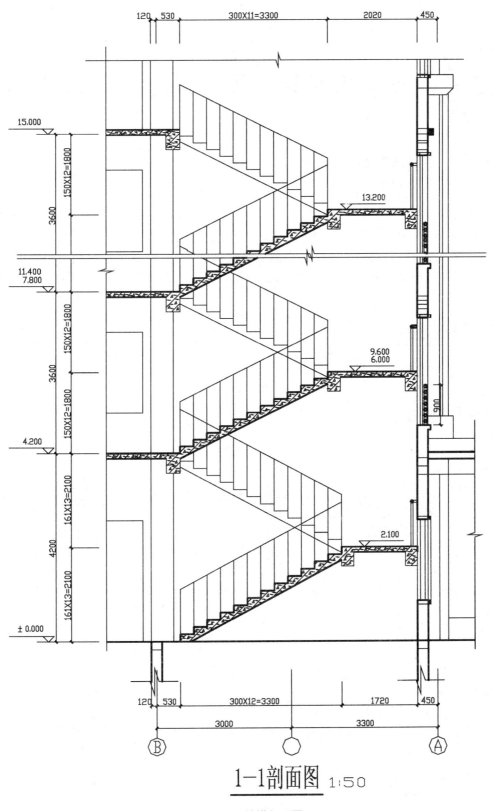

图 4-34 楼梯剖面图

4.2 房屋结构施工图

4.2.1 房屋结构施工图概述

(1)结构施工图简介。房屋结构施工图除了建筑施工图所表达的房屋造型、平面布置、建筑构造与装修内容外,还应按建筑各方面的要求进行力学与结构计算,决定房屋承重构件(如图4-35所示基础、梁、板、柱等)的具体形状、大小、所用材料、内部构造以及结构造型与构件布置等,并将其结果绘制成图样,用以指导施工,这种图样称为结构施工图,简称"结施"。结构施工图必须密切与建筑施工图相配合,这两个工种之间的施工图不能有矛盾。

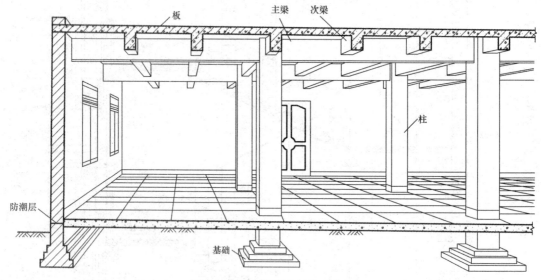

图4-35 钢筋混凝土结构示意图

(2)结构施工图的内容。结构施工图包括下列内容:

1)结构设计说明。

2)结构平面图,包括:

①基础平面图;

②楼层结构平面布置图;

③屋面结构平面图,包括屋面板、天沟板、屋架、天窗架及支撑系统布置图等。

3)构件详图,包括:

①梁、板、柱以及基础结构详图;

②楼梯结构详图;

③屋架结构详图;

④其他详图,如支撑详图等。

结构施工图主要作为施工放线、构件定位、挖基槽、支模板、绑钢筋、浇筑混凝土、安装梁、板、柱等构件以及编制预算、备料和施工组织计划等的依据。

(3)常用的构件代号。建筑结构构件种类繁多,为了图示简明、清晰、便于阅读,"国标"规定了各种构件的代号,现将常用的构件代号列表说明,见表4-9。

表 4-9 常用构件代号

名 称	代 号	名 称	代 号
板	B	檩条	LT
屋面板	WB	屋架	WJ
空心板	KB	框架	KJ
槽形板	CB	刚架	GJ
密肋板	MB	支架	ZJ
楼梯板	TB	托架	TJ
盖板或沟盖板	GB	天窗架	CJ
墙板	QB	柱	Z
梁	L	框架柱	KZ
框架梁	KL	芯柱	XZ
屋面梁	WL	基础	J
吊车梁	DL	桩	ZH
圈梁	QL	梯	T
过梁	GL	雨篷	YP
连系梁	LL	阳台	YT
基础梁	JL	预埋件	M
楼梯梁	TL	钢筋网	W
悬挑梁	XL	钢筋骨架	G

4.2.2 钢筋混凝土构件和构件详图

(1)钢筋混凝土的基本知识。

1)钢筋混凝土结构简介。混凝土是由水泥、砂、石子和水按一定的比例配合后,浇筑在模板内经振捣密实和养护而制成的一种人工石材。凝固后的混凝土坚硬如石,具有较高的抗压强度,但抗拉强度很低,容易在受拉时断裂。为了提高混凝土构件的抗拉能力,常在构件受拉区域内加入一定数量的钢筋,这种配有钢筋的混凝土称为钢筋混凝土。

用钢筋混凝土制成的梁、板、柱等称为钢筋混凝土构件。钢筋混凝土构件在现场浇筑混凝土制作的称为现浇构件,而在预制构件厂预期制成的则称为预制构件。另外,为了提高构件的抗拉和抗裂性能,在构件制作时,先将钢筋张拉,预加一定的压力,这种构件称为预应力钢筋混凝土构件。

2)钢筋的分类与作用。配置在钢筋混凝土构件中的钢筋,按其受力和作用的不同可分为下列几种,如图4-36所示。

①受力筋。承受拉、压应力的钢筋。

②架立筋。用以固定梁内受力钢筋和钢箍的位置,构成梁内钢筋骨架。

③钢箍(箍筋)。承受一部分剪应力,并固定受力钢筋位置。

④分布筋。用于板内,与板内受力钢筋垂直布置,其主要作用是固定受力筋位置,同时将承受的荷载均匀地传给受力筋,并可抵抗混凝土硬化时收缩及温度变化时产生的应力。

⑤其他钢筋。因构件构造要求或施工安装需要而配置的构造筋,如埋在构件中的锚固筋、吊环等。

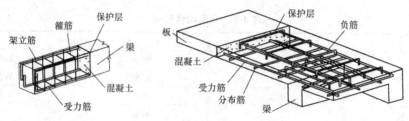

图 4-36 钢筋混凝土构件中钢筋的配置

3)钢筋弯钩。当受力钢筋采用光圆钢筋时,为增强钢筋与混凝土之间的粘结力,通常把钢筋两端做成弯钩。钢筋端部的弯钩常用两种形式,如图 4-37(a)所示。带有平直部分的半圆弯钩和直弯钩。

常用钢箍的弯钩形式,如图 4-37(b)所示。

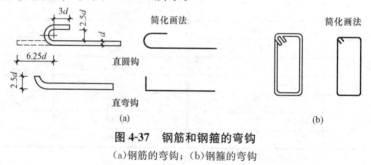

图 4-37 钢筋和钢箍的弯钩

(a)钢筋的弯钩;(b)钢箍的弯钩

4)钢筋的保护层。为了防止钢筋锈蚀,增加钢筋与混凝土的粘结力,构件中的钢筋不允许外露,必须留有一定厚度的保护层。

根据《混凝土结构设计规范》(GB 50010—2010)的规定,梁、柱的保护层最小厚度为 25 mm,板和墙的保护层厚度为 10~15 mm。

其他构件的保护层的最小厚度见表 4-10。

表 4-10 钢筋混凝土构件的保护层

钢 筋	构 件	名 称	保护层厚度/mm
受力筋	墙、板和环形构件	截面厚度≤100 mm	10
		截面厚度>100 mm	15
	梁和柱		25
	基础	有垫层	35
		无垫层	70
箍筋	梁和柱		15
分布筋	板		10

5)钢筋的种类、级别和代号。根据生产加工方法的不同,钢筋可以分为热轧钢筋、热处理钢筋和冷拉钢筋。建筑工程中常用的钢筋种类、级别和代号见表 4-11。

表 4-11 钢筋种类、级别和代号

种 类	级 别	代号	种 类	级 别	代号
热轧钢筋(或热处理钢筋)	HPB300 级钢筋(3 号光钢)	φ	冷拉钢筋	HPB300 级钢筋	φ^L
	HRB335 级钢筋(16 锰)	Φ		HRB335 级钢筋	Φ^L
	HRB400 级钢筋(25 锰硅)	Φ		HRB400 级钢筋	Φ^L
	HRB500 级钢筋(45 锰硅矾)	Φ		HRB500 级钢筋	Φ^L
	HRB500 级钢筋(44 锰硅)	Φ^L	钢 丝	冷拔低碳钢丝	Φ^b

(2)钢筋的表示方法和标注。对于钢筋混凝土构件,不仅要表示构件的形状尺寸,而且更主要的是表示钢筋的配置情况,包括钢筋的种类、数量、等级、直径、形状、尺寸、间距等。为此,假想混凝土是透明体,可透过混凝土看到构件内部的钢筋,在图样上只画出构件内部钢筋的配置情况,这样的图样称为配筋图。建筑工程中常用钢筋图例见表 4-12。

表 4-12 常用钢筋图例

序号	名 称	图 例	说 明
1	钢筋横断面	●	—
2	无弯钩的钢筋端面	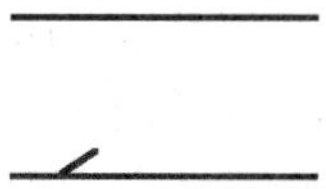	表示长短钢筋投影重叠时可在短钢筋的端部用 45°短画线表示
3	带半圆形弯钩的钢筋端面		—
4	带直钩的钢筋端面		—
5	带丝扣的钢筋端面		—
6	无弯钩的钢筋搭接		—
7	带半圆弯钩的钢筋搭接		—
8	带直钩的钢筋搭接		—
9	套管接头(花兰螺纹)	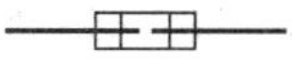	—
10	在平面图中配置双层钢筋时,底层钢筋弯钩应向上或向左,顶层钢筋则向下或向右	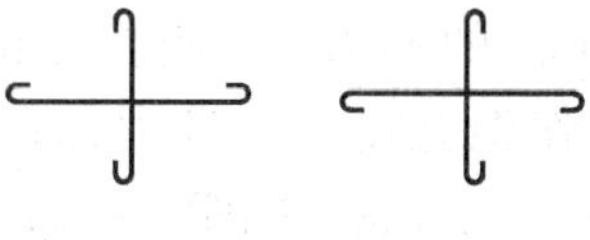 底层　　顶层	—

续表

序号	名称	图例	说明
11	配双层钢筋的墙体，在配筋立面图中，远圆钢筋的弯钩应向上或向左，而近面钢筋则向下或向右(GM：近面；YM：远面)	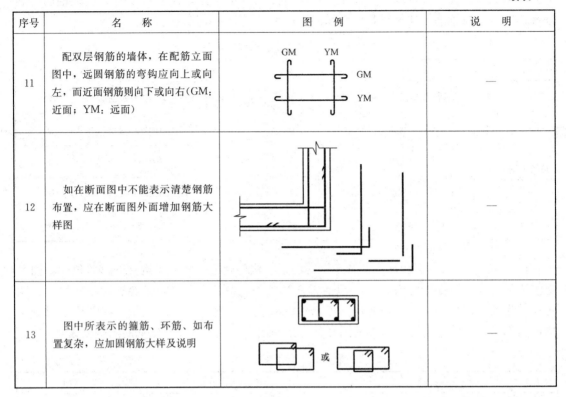	—
12	如在断面图中不能表示清楚钢筋布置，应在断面图外面增加钢筋大样图		—
13	图中所表示的箍筋、环筋、如布置复杂，应加圆钢筋大样及说明		

(3)钢筋的表示方法和标注。对于钢筋混凝土构件，不仅要表示构件的形状尺寸，而且更主要的是表示钢筋的配置情况，包括钢筋的种类、数量、等级、直径、形状、尺寸、间距等。为此，假想混凝土是透明体，可透过混凝土看到构件内部的钢筋，在图样上只画出构件内部钢筋的配置情况，这样的图样称为配筋图。

配筋图由结构布置平面图和构件详图组成。结构布置平面图表示承重构件的布置、类型和数量；构件详图分为配筋图、模板图、预埋件详图及钢筋明细表等。

1)钢筋的表示方法。在配筋图中，为了突出钢筋，构件的轮廓线用细实线画出，混凝土材料不画，被剖切到的钢筋用黑圆点表示，未被剖切到的钢筋则用粗实线画出，配筋图上不画材料图例。

2)钢筋的标注方法。钢筋的标注一般采用引出线方式，通常有两种标注形式，如图 4-38(a)、(b)所示。

构件中的各种钢筋，凡等级、直径、形状、长度等要素不同的，一般均应编号，数字写在直径 6 mm 的细实圆中，编号圆宜绘制在引出线的端部，如图 4-38(c)所示。

(4)钢筋混凝土构件图示实例。图 4-39 所示为现浇梁的结构详图，梁的两端简支在砖墙上，从立面图上看出梁长 4 740 mm，从 1—1 断面图上看出梁高 400 mm，宽 240 mm。梁下部配置 3 根直径为 20 mm 的 HRB335 级受力钢筋，编号为①；梁上部配置 2 根直径为 12 mm 的 HRB335 级钢筋作架立筋，编号为③；中部箍筋采用 HPB300 级钢筋，直径 6 mm，间距 200 mm；两端箍筋加密，间距100 mm，编号为④。从钢筋详图中可以看出钢筋的详细布置情况和数量。

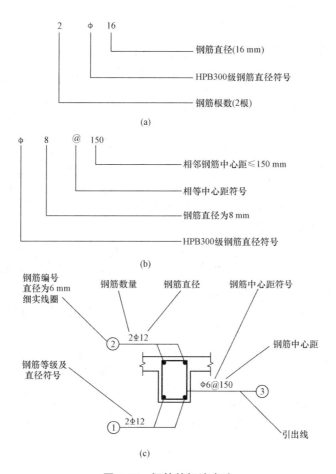

图 4-38 钢筋的标注方法

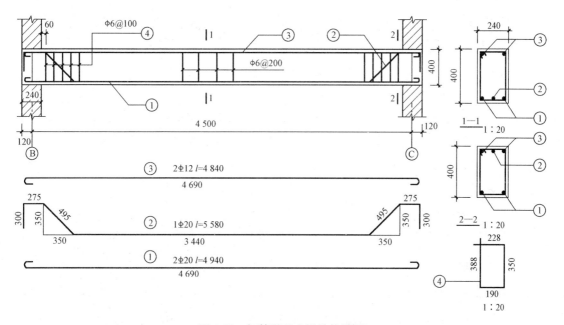

图 4-39 钢筋混凝土梁结构详图

4.2.3 混凝土结构施工图平面整体表示方法

混凝土结构施工图平面整体表示方法简称为"平法",是把结构构件的尺寸和配筋等整体情况,直接表达在这些构件的结构平面布置图上,再与标准构造详图相配合,构成完整的施工图。

"平法"的制图规则有平面注写方式(标注梁)、列表注写方式(标注柱和剪力墙)以及截面注写方式(标注梁、柱和剪力墙)三种。下面以梁、柱为例,简单介绍平面注写方式和截面注写方式的表达方法。关于"平法"中其他构件以及其他表示方法,请参阅图集11G101—1。

(1)梁平法施工图平面注写方式示例。平面注写包括集中标注和原位标注两部分。集中标注表达梁的通用数值,其内容包括梁编号、梁截面尺寸、梁箍筋、梁上部贯通钢筋或架立筋以及梁顶面标高高度差。当集中标注的某项数值不适用于梁的某部位时,则将该项数值原位标注,原位标注表达梁各部分的特殊值,如梁支座处上部纵筋、梁下部纵筋、侧面纵向构造或抗扭纵筋、附加箍筋或吊筋等。施工时,原位标注取值优先。

作为对照,分别用传统方式和平面注写方式画出一根两跨钢筋混凝土框架梁的配筋图,如图4-40所示。

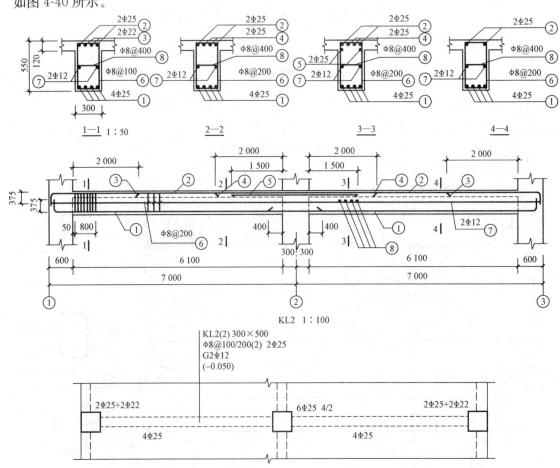

图4-40 两跨框架梁配筋详图与梁平法施工图平面注写方式示例

1)KL2(2)300×500：表示这是一根框架梁，编号为2，共有2跨（括号中的数字），梁断面尺寸是 300 mm×500 mm。

2)ϕ8@100/200(2)2ϕ25：表示箍筋是直径为 8 mm 的 HPB300 级钢筋，加密区（靠近支座处）间距为 100 mm，非加密区间距为 200 mm，均为 2 肢箍；2ϕ25 表示梁的上部配有 2 根直径为 25 mm 的 HRB335 级钢筋为贯通筋。

3)G2ϕ12：表示梁的两侧面共配置 2ϕ12 的纵向构造钢筋。

4)(−0.050)：为选注内容，表示梁顶面标高相对于楼层结构标高的高差值，需写在括号内。梁顶面标高高于楼层结构标高时，高差为正，反之为负。图中(−0.050)表示该梁顶面标高比楼层结构标高低 0.05 m。

5)2ϕ25+2ϕ22：表示该处除放置集中标注注明的 2ϕ25 上部贯通钢筋外，还在上部放置了 2ϕ22 的端部支座钢筋。

6)6ϕ25 4/2：表示除了集中标注注明的 2ϕ25 上部贯通钢筋外，还在上部放置了 4ϕ25 的中间支座钢筋（共 6 根），分两排放置，上排为 4ϕ25，第二排为 2ϕ25（即 4/2）。

7)4ϕ25：表示两跨梁的底部都配有 4ϕ25 的纵筋。

图 4-40 中并无标注各类钢筋的长度及伸入支座长度等尺寸，这些尺寸都由施工单位的技术人员查阅图集，对照确定。

(2)柱平法施工图截面注写方式示例。截面注写方式，是在分标准层绘制的柱平面布置图的柱截面上，分别在同一编号的柱中选择一个截面，以直接注写截面尺寸和配筋具体数值的方式来表达柱平法施工图。在截面注写方式中，如柱的分段截面尺寸和配筋均相同，仅分段截面与轴线的关系不同时，可将其编为同一号柱，但此时应在未画配筋的柱截面上，注写该柱截面与轴线关系的具体尺寸。当柱中纵筋采用两种直径时，须再注写截面各边中部筋的具体数值（对于对称配筋的矩形截面柱，可仅在一侧注写中部筋，对称边省略不注）。

图 4-41 所示为采用截面注写方式表达的柱平法施工图示例，图中显示柱子类型共有四种：KZ1、KZ2、KZ3 和 LZ1。

1)KZ1：矩形截面，截面尺寸为 650 mm×600 mm；纵向钢筋拐角处配筋为 4ϕ22，其余四侧中部配筋分别为 4ϕ20 和 5ϕ22；箍筋直径为 10 mm，间距为 200 mm，加密区间距为 100 mm。

2)KZ2：矩形截面，截面尺寸为 650 mm×600 mm；纵向配筋为 22ϕ22，直径一致；箍筋直径为 10 mm，间距为 200 mm，加密区间距为 100 mm。

3)KZ3：矩形截面，截面尺寸为 650 mm×600 mm；纵向配筋为 24ϕ22，直径一致；箍筋直径为 10 mm，间距为 200 mm，加密区间距为 100 mm。

4)LZ1：矩形截面，截面尺寸为 250 mm×300 mm；纵向配筋为 6ϕ16，直径一致；箍筋直径为 8 mm，间距为 200 mm。

4.2.4 基础图

(1)基础的作用和形式。基础是位于墙或柱下面的承重构件，它承受房屋的全部荷载，并传递给基础下面的地基。基础根据上部结构的形式和地基承载力的不同可分为条形基础、独立基础、满堂基础（包括筏形基础和箱形基础）和桩基，如图 4-42 所示。

(2)基础图的组成。基础图是表示基础的平面布置和详细构造的图样，它是施工放线、挖槽和砌筑基础的依据。基础图通常包括基础平面图和基础详图。

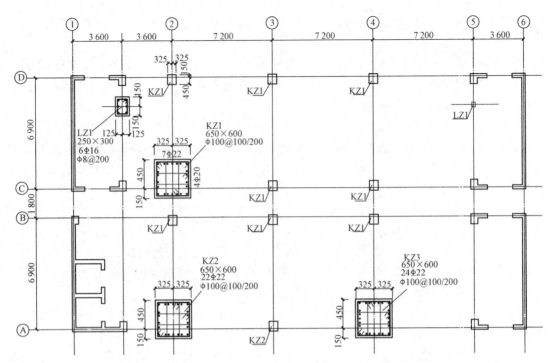

图 4-41 柱平法施工图截面注写方式示例

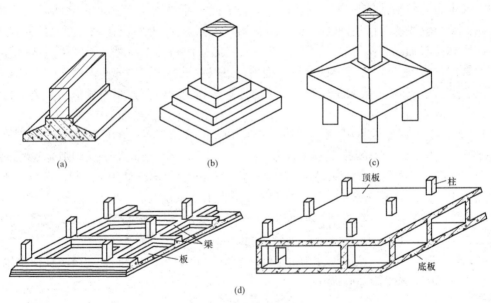

图 4-42 常见的基础类型

1) 基础平面图。基础平面图是表示基础平面布置的图样，即假想用一水平面沿房屋底层室内地面下方与基础之间将建筑物剖开，移去上面部分和周围土层，向下投影所得的全剖视图。基础平面图表达剖切到的墙、柱、基础梁及可见的基础轮廓。

基础平面图应标注出各部分的尺寸，轴线编号应和建筑施工图中的底层平面图一致。

2) 基础详图。基础平面图中仅显示了基础的平面布置，而基础的形状、大小、构造、材料及埋置深度均未表示，需要画出基础详图，作为砌筑基础的依据。

(3)基础图图示实例。

1)条形基础图。

①基础平面图。如图4-43所示，该房屋大部分的基础属条形基础，只是门前②轴线与1/Ⓐ轴线相交处的柱基是独立基础。轴线两侧的粗线是墙边线，细线是基础底边线。基础的断面形状与埋置深度要根据上部的荷载以及地基承载力而定，同一幢房屋，对每种不同的基础，都要画出它的断面图，并在基础平面图上用1—1、2—2等剖切符号表明该断面的位置，该基础共有6个断面。

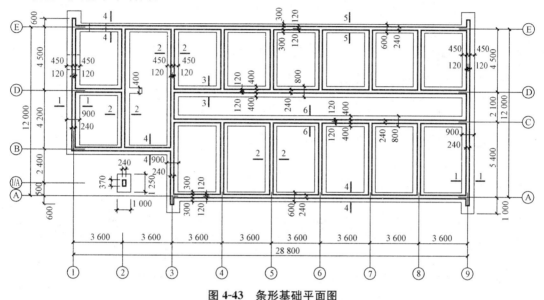

图4-43 条形基础平面图

②基础详图。图4-44是条形基础1—1断面详图，比例是1∶20。从图中可看出其基础的垫层是用素混凝土浇成，高300 mm、宽900 mm。垫层上面是两层大放脚，每层高120 mm。底层宽500 mm，每层每侧缩60 mm，墙厚240 mm。室内地面标高±0.000，室外地面标高−0.450 m，基础底面标高−1.450 m。另外，还标注出防潮层离室内地面60 mm，轴线到基坑边线的距离450 mm和轴线到墙边的距离120 mm。

2)独立基础图。

①基础平面图。采用框架结构的房屋以及工业厂房的基础经常采用独立柱基础。图4-45所示为某办公楼的基础平面图，绘图比例为1∶100，由纵轴Ⓐ、Ⓑ、Ⓒ、Ⓓ四排和横轴①~⑬组成柱网结构，图中涂黑的长方块是钢筋混凝土柱，柱外细线方框表示该独立柱基础的外轮廓线，基础沿定位轴线布置，分别编号为J—1、J—2、J—3、J—4、J—5、J—6。

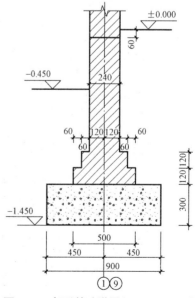

图4-44 条形基础详图(1—1 1∶20)

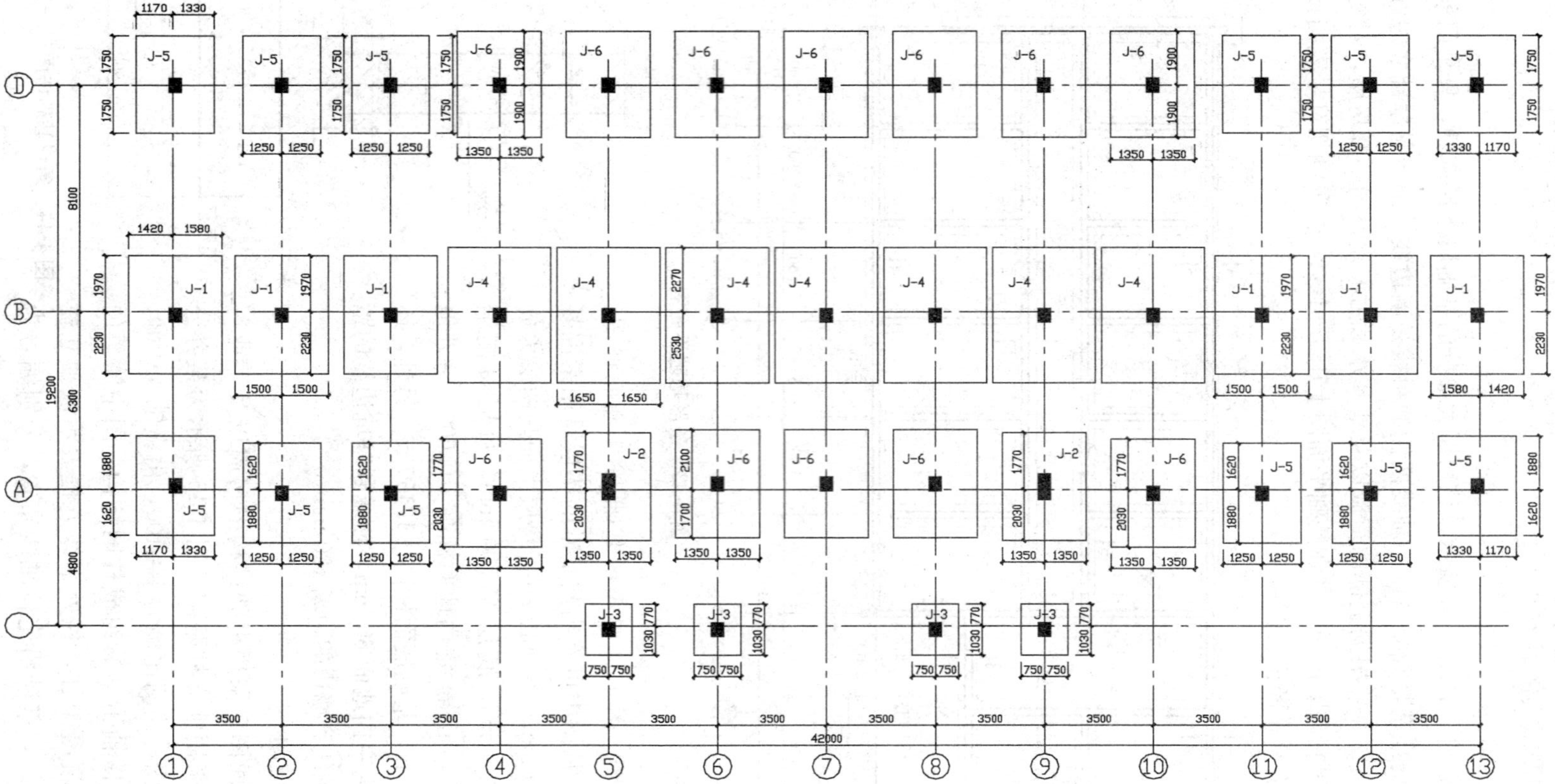

图4-45 独立基础平面图 (1:100)

②基础详图。图 4-46 是独立柱基础 J—1 的结构详图，比例是 1∶30，图中应将定位轴线、外形尺寸、钢筋配置等标注清楚。与条形基础相比，除了绘出垂直剖视图外，还画出了平面图。由图可知，基础埋深为 1.8 m，基础底尺寸为 3 500 mm×4 200 mm，下部做有 100 mm 厚的垫层，每边宽出基础 100 mm，基础上部是基础柱，尺寸为 400 mm×500 mm，基础内配置 Φ14@140 和 Φ12@140 的双向钢筋。

4.2.5 楼层结构平面布置图

(1) 楼层结构平面布置图的形成及作用。楼层结构平面布置图也称为楼层结构平面图，是假想用一个紧贴楼面的水平面剖切后所得的水平剖面图。楼层结构平面布置图是用来表示楼面板及其下的梁、板、柱、墙等承重构件的平面布置，现浇楼板的构造与配筋，以及它们之间的结构关系，是施工时安装梁、板、柱等各种构件或现浇各种构件的依据。

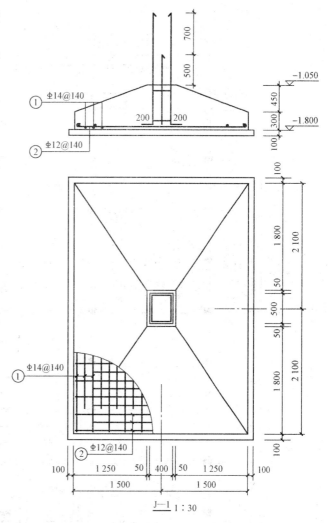

图 4-46 J—1 详图

(2) 楼层结构平面布置图的组成。

1) 建筑物各层结构布置的平面图。

2) 各节点的截面详图。

3) 构件统计表及钢筋表和文字说明。在楼层结构平面布置图中，每层的构件都要分层表示，但对有些布置相同的楼层，只画出一个结构平面图，再加文字或符号说明其区别即可。

(3) 楼层结构平面布置图图示实例。图 4-47 所示为某办公楼的二层结构平面图。下面以此为例，说明楼层结构平面图的识读方法。

1) 看图名、比例及各轴线的编号，从而明确承重墙、柱的平面关系。

2) 看各种楼板、梁的平面布置及类型和数量等。从图中可知该层楼板有现浇和预制两种。

现浇板的钢筋配置采用将钢筋直接画在平面图中的表示方法。底层钢筋弯钩向上或向左，顶部钢筋弯钩向下或向右。一种类型钢筋一般只画一根。例如⑪号钢筋 Φ10@200，代表直径为 10 mm 的 HPB300 级钢筋每隔 200 mm 布置一根。

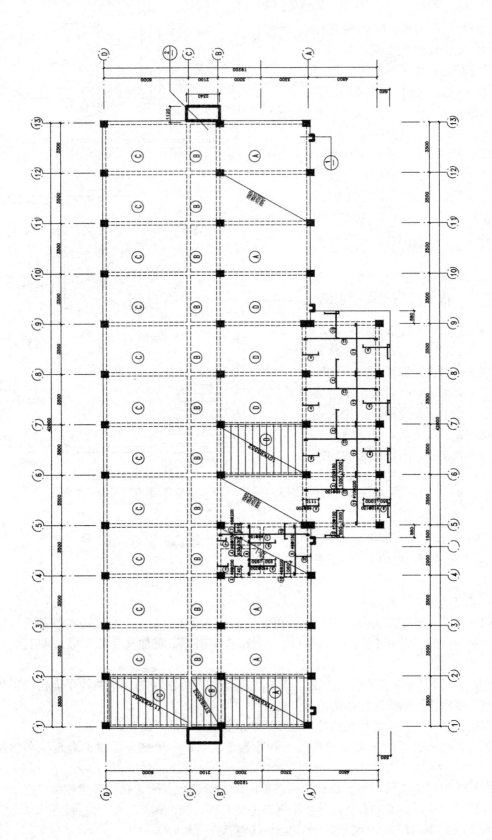

图4-47 某办公楼二层结构平面图

预制板由于各个房间的开间和进深大小不同，分成Ⓐ、Ⓑ、Ⓒ、Ⓓ四种，每种情况只需详细画出一处，例如：用代号Ⓐ表示的预制板铺设的是11YKB3552，表示的含义是11块预制空心板，板长3 500 mm，板宽500 mm，荷载等级为2。

楼层结构平面图中的楼梯部分由于比例过小，图形不能清楚表达楼梯结构的平面布置，故需另外画出楼梯结构详图，在这里只需要用细实线画出两条对角线，并注明"楼梯间"就可以了。

3)看构件表(或钢筋表)以及施工说明。

通过这样阅读，才能由粗到细，由整体到局部，步步深入地看清楚，掌握全面。

4.3 建筑给水排水施工图

4.3.1 建筑给水排水施工图概述

(1)建筑给水排水系统简介。建筑给水排水系统是为解决人们的生活、生产及消防的用水和排除废水、处理污水的城市建设工程，分为建筑给水系统和建筑排水系统，主要包括建筑室外给水系统、建筑室外排水系统以及建筑室内给水排水系统三个方面。

建筑给水系统的任务是从水源取水，将其净化到所要求的水质标准后，经输配水系统送往用户。它主要包括水源、取水、净化、输配水四个部分。建筑排水系统的任务是指将建筑物内卫生器具和生产设备产生的污水、废水以及降落在屋面上的雨、雪水加以收集，再经过污水处理后排放出去。

建筑给水排水工程图按内容大致分为：建筑室内给水排水施工图；建筑室外给水排水施工图；水处理设备构筑物工艺图。

1)建筑给水系统。

①建筑给水系统分类。建筑给水系统按用途可分为生活给水系统、生产给水系统、消防给水系统。

建筑给水系统是供应建筑内部和小区范围内的生活用水、生产用水和消防用水的系统，它包括建筑内部给水与小区给水系统。而建筑内部的给水系统是将城镇给水管网或自备水源给水管网的水引入室内，经配水管送至生活、生产和消防用水设备，并满足各用水点对水量、水压和水质要求的冷水供应系统，它与小区给水系统是以给水引入管上的阀门井或水表井为界。

a. 生活给水系统。生活给水系统是为住宅、公共建筑和工业企业内人员提供饮水和生活用水(淋浴、洗涤及冲厕、洗地等用水)的供水系统。生活给水系统又可以分为单一给水系统和分质给水系统。单一给水系统其水质必须符合现行国家标准《生活饮用水卫生标准》(GB 5749—2006)的规定，该水质必须确保居民终生饮用安全。分质给水系统按照不同的水质标准可分为符合《饮用净水水质标准》(CJ 94—2005)的直接饮用水系统，符合《生活饮用水卫生标准》(GB 5749—2006)的生活用水系统，符合《城市污水再利用 城市杂用水水质》(GB/T 18920—2002)的杂用水系统(中水系统)。

b. 生产给水系统。生产给水系统是指工业建筑或公共建筑在生产过程中使用的给水系统，供给生产设备冷却，原料和产品的洗涤，以及各类产品制造过程中所需的生产用水或生产原料。生产用水对水质、水量、水压及可靠性等方面的要求应按生产工艺设计要求确定。生产给水系统又可分为直流水系统、循环给水系统、复用水给水系统。生产给水系统应优先设置循环或重复利用给水系统，并应利用其余压。

c. 消防给水系统。消防给水系统是供给以水灭火的各类消防设备用水的供水系统。根据《建筑设计防火规范》(GB 50016—2014)的规定，对某些多层或高层民用建筑、大型公共建筑、某些生产车间和库房等，必须设置消防给水系统。消防用水对水质要求不高，但必须按照《建筑设计防火规范》(GB 50016—2014)的规定，保证供给足够的水量和水压。

上述三种基本给水系统，根据建筑情况、对供水的要求以及室外给水管网条件等，经过技术经济比较，可以分别设置独立的给水系统，也可以设置两种或三种合并的共用系统。共用系统有生活—生产—消防共用系统、生活—消防共用系统、生产—消防共用系统等。

②建筑给水系统的组成。建筑物内的给水系统如图 4-48 所示。主要内容包括引入管、水表节点、给水管网、给水附件、升压和贮水设备、消防防备、给水局部处理设备等。

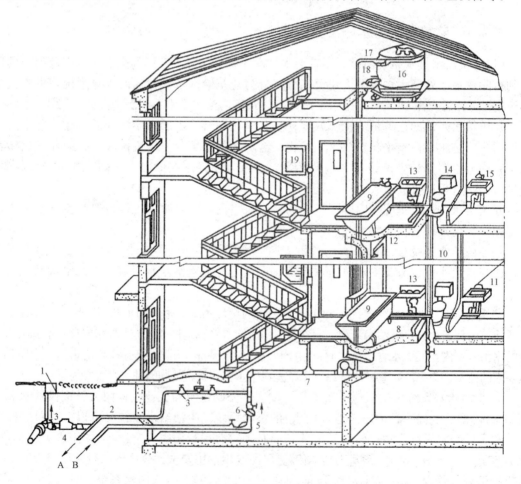

图 4-48 建筑内部给水系统

1—阀门井；2—引入管；3—闸阀；4—水表；5—水泵；6—逆止阀；7—干管；8—支管；9—浴盆；10—立管；11—水龙头；12—淋浴器；13—洗脸盆；14—大便器；15—洗涤盆；16—水箱；17—进水管；18—出水管；19—消水栓；A—入贮水池；B—来自贮水池

a. 引入管。引入管是建筑物内部给水系统与城市给水管网或建筑小区给水系统之间的联络管段，也称进户管。城市给水管网与建筑小区给水系统之间的联络管段称为总进水管。

b. 水表节点。安装在引入管上的水表及其前后设置的阀门和泄水装置的总称。当需对水量进行计量的建筑物，应在引入管上装设水表。建筑物的某部分或个别设备需计量时，应在其配水管上装设水表。住宅建筑应装设分户水表。由市政管网直接供水的独立消防给水系统的引入管上，可不装设水表。

c. 给水管网。给水管网是指由水平或垂直干管、立管、横支管等组成的建筑内部的给水管网。

d. 给水附件。给水附件是指管路上闸阀、止回阀等控制附件及淋浴器、配水龙头、冲洗阀等配水附件和仪表等。

e. 升压和贮水设备。在市政管网压力不足或建筑对安全供水、水压稳定有较高要求时，需设置各种附加设备。如水箱、水泵、气压给水装置、贮水池等增压和贮水设备。

f. 消防防备。消防用水设备是指按建筑物防火要求及规定设置的消火栓、自动喷水灭火设备等。

g. 给水局部处理设备。建筑物所在地点的水质已不符合要求，或直接饮用水系统的水质要求高于我国自来水的现行水质标准的情况下，需要设给水深处理构筑物和设备来局部进行给水深处理。

2) 建筑排水系统。

① 建筑排水系统的分类。建筑排水系统的任务是将人们在建筑内部的日常生活和工业生产中产生的污、废水以及降落在屋面上的雨、雪水迅速地收集后排除到室外，使室内保持清洁卫生，并为污水处理和综合利用提供便利的条件。按系统援纳的污废水类型不同，建筑物排水系统分为三类：生活排水系统、工业废水排水系统、雨（雪）水排水系统。

a. 生活排水系统。该系统用来收集排除在居住建筑、公共建筑及工厂生活的人们日常生活所产生的污水、废水。通常将生活排水系统分为两个系统来设置：冲洗便器的生活污水，含有大量有机杂质和细菌，污染严重，由生活污水排水系统收集排除到室外，或排入化粪池进行局部处理，然后排入室外排水系统；沐浴和洗涤废水，污染程度较轻，几乎不含固体杂质，由生活废水排水系统收集直接排除到室外排水系统，或者作为中水系统较好的中水水源。

b. 工业废水排水系统。该系统的任务是排除工艺生产中产生的污废水。生产污水污染较重，需要经过处理，达到排放标准后才能排入室外排水系统；生产废水污染较轻，可直接排放，或经简单处理后重复利用。

c. 雨（雪）水排水系统。屋面雨水排除系统用以收集排除降落在建筑屋面上的雨水和融化的雪水。降雨初期，雨中含有从屋面冲刷下来的灰尘，污染程度轻，可直接排放。

建筑内部排水体制分为分流和合流两种类型。

② 排水系统的组成。一个完整的建筑内部污（废）水排水系统是由污废水受水器、排水管系统、通气管系统、清通设备、抽升设备和局部污水处理构筑物等部分组成，如图4-49所示。

污废水受水器是指用来接纳、收集污废水的器具，它是建筑内部排水系统的起点。

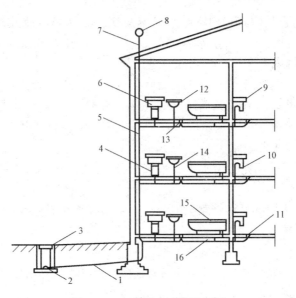

图 4-49 室内排水系统示意图

1—排出管；2—室外排水管；3—检查井；4—大便器；5—立管；6—检查口；7—伸顶通气管；8—铁丝网罩；9—洗涤盆；10—存水弯；11—清扫口；12—洗脸盆；13—地漏；14—器具排水管；15—浴盆；16—横支管

排水管系统是由器具排水管、排水横管、立管、排水干管及排出管等组成。器具排水管（即排水支管），是连接卫生器具和排水横管之间的一段短管，除了自带水封装置的卫生器具所接的器具排水管上不设水封装置以外，其余都应设置水封装置，以免排水管道中的有害气体和臭气进入室内，水封装置有存水弯、水封井和水封盒等。排水横管是收集各卫生器具排水管流来的污水并将其排至立管的水平排水管，排水横管沿水流方向要有一定的坡度，排水干管和排出管也应如此。排水立管是连接各楼层排水横管的竖直过水部分的排水管。排水干管是连接两根或两根以上排水立管的总横支管。在一般建筑中，排水干管埋地敷设，在高层多功能建筑中，排水干管往往设置在专门的管道转换层。排出管是室内排水系统与室外排水系统的连接管道。一般情况下，为了及时排除室内污废水，防止管道堵塞，每一个排水立管直接与排出管相连，而取消排水干管。排出管与室外排水管道连接处要设置排水检查井，如果是粪便污水先排入化粪池，再经过检查井排入室外的排水管道。

通气管系统是指与大气相通的只用于通气而不排水的管路系统。它的作用有：使水流通畅，稳定管道内的气压，防止水封被破坏；将室内排水管道中的臭气及有害气体排到大气中去；把新鲜空气补入排水管换气，以消除因室内管道系统积聚有害气体而危害养护人员、发生火灾和腐蚀管道；降低噪声。通气管系统形式有普通单立管系统、双立管系统和特殊单立管系统，如图 4-50 所示。对于层数不高，卫生器具不多的建筑物，可将排水立管上端延长并伸出屋顶，这一段管叫伸顶通气管，这种通气方式就是普通单立管系统。对于层数较高、卫生器具较多的建筑物，因排水立管长、排水情况复杂及排水量大，为稳定排水立管中气压，防止水封被破坏，应采用双立管系统或特殊单立管系统。

双立管系统是指设置一根单独的通气立管与污水立管相连（包括两根及两根以上的污水立管同时与一根通气立管相连）的排水系统。双立管系统又有设专用通气立管的系统，由专用通气立管、结合通气管和伸顶通气管组成；主（副）通气立管的系统，由主（副）通气立管、

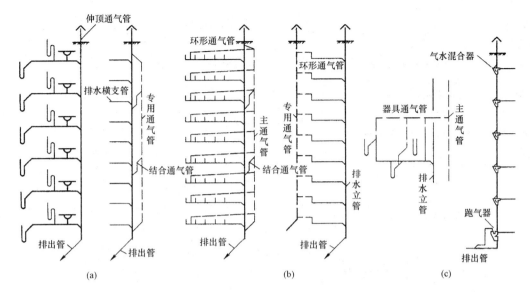

图 4-50 不同通气方式的排水系统
(a)普通单立管排水系统；(b)双立管排水系统；(c)单立管排水系统

伸顶通气管、环形通气管(或器具通气管)相结合的系统。另外可用吸气阀代替器具通气管和环形通气管。特殊单立管排水系统是指设有上部和下部特制配件及伸顶通气管的排水系统。

清通设备是污水中含有很多杂质，容易堵塞管道，因此，建筑内部排水系统需设置清通设备，管通堵塞时用以疏通。

抽升设备是当建筑物内的污水不能利用重力自流到室外排水系统时，此排水系统应设置污水抽升设备，将污水及时提升到地面上，然后排至室外排水系统。

局部污水处理构筑物是排入城市排水管网的污废水要符合国家规定的污水排放标准，当建筑内部污水未经处理而未达到排放标准时(如含较多汽油、油脂或大量杂质的，或呈强酸性、强碱性的污水)，则不允许直接排入城市排水管网，需设置局部处理构筑物，使污水水质得到初步改善后再排入室外排水管或局部处理构筑物有隔油池、沉淀池、化粪池、中和池及其他含毒污水的局部处理设备。

(2)给水排水施工图的组成。给水排水施工图是表达室外给水、室外排水及室内给排水工程设施的结构形状、大小、位置、材料以及有关技术要求的图样，以供交流设计和施工人员按图施工。建筑给水排水施工图一般由图纸目录、主要设备材料表、设计说明、图例、管道设计平面布置图、系统轴测图以及施工详图等组成。室外小区给排水工程，根据内容还应包括管道断面图、给排水节点图等。

(3)给水排水施工图的一般规定及图示特点。

1)一般规定。

①图线。图线的宽度 b，应根据图纸的类别、比例和复杂程度，按《房屋建筑制图统一标准》(GB/T 50001—2010)中第 3.0.1 条的规定选用。线宽 b 宜为 0.7 或 1.0 mm。

给水排水专业制图，常用的各种线型宜符合表 4-13 的规定。

表 4-13 线型

名 称	线 型	线宽	用 途
粗实线	——————	b	新设计的各种排水和其他重力流管线
粗虚线	— — — — —	b	新设计的各种排水和其他重力流管线的不可见轮廓线
中粗实线	——————	$0.7b$	新设计的各种给水和其他压力流管线；原有的各种排水和其他重力流管线
中粗虚线	— — — — —	$0.7b$	新设计的各种给水和其他压力流管线及原有的各种排水和其他重力流管线的不可见轮廓线
中实线	——————	$0.5b$	给水排水设备、零(附)件的可见轮廓线；总图中新建的建筑物和构筑物的可见轮廓线；原有的各种给水和其他压力流管线
中虚线	— — — — —	$0.5b$	给水排水设备、零(附)件的不可见轮廓线；总图中新建的建筑物和构筑物的不可见轮廓线；原有的各种给水和其他压力流管线的不可见轮廓线
细实线	——————	$0.25b$	建筑的可见轮廓线；总图中原有的建筑物和构筑物的可见轮廓线；制图中的各种标注线
细虚线	— — — — —	$0.25b$	建筑的不可见轮廓线；总图中原有的建筑物和构筑物的不可见轮廓线
单点长画线	—·—·—·—	$0.25b$	中心线、定位轴线
折断线	—–/\–—	$0.25b$	断开界线
波浪线	～～～～	$0.25b$	平面图中水面线；局部构造层次范围线；保温范围示意线

②比例。给水排水专业制图常用的比例，宜符合表 4-14 的规定。

表 4-14 常用比例

名 称	比 例	备 注
区域规划图 区域位置图	1:50 000、1:25 000、1:10 000、1:5 000、1:2 000	宜与总图专业一致
总平面图	1:1 000、1:500、1:300	宜与总图专业一致
管道纵断面图	纵向：1:200、1:100、1:50 横向：1:1000、1:500、1:300	
水处理厂(站)平面图	1:500、1:200、1:100	
水处理构筑物、设备间、卫生间、泵房平、剖面图	1:100、1:50、1:40、1:30	
建筑给排水平面图	1:200、1:150、1:100	宜与建筑专业一致
建筑给排水轴测图	1:150、1:100、1:50	宜与相应图纸一致
详 图	1:50、1:30、1:20、1:10、1:5、1:2、1:1、2:1	

在管道纵断面图中,可根据需要对纵向与横向采用不同的组合比例。

在建筑给排水轴测图中,如局部表达有困难时,该处可不按比例绘制。

水处理流程图、水处理高程图和建筑给排水系统原理图均不按比例绘制。

标高室内工程应标注相对标高,室外工程应标注绝对标高;压力管道应标注管中心标高;沟渠和重力流管道宜标注管内底标高。标高单位为 m。标高的标注方法应符合下列规定:

平面图中,管道标高应按图 4-51 所示的方式标注。

平面图中,沟渠标高应按图 4-52 所示的方式标注。

剖面图中,管道及水位标高应按图 4-53 所示的方式标注。

轴测图中,管道标高应按图 4-54 所示的方式标注。

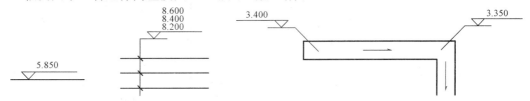

图 4-51 平面图中管道标高标注法　　　图 4-52 平面图中沟渠标高标注法

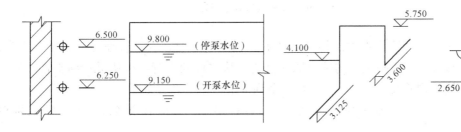

图 4-53 剖面图中管道及水位标高标注法　　　图 4-54 轴测图中管道标高标注法

③管径。管径应以毫米(mm)为单位。水煤气输送钢管(镀锌或非镀锌)、铸铁管等管材,管径宜以公称直径 DN 表示,如 DN15、DN50 等;无缝钢管、焊接钢管(直缝或螺旋缝)、铜管、不锈钢管等管材,管径宜以外径 D×壁厚表示,如 D108×4、D159×4.5 等;钢筋混凝土(或混凝土)管、陶土管、耐酸陶瓷管、缸瓦管等管材,管径宜以内径 d 表示,如 d230、d380 等;塑料管材、管径宜按产品标准的方法表示。

单根管道和多根管道分别应按图 4-55 和图 4-56 所示的方式标注。

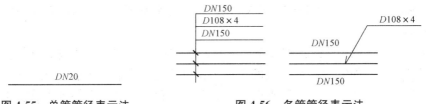

图 4-55 单管管径表示法　　　图 4-56 多管管径表示法

④编号。当建筑物的给水引入管或排水排出管的数量超过 1 根时,宜进行编号,编号宜按图 4-57 所示的方法表示。

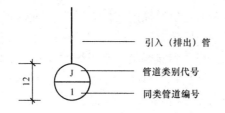

图 4-57 给水引入(排水排出)管编号表示方法

建筑物穿越楼层的立管,其数量超过一根时宜进行编号,编号宜按图示 4-58 的方法表示。

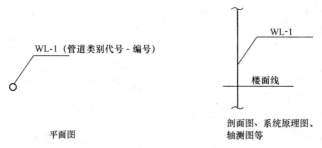

图 4-58 立管编号表示方法

在总平面图中,当给排水附属构筑物的数量超过一个时,宜进行编号。编号方法为:构筑物代号—编号;给水构筑物的编号顺序宜为:从水源到干管,再从干管到支管,最后到用户;排水构筑物的编号顺序宜为:从上游到下游,先干管后支管。

当给排水机电设备的数量超过一台时,宜进行编号,并应有设备编号与设备名称对照表。

2)图示特点。给水排水施工图中所表示的设备和管道一般均采用统一图例,在绘制和识读给水排水施工图前,应查阅和掌握与图纸有关的图例及其所代表的内容。

给水排水管道的布置往往是纵横交叉,给水排水施工图中一般采用轴测投影法画出管道系统的直观图。

给水排水施工图中管道设备安装应与土建施工图相互配合,尤其是留槽、预埋件、管沟等方面对土建的要求,必须在图纸说明上表示和注明。

(4)给水排水施工图中的常用图例。绘制给水排水工程图必须遵循国家标准《房屋建筑制图统一标准》(GB/T 50001—2010)及《建筑给水排水制图标准》(GB/T 50106—2010)等相关制图标准。

给水与排水工程中管道错综复杂,但它们都按一定方向通过干管、立管、支管,最后与具体设备连接。如室内给水系统的流程为:进户管—水表—干管—立管—支管—用水设备;室内排水系统的流程为:排水设备—支管—立管—干管—户外排出管。常用 J 作为给水系统和给水管的代号,用 F 作为废水系统和废水管的代号,用 W 作为污水系统和污水管的代号。这些给水和排水的器具、仪表、阀门和管道,绝大部分都是工业部门的定型系列产品,一般只需按设计需要,选用其相应的规格产品即可。由于在房屋建筑工程和给排水工程设计中,一般用 1:50~1:100 的比例,在这样相对较小比例的图样中,不必详细表达它们的形状。在给排水工程中，各种管道及附件、管道连接、阀门、卫生器具、水池及仪表等都采用统一的图例表示。表 4-15 中摘录了《建筑给水排水制图标准》(GB/T 50106—2010)中规定的一部分图例，不够应用时，可直接查阅国家标准。

表 4-15 常用给排水图例

名 称	图 例	名 称	图 例
生活给水管	—— J ——	检查口	
生活污水管	—— SW ——	清扫口	
通气管	—— T ——	地漏	
雨水管	—— Y ——	浴盆	
水表		洗脸盆	
截止阀		蹲式大便器	
闸阀		坐式大便器	
止回阀		洗涤池	
蝶阀		立式小便器	
自闭冲洗阀		室外水表井	
雨水口		矩形化粪池	
存水弯		圆形化粪池	
消水栓		阀门井(检查井)	

注：表中括号内为系统图图例。

4.3.2 建筑给排水施工图的主要内容

给水排水施工图是表达室外给水、室外排水及室内给排水工程设施的结构形状、大小、位置、材料以及有关技术要求的图样，以供交流设计和施工人员按图施工。建筑给水排水施工图一般由图纸目录、主要设备材料表、设计说明、图例、管道设计平面布置图、系统轴测图以及施工详图等组成。室外小区给排水工程，根据内容还应包括管道断面图、给排水节点图等。

(1)平面布置图。给水排水平面图应表达给水、排水管线和设备的平面布置情况。

根据建筑规划，在设计图纸中，给水和排水设备的种类、数量、位置，均要做出平面布置；各种功能管道、管道附件、卫生器具、用水设备，如消火栓箱、喷头等，均应用各种图例表示；各种横干管、立管、支管的管径、坡度等，均应标出。平面图上管道都用单线绘出，沿墙敷设时不注明管道距墙面的距离。

一张平面图上可以绘制几种类型的管道，一般来说给水和排水管道可以在一起绘制。若图纸管线复杂，也可以分别绘制。总的原则是：图纸能清楚地表达设计意图而图纸数量又很少。

建筑内部给排水平面图，以选用的给水方式来确定平面布置图的张数。

底层及地下室必绘；顶层若有高位水箱等设备，也必须单独绘出；中间各层，如卫生设备或用水设备的种类、数量和位置都相同，绘一张标准层平面布置图即可，否则，应逐层绘制。常用比例为1：100。

在各层平面布置图上，各种管道、立管应编号标明。

(2)系统图。系统图，也称"轴测图"，其绘法取水平、轴测、垂直方向，完全与平面布置图比例相同。系统图上应标明管道的管径、坡度，标出支管与立管的连接处，以及管道各种附件的安装标高，标高的±0.000应与平面图一致。系统图均应按给水、排水、热水等各系统单独绘制，以便于施工安装和概预算的应用。

系统图中对用水设备及卫生器具的种类、数量和位置完全相同的支管、立管，可不重复完全绘出，但应有文字标明。当系统图立管、支管在轴测方向重复交叉影响识图时，可断开移到图面空白处绘制。

居住小区给排水管道一般不绘系统图，但应绘管道纵断面图。

(3)施工详图。凡平面布置图、系统图中局部构造因受图面比例限制而表达不完善或无法表达的，为使施工概预算及施工不出现失误，必须绘出施工详图(通用施工详图系列，如卫生器具安装、排水检查井、雨水检查井、阀门井、水表井、局部污水处理构筑物等，均有各种施工标准图)，施工详图宜首先采用标准图。

绘制施工详图的比例以能清楚绘出构造为根据来选用。施工详图应尽量详细注明尺寸，不应以比例代替尺寸。

(4)设计施工说明及主要材料设备表。用工程绘图无法表达清楚的给水、排水、热水供应、雨水系统等管材、防腐、防冻、防露的做法；难以表达的诸如管道连接、固定、竣工验收、施工中特殊情况的技术处理措施；施工方法要求必须严格遵守的技术规程、规定等；

另外，施工图还应绘出工程图所用图例。

以上所有的图纸及施工说明等应编排有序，写出图纸目录。

4.3.3 室内给排水施工图

室内给排水工程设计是在相应的建筑设计的基础上进行的设备工程设计，所以，室内给排水施工图则是在已有的建筑施工图基础上绘制的给水排水设备施工图。

(1)室内给水排水平面图。把室内给水平面图和室内排水平面图画在同一图上，统称为"室内给水排水平面图"。该平面图表示室内卫生器具、阀门、管道及附件等相对于该建筑物内部的平面布置情况，它是室内给水排水工程最基本的图样。

1)室内给水排水平面图的主要内容。

①建筑平面图；

②卫生器具的平面位置：如大小便器(槽)等；

③各立管、干管及支管的平面布置以及立管的编号；

④阀门及管附件的平面布置，如截止阀、水龙头等；

⑤给水引入管、排水排出管的平面位置及其编号；

⑥必要的图例、标注等。

2)室内给水排水平面图的表示方法。

①布图方向与比例。

②建筑平面图。在抄绘建筑平面图时，其不同之处在于：

a. 不必画建筑细部，也不必标注门窗代号、编号；

b. 原粗实线所画的墙身、柱等，此时只用细实线画出。

③卫生器具平面图。卫生器具均用细实线绘制，且只需绘制其主要轮廓。

④给水排水管道平面图。平面图中的管道用单粗线绘制。

建筑物的给水排水进口、出口应注明管道类别代号，其代号通常用管道类别的第一个汉语拼音字母，如"J"为给水，"P"为排水。当建筑物的给水排水进出口数量多于一个时，宜用阿拉伯数字编号。

建筑物内穿过一层及多于一层楼层的立管用黑圆点表示，并在旁边标注立管代号，如"JL""PL"分别表示为给水、排水立管。当建筑物室内穿过一层及多于一层楼的立管数量多于一个时，宜用阿拉伯数字编号。

当给水管与排水管交叉时，应该连续画出给水管，断开排水管。

给水排水平面图中需标注尺寸和标高。

(2)室内给水系统图与排水系统图。

1)给水排水系统图的表达方法。给水排水系统图的布图方向与相应的给水排水平面图一致，其比例也相同，当局部管道按此比例不易表示清楚时，为表达清楚，此处局部管道可不按比例绘制。

给水管道系统图与排水管道系统图一般按每根给水引入管或排水排出管分组绘制。引入管和排出管以及立管的编号均应与其对应平面图中的引入管、排出管及立管一致，编号表示法仍同平面图。

给水排水管道直接从平面图上量取，管道的高度一般根据建筑物的层高、门窗高度、梁的位置以及卫生器具、配水龙头、阀门的安装高度来决定。

当空间交叉的管道在图中相交时，应判别其可见性，在交叉处可见管道应连续画出，而把不可见管道断开。

2)标注。

①管径标注。可将管径直接注写在相应的管道旁边。如"$De50$"指的是公称外径。

②标高标注。绘制给水管道时，应以管道中心为准，通常要标注横管、阀门和放水龙头等部位的标高。

绘制排水管道时一般要标注立管或通气管的管顶、排出管的起点及检查口等的标高。必要时应标注横管的起点标高，横管的标高以管内底为准。

③管道坡度标高。系统图中凡具有管道坡度的横管均应标注其坡度，把坡度注在相应管道旁边，必要时也可注在引出线上，坡度符号则用单边箭头指向下坡方向。

④简化画法。当各楼层管道布置规格等完全相同时，给水或排水系统图上的中间楼层的管道可以省略，仅在折断的支管上注写同某层即可。

(3)室内给水排水平面图和系统图的识读。

1)读图顺序。

①浏览平面图。先看底层平面图,再看楼层平面图;先看给水引入管、排水排出管,再看其他。

②对照平面图,阅读系统图。先找平面图、系统图对应编号,然后读图;顺水流方向、按系统分组,交叉反复阅读平面图和系统图。

③阅读给水系统图时,通常从引入管开始,依次按引入管→水平干管→立管→支管→配水器具的顺序进行阅读。

④阅读排水系统图时,则依次按卫生器具、地漏及其他污水器具→连接管→水平支管→立管→排水管→检查井的顺序进行阅读。

2)读图要点。

①对平面图:明确给水引入管和排水排出管的数量、位置,明确用水和排水的房间的名称、位置、数量、地(楼)面标高等情况。

②对系统图:明确各条给水引入管和排水排出管的位置、规格、标高,明确给水系统和排水系统的各组给水排水工程的空间位置及其走向,从而想象出建筑物整个给水排水工程的空间状况。

图4-59所示为办公楼底层给水排水平面图。在给水系统中,设有给水立管JL-1,管径分别为40 mm、25 mm、20 mm。在排水系统中,设有给水立管PL-1,管径分别为100 mm、75 mm、50 mm。

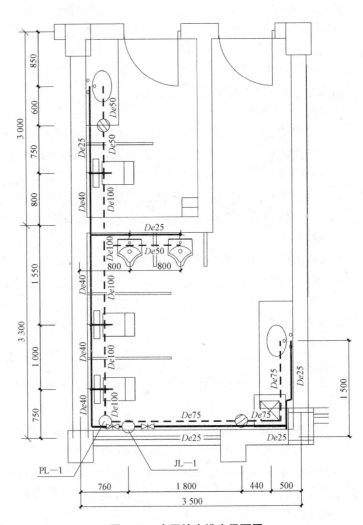

图4-59 底层给水排水平面图

图 4-60 为办公楼给水排水系统图。

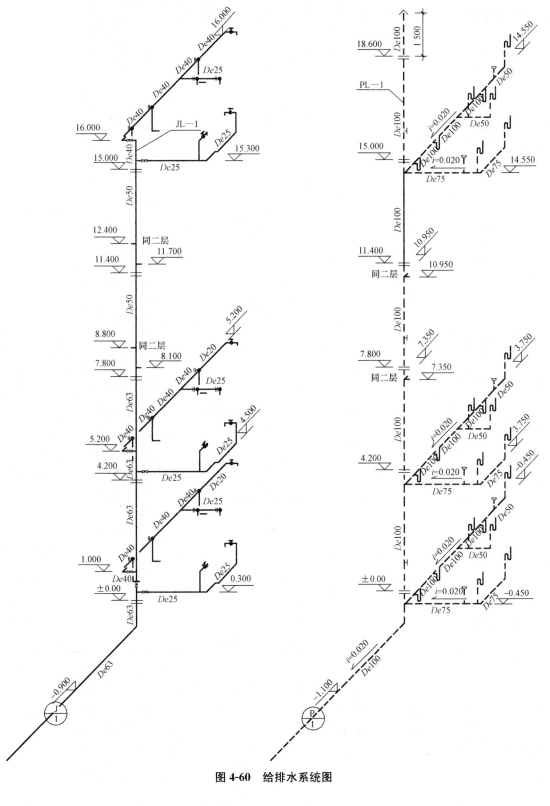

图 4-60 给排水系统图

(4)卫生设备安装详图。室内给水排水工程的安装施工除需要前述的平面图、系统图外,还必须有若干安装详图。图4-61所示为盥洗槽安装图。

详图的特点是图形表达明确、尺寸标注齐全、文字说明详尽。安装详图一般均有标准图可供选用,不需再绘制,只需在施工说明中写明所采用的图号或用详图索引符号标注。

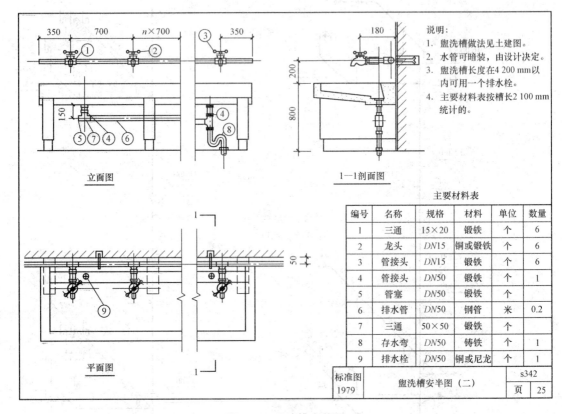

图4-61 盥洗槽安装图

4.3.4 室外给排水施工图

室外给水排水工程是城市市政建设的重要组成部分,它主要反映室外的给水工程设备、排水工程设施及管网布置系统等。室外给水排水施工图主要有给水排水平面图、给水排水管道断面图及其详图(节点图、大样图等)组成。

(1)室外给水排水平面图识读。室外给水排水平面图表示建室外给水排水管道的平面布置情况。

1)给水管道。通常先读干管,然后读给水支管。

2)排水管道。识读排水管道时先干管、后支管,按排水检查井的编号顺序依次进行。

某室外给水排水平面图如图4-62所示。图中表示了三种管道,即给水管道、污水排水管道和雨水排水管道。

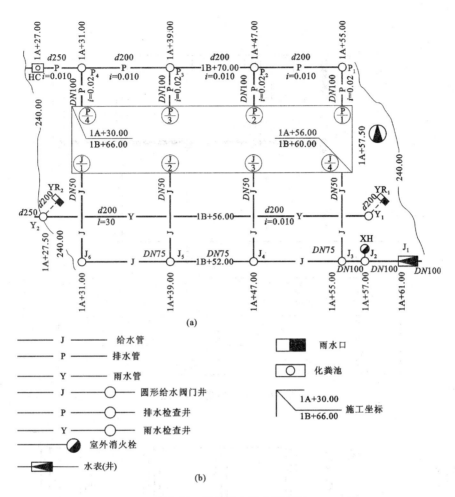

图 4-62 室外给水排水平面图

(2)室外给水排水管道断面图。室外给水排水管道断面图分为给水排水管道纵断面图和横断面图两种,其中,常用给水排水管道纵断面图。室外给水排水管道纵断面图是室外给水排水工程图中的重要图样,它主要反映室外给水排水平面图中某条管道在沿线方向的标高变化、地面起伏、坡度、坡向、管径和管基等情况。

下面仅介绍室外给水排水管道纵断面图的识读。

管道纵断面图的识读步骤如下:

①首先看是哪种管道的纵断面图,然后看该管道纵断面图形中有哪些节点。

②在相应的室外给水排水平面图中,查找该管道及其相应的各节点。

③在该管道纵断面图的数据表格内查找其管道纵断面图形中各节点的有关数据,如图图 4-63~图 4-65 所示。

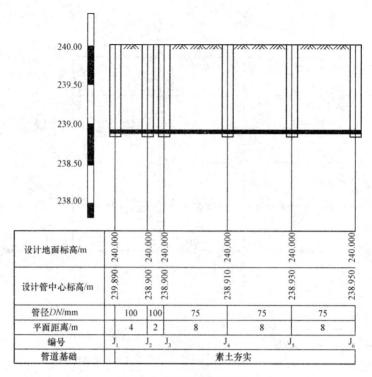

图 4-63　给水管道纵断面图

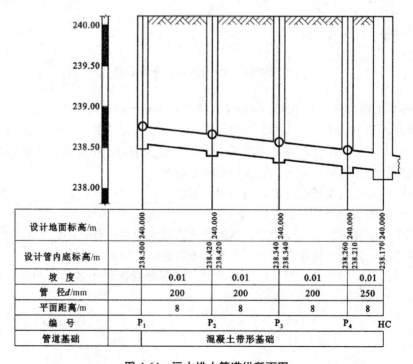

图 4-64　污水排水管道纵断面图

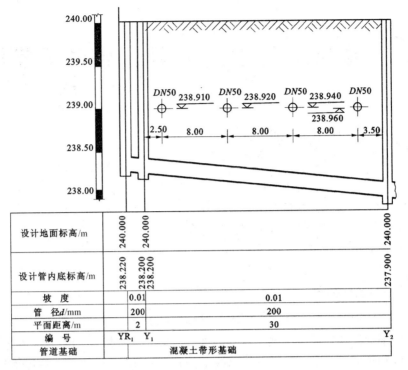

图 4-65 雨水管道的纵断面图

(3)室外给水排水节点图。在室外给水排水平面图中,对检查井、消火栓井和阀门井以及其内的附件、管件等均不做详细表示。为此,应绘制相应的节点图,以反映本节点的详细情况。

室外给水排水节点图分为给水管道节点图、污水排水管道节点图和雨水管道节点图三种图样。通常需要绘制给水管道节点图,而当污水管道、雨水管道的节点比较简单时,可不绘制其节点图。

室外给水管道节点图识读时:可以将室外给水管道节点图与室外给水排水平面图中相应的给水管道图对照着看,或由第一个节点开始,顺次看至最后一个节点。

图 4-66 是图 4-65 中给水管道的节点图。

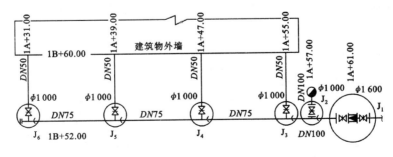

图 4-66 给水管道节点图

4.4 道路、桥梁、涵洞、隧道工程图

4.4.1 道路、桥涵工程图概述

道路是一种主要承受移动荷载(车辆、行人)反复作用的带状工程结构物,其基本组成部分包括路基、路面,以及桥梁、涵洞、隧道、防护工程、排水设施等构造物。

处于城市内的道路称为城市道路,处于城市以外的道路称为公路,穿入山岭或地下的道路称为隧道,跨越江河、峡谷等障碍的道路称为桥梁,而埋在路基内横穿路基用以宣泄小量水流的构筑物称为涵洞。

4.4.2 道路工程图

道路的路线工程图主要由路线平面图、路线纵断面图和路基横断面图所组成,用来表达道路路线的平面位置,线型状况,沿线的地形、地物,纵断面标高与坡度,土壤地质情况,路基宽度和边坡,路面结构,以及路线上的附属建筑物(如桥梁、隧道等)的位置及其与路线的相互关系。道路路线工程图应遵循《道路工程制图标准》(GB 50162—1992)。

(1)路线平面图。路线平面图主要用于表示路线走向和平面线型(直线和左右弯道曲线)状况,沿线路两侧一定范围内的地形、地物。将路线画在地形图上,地形用等高线来表示,地物用图例来表示。

地形反映地形的起伏变化及其变化程度,用等高线来表示,如图4-67所示。

地物用图例来表示。根据《道路工程制图标准》(GB 50162—1992),常见图例见表4-16。

路线平面图的基本内容包括地形部分和路线部分。

1)地形部分。为使路线平面图较清晰地表达路线及地形、地物状况,通常根据地形起伏变化程度的不同,采用不同的比例:在山岭地区采用1∶2 000;在丘陵和平原地区采用1∶5 000。

指北标志或坐标网指出公路所在地区的方位和走向,也为拼接图纸时提供核对依据。指北标志为指北针。

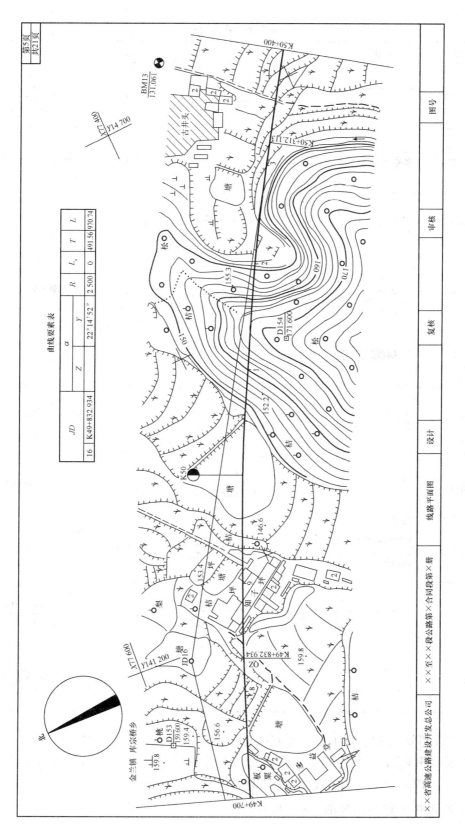

图 4-67 路线地形图

表 4-16 常见图例

名称	图例	名称	图例	名称	图例
路中心线	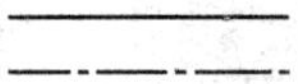	公路		房屋	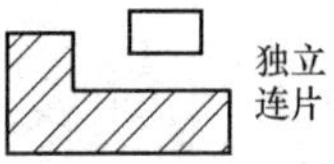 独立 连片
水准点	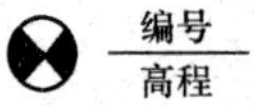 编号/高程	大车道	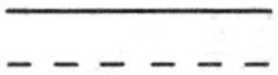	高压电线	
导线点	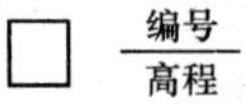 编号/高程	桥梁及隧道	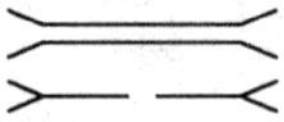	低压电线	
交角点	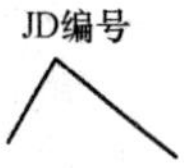 JD编号	水沟	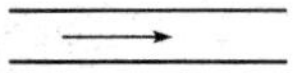	通讯线	
铁路		河流		水田	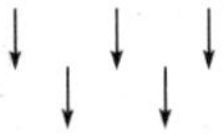
旱田	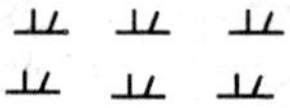	用材林	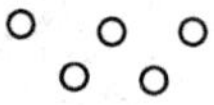	坟地	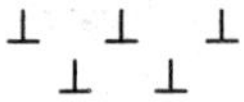
菜地		围墙	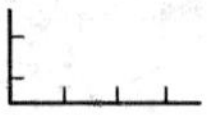	变压器	
水库鱼塘	 塘	堤	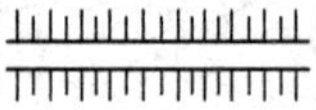	经济林	 油茶
坎	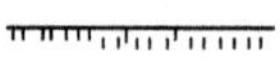	路堑	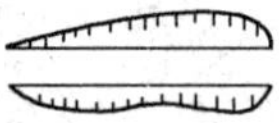	等高线	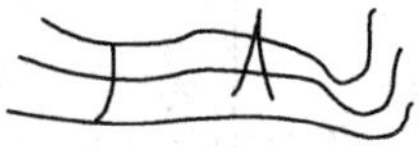
晒谷坪	 谷	小路		石材陡崖	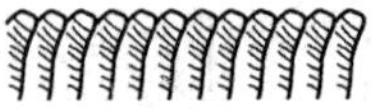

2)路线部分。路线的走向按规定路线在图中的表示由左向右公里数递增。

为表示路线总长度及各路段的长度,在路线上从路线起点到终点沿前进方向的左侧每隔 1 km 用 ◐ 符号表示垂直路线设一公里桩,在符号的上边注写公里数值。

根据《道路工程制图标准》(GB 50162—1992)的规定,道路路线工程图中常见符号见表 4-17。

· 176 ·

表 4-17 常用路线曲线符号

名称	符号	名称	符号	名称	符号
交交点	JD	曲线起点	ZY	东	E
半径	R	曲线中点	QZ	西	W
切线长度	T	曲线终点	YZ	南	S
曲线长度	L	第一缓和曲线起点	ZH	北	N
缓和曲线长度	L_S	第一缓和曲线终点	HY	横坐标	X
外距	E	第二缓和曲线起点	YH	纵坐标	Y
偏角	α	第二缓和曲线终点	HZ		

①公路里程桩。由于路线平面图通常采用的比例较小，所以当所设计的路线宽度按实际尺寸无法画出时，可以在地形图上沿设计路线中心线画一条加粗粗实线（1.4b～2.0b）来表示设计路线的水平状况。此线只表示路线和水平状况及长度里程，不表示路线的宽度。

相邻两条等高线之间的高差为 2 m，每隔四条较细的等高线就应有一条较粗的等高线，称为计曲线，标高数值应标注在计曲线上，其字头朝向上坡。

沿前进方向的右侧在公里桩中间，每隔 100 m 以垂直路线的细实线设百米桩。百米数值注写在细短线的端部且字头朝向上方。

②曲线段的参数。公路曲线段（转弯处）在平面图中用交角点编号来表示，如 JD_1 表示第一号交角点。圆曲线几何要素，如图 4-68 所示。

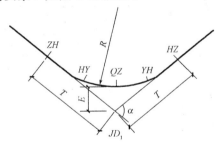

图 4-68 圆曲线几何要素

其中，α—偏角；R—弯曲半径；T—切线长；L—曲线长；E—外距；
l—缓和曲线长；ZY—曲线起点（直圆）；YZ—曲线终点（圆直）；QZ—曲线中点

(2)路线纵断面图。路线纵断面图是假想沿道路中心线用铅垂面（平面和柱面）剖切展开后所形成的图样。路线纵断面图表达了道路中心线所处的地面高低起伏、设计路线的坡度、土壤、地质水准点和人工构造物等内容。路线纵断面如图 4-69 所示。

水平方向——表示道路的前进方向，即道路长度。

垂直方向——表示高程。

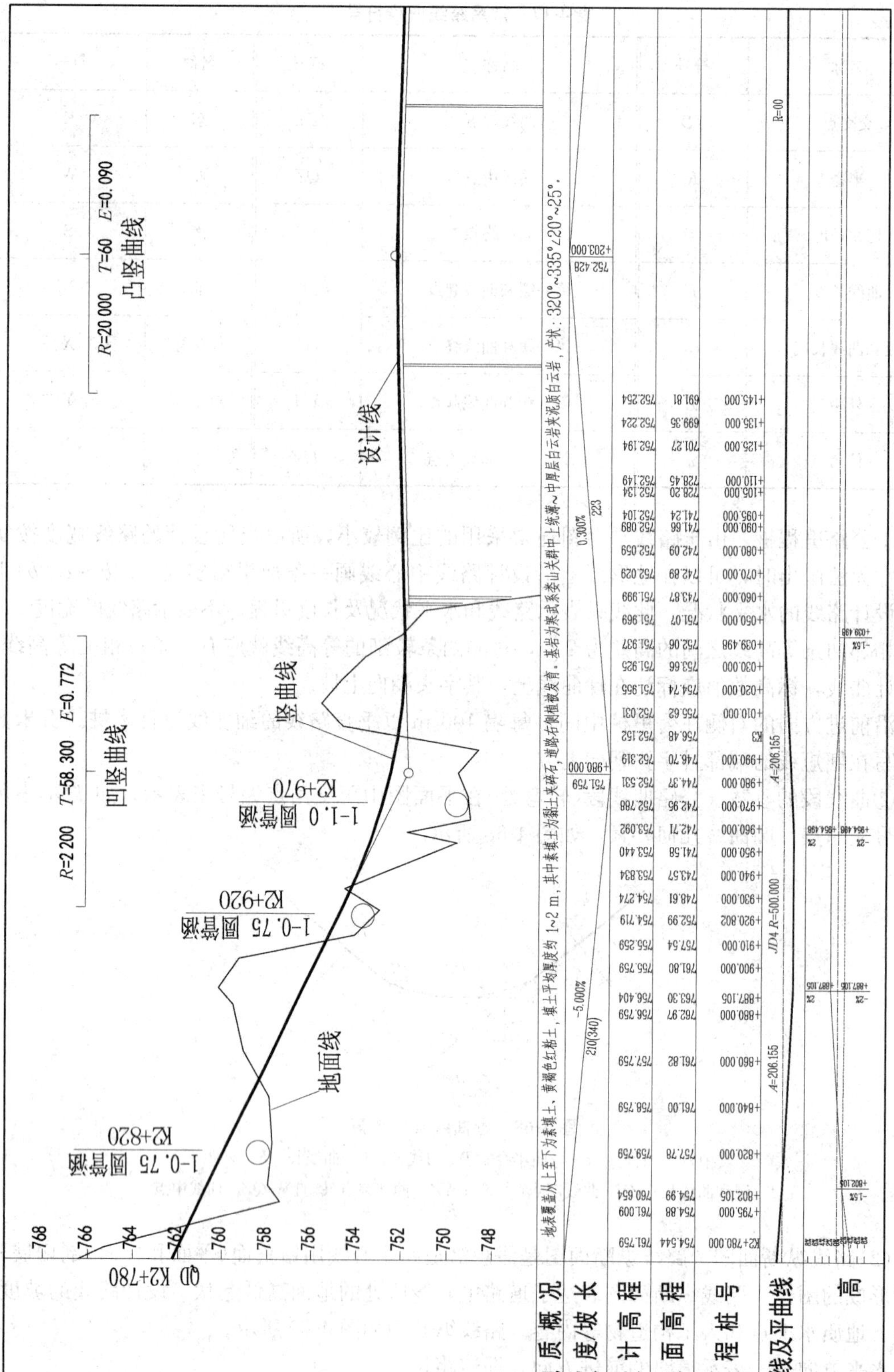

图4-69 路线纵断面图

(3)路基横断面图。路基横断面图通过路线中心桩,假设用一垂直于路线中心线的铅垂剖切面对路线进行横向剖切,画出该剖切面与地面的交线及其与设计路基的交线,即形成路基横断面图。主要用于表达各中心桩处地面横向起伏状况、设计路基的断面形状、填挖高度、边坡坡长等的形状和尺寸。路基横断面由地面线和路基设计线所围成。路基设计线由路基宽度线、边坡线(或边沟线)组成。

1)路基横断面图的作用。路基横断面图提供计算填挖土石方的数据资料和路基施工的依据,能够直接表示出路基的填高、挖深、填方面积和挖方面积(图 4-70)。

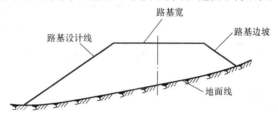

图 4-70 路横断面图示意图

路基包括填方路基(路堤式)、挖方路基(路堑式)、半填半挖路基三种形式。

填方路基,又称为路堤,设计线全部在地面线以上。

在图的下边注明该断面图的桩号、中心线处的填方高度及该断面的填方面积,并标注路基中心标高和路基边坡坡度。

挖方路基,也称路堑,设计线全部在地面线以下。

路基横断面图中应注明该断面的桩号、中心处填高或挖高、填方面积和挖方面积以及路基中心标高和边坡坡度,如图 4-71 所示。

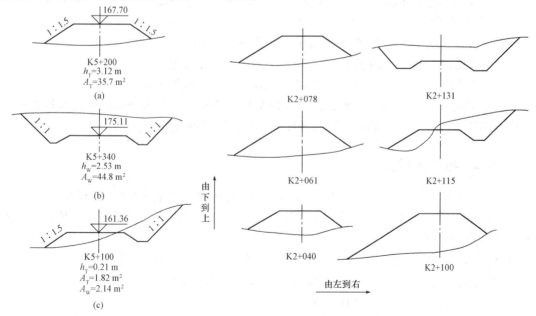

图 4-71 几种形式路基横断面图

半填半挖路基，这种路基是前两种的综合，设计线一部分在地面线以上，另一部分在地面线以下。

2)路基横断面图的绘制方法(图 4-72)。

①要求在每一中心桩处，顺次画出每一个路基横断面图；

②路基横断面图应顺序沿着桩号从下到上，从左到右画出；

③横断面图的地面线一律画细实线，设计线一律画粗实线；

④每张图上的右上角应写明图纸序号和总张数，最后一张纸图的右下角要画出图标。

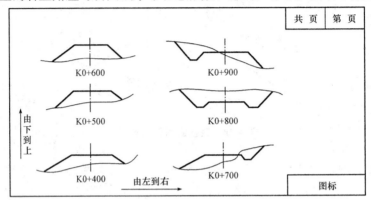

图 4-72　路基的横断面绘制方法

4.4.3　城市道路路线工程图

城市道路主要包括机动车道、非机动车道、人行道、分隔带、绿化带、交叉路口和交通广场以及各种设施。

城市道路路线工程图，如图 4-73 所示。表达内容如下：

(1)城市道路的组成有车行道、人行道、分隔带、绿化带等。

(2)城市道路的断面有一块板、两块板、三块板、四块板等形式。

城市道路设计应考虑交通流量、组织往返车辆行驶有序、人车分离、机动车和非机动车各行其道等因素。城市道路的横断面各部分的组成情况和功能复杂。

4.4.4　桥梁工程图

(1)桥梁工程图简介。桥的结构形式繁多，但一般来说，桥梁主要由桥跨(梁)、桥墩和桥台组成。其中墩、台是桥梁两端和中间的支柱，梁的自重及梁上所承受的荷载，通过桥墩和桥台传给了地基。

1)桥梁组成。桥梁由桥跨结构、附属结构、桥墩和桥台三部分组成。

①桥跨结构(上部结构)：它是线路跨越障碍时的主要承载结构。

②附属结构：包括栏杆、灯柱、支座等。

③桥墩和桥台(下部结构)：它们支承桥跨结构，并将荷载传至地基，位于桥中间的称为桥墩，位于桥两端的称为桥台。

2)桥梁的分类。

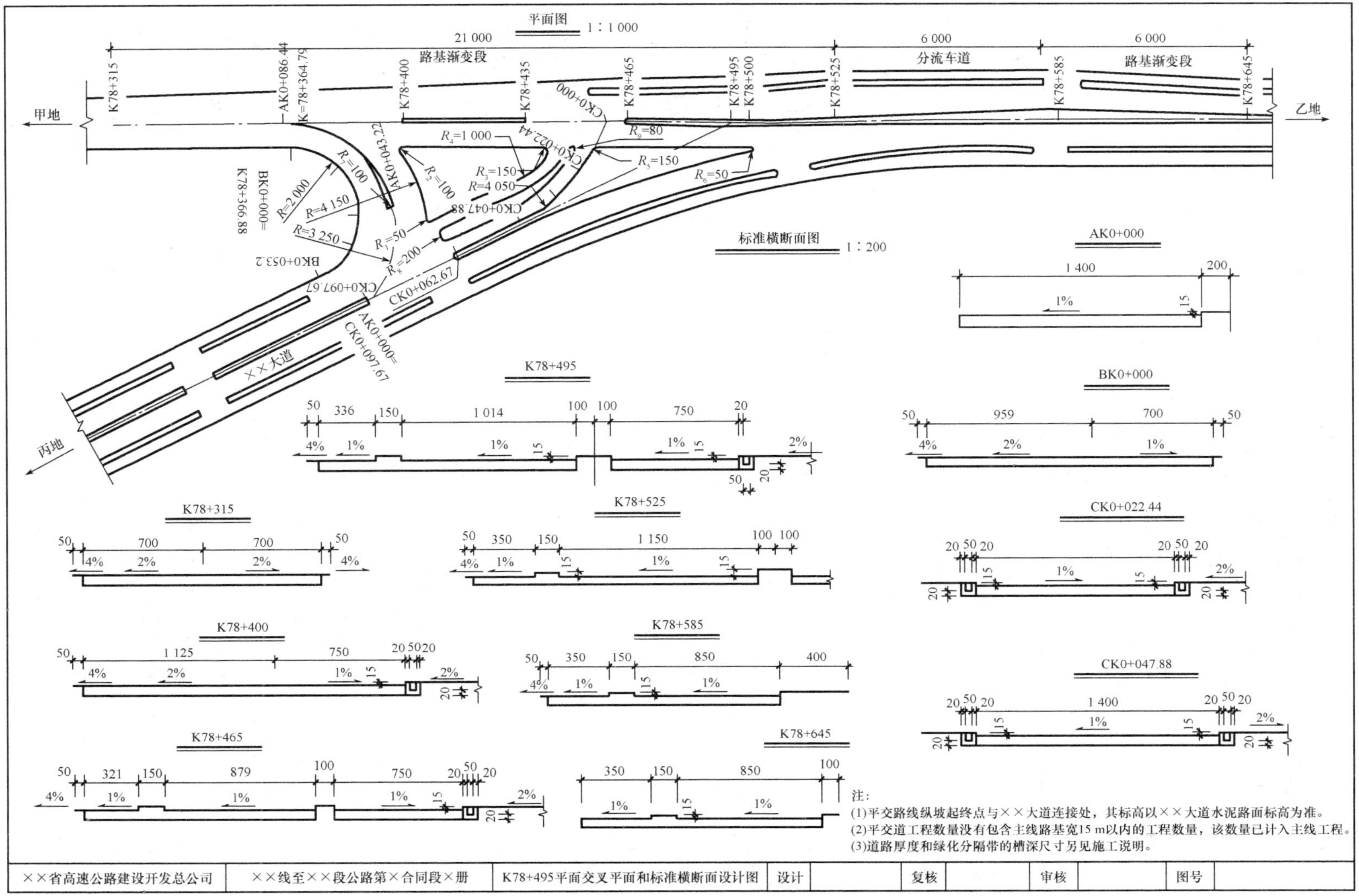

图4-73 城市道路路桥平面图和横断面图

①按受力方式分：有梁式、拱式和悬吊式三种基本形式以及它们之间的各种组合形式。
②按用途分：有公路桥、铁路桥、公路铁路两用桥及专用桥等。
③按桥长和跨度分：有特大桥、大桥、中桥、小桥等。
④按建桥的材料分：有石桥、钢筋混凝土桥、木桥、钢桥等。

(2)桥梁工程图。桥梁工程图纸主要内容包括桥位平面图、桥位地质断面图、桥梁总体布置图、构件结构图等。

1)桥位平面图。桥位平面图主要表示道路路线通过江河、山谷时，建造桥梁的平面位置，采用较小的比例绘制，如图4-74所示。它将桥梁和桥梁与路线连接处和地形、地物、河流、水准点、地质探孔等表达清楚，与路线平面图差不多。

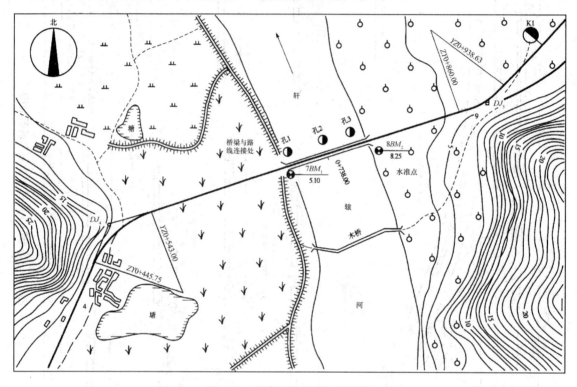

图 4-74 某高速公路桥址平面图

2)桥位地质断面图。根据水文调查和地质钻探所得的水文地质资料，绘制的桥位处的河床的水文地质断面图，包括河床断面、最高水位线、常水位线和最低水位线，作为设计桥梁、桥台、桥墩和计算土石方量的依据(图4-75)。主要表示河床断面线(用粗实线绘制)、最高水位、常水位、最低水位、钻孔位置、间距、孔口标高和钻孔深度、土壤的分层(用细实线绘制)、标高和各土层的物理力学性质等。

3)桥梁总体布置图。桥梁总体布置图(简支梁桥总体布置图)由立面图、平面图和横剖面图三部分组成。主要表示桥梁的形式、孔数、跨度、桥长、桥高，各部位标高，各主要构件的相互位置关系，桥面和桥头引道的坡度，桥宽，桥跨截面布置，桥梁线形及其与公路的衔接，桥梁与河流或桥下路线的相交情况，以及技术说明等，如图4-76所示。

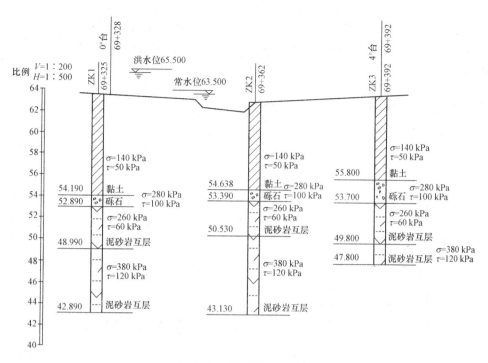

图 4-75 桥位地质断面图

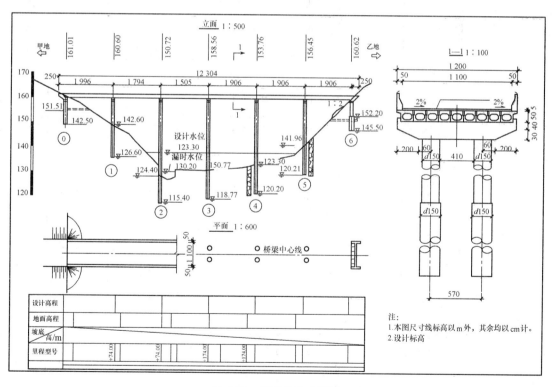

图 4-76 桥梁总体布置图

4)构件结构图。为了满足施工和工程监理的需要,必须根据总体布置图采用较大的比例,绘制能完整清晰表达各个构件的形状、大小以及钢筋布置情况的构件图，称为构件结构图。仅画构件形状、大小，不画钢筋的构件图称为一般构造图。常用比例为 1∶10～1∶50。构件结构如图 4-77、图 4-78 所示，其主要表达的内容如下：

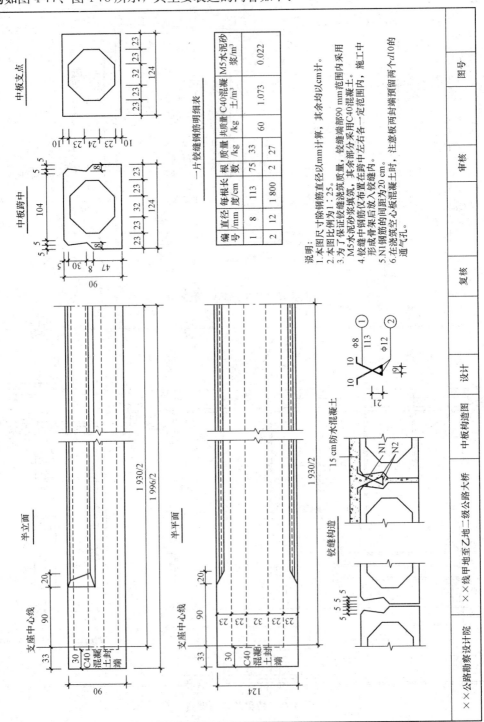

图 4-77 构件详图 1

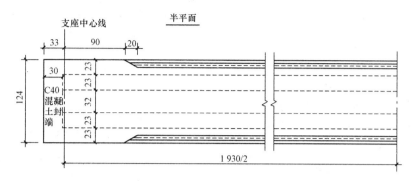

图 4-78 构件详图 2

①表达各构件的形状、构造、尺寸的图样;
②表达桥台、桥墩、主梁或主板、护栏等构件的大样详图。

桥墩(台)的构造及形式如图 4-79、图 4-80 所示。桥墩由墩帽、墩身和基础三部分组成。墩身分为实心(圆形、矩形、圆端形、尖端形)和空心两种类型。基础分为扩大基础、桩基础、沉井基础三种类型。

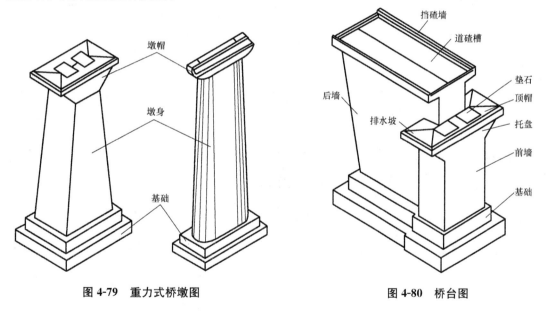

图 4-79 重力式桥墩图　　　　图 4-80 桥台图

4.4.5 斜拉桥

斜拉桥是大型桥梁采用的新型结构形式,包括钢筋混凝土梁板、拉索和主塔。其主要特点为跨度大、造型美观,如图 4-81、图 4-82 所示。

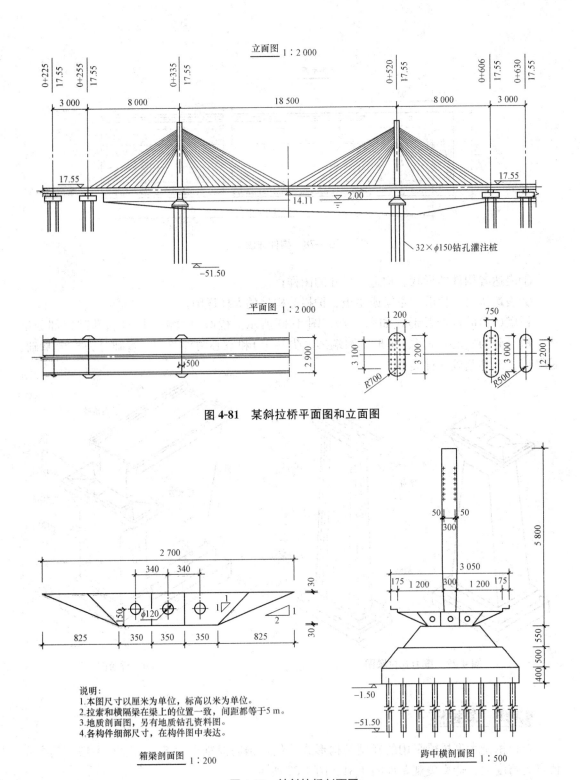

图 4-81 某斜拉桥平面图和立面图

图 4-82 某斜拉桥剖面图

斜拉桥的图样包括立面图、平面图和横剖视图。

斜拉桥的总体情况、细部内容综合阅读时,注意以下内容:

(1)设计说明：桥梁的名称、桥型、主要技术指标；
(2)桥梁总体布置图：各构件的关系和相互位置；
(3)构件结构图：构件的材料、形状和构造；
(4)桥梁总体布置图和构件结构图对照。

4.4.6 涵洞工程图

涵洞是公路工程中宣泄少量水流的构筑物，处于路基下方，横穿道路中心线。

(1)涵洞的分类。按孔数可分为：单孔、双孔和多孔涵洞；按洞顶有无填土可分为：暗涵和明涵；按建筑材料可分为：砖涵、石涵、混凝土涵、钢筋混凝土涵等；按构造形式可分为：圆管涵、盖板涵、拱涵、箱涵等。

涵洞由基础、洞身和洞口组成。其中，洞口包括端墙、翼墙或护坡、截水墙和缘石等，如图4-83所示。

(2)涵洞工程图的图示特点。涵洞是狭长的构造物，以水流方向为纵向，从左向右，以纵剖面图代替立面图。平面图采用揭土画法，不考虑洞顶的覆土，需要时可画成半剖面图，水平剖切面通常设在基础顶面处。侧

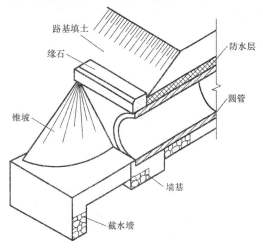

图4-83　圆管涵构造的轴测示意图

面图也就是洞口立面图，若进、出水口形状不同，则两个洞口的侧面图都要画出，也可以用点画线分界，采用各画一半合成的进出水口立面图，需要时也可增加横剖面图，或将侧面图画成半剖面图。

1)平面图：表达进出水口的形式和形状、大小，缘石的位置，翼墙角度，路基与边坡的情况等。

2)断面图：显示涵洞洞知的细部构造及盖板的宽度尺寸。

3)侧面图：主要表达涵洞口的基本形式，缘石、盖板、翼墙、截水墙、基础等的相互关系，宽度和高度尺寸反映各个构件的大小和相对位置。

4)立面图：以水流从左向右为纵向，表达洞身、洞口、路基及它们之间的相互关系。

(3)涵洞工程图示例。根据桥涵构筑物的桩号，在地面线之上和设计线之下，用图例"Ⅱ"和"○"表示桥梁和涵洞，如图4-84所示。

标注竖曲线、桥涵构筑物和水准点的位置，并完善表格，画出平曲线，对准切点，长度为3 mm。左右偏移1 mm，并按垂直方向，根据设计高程和比例画竖线和找出设计高程点。

对准桥涵的中心位置，长度没有规定，用曲线板连成光滑曲线，标注竖曲线构筑物和水准点的位置，并完善表格，画出平曲线，根据桩号和水平方向比例在水平、桥涵方向截取，根据桩号和水平方向比例在水平方向截取高程数。

检查无误后，加深设计曲线，书写所有文字，填写标题栏，完成全图。

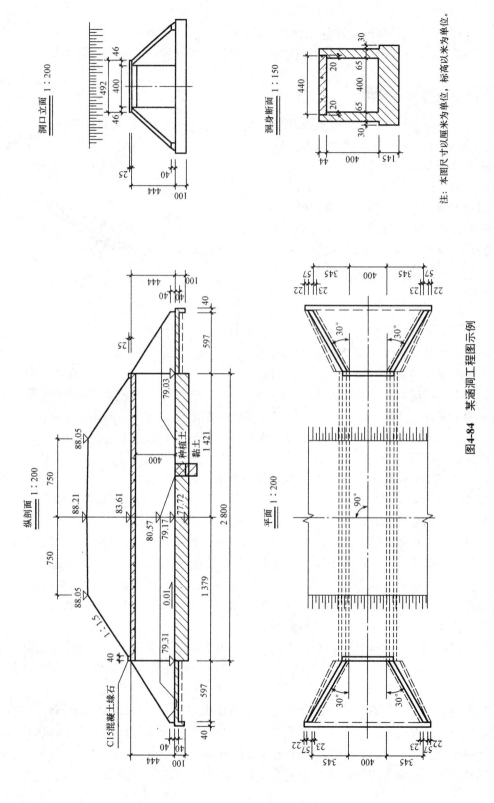

图4-84 某涵洞工程图示例

4.4.7 隧道工程图

隧道是穿越山体或埋于地下，供车辆、行人、水流及管线通过的通道。**隧道是公路穿越山岭的狭长构造物，中间的断面形状很少变化，因此，隧道工程图除用平面图表示其地理位置外，表示构造的主要图样有进出口洞门图、横断面图（表示断面形状和衬砌），以及隧道中的有关交通工程设施的图样。**

（1）隧道工程图的图示特点。平面图表明隧道位置。进出口洞门图、横断面图、交通工程设施的图样表明隧道构造。

隧道洞门一般有端墙式和翼墙式。

1）1—1剖面图：主要表达洞门口端墙的坡度、厚度及基础底面的高程，**隧道复合衬砌、隧道拱顶曲面和隧道路面坡度等。**

2）平面图：仅画出洞门及前后的外露部分，显示了顶帽、端墙、洞顶排水沟、跌水井、边沟和碎落台，以及开挖线、挖方坡度、洞门桩号等。

3）立面图：主要反映洞门形式、洞门墙及其顶帽、洞口衬砌曲面的形状。其以洞门口在垂直路线中心线的正立面上的投影作为立面图。不论洞门是否对称，都必须全部画出，如图4-85、图4-86所示。

4）大样图：更详细地补充说明顶帽和排水沟的构造、材料和大小。

（2）隧道进口洞门设计图示例。洞门的形式很多，从构造形式、建筑材料以及相对位置等可以划分许多类型。目前，我国公路隧道的洞门形式有端墙式洞门、翼墙式洞门、环框式洞门、台阶式洞门、柱式洞门、削竹式洞门、遮光棚式洞门等。如图4-87所示为端墙式洞门示例，适用于岩质稳定的Ⅲ级以上围岩和地形开阔的地区，是最常使用的洞门形式之一。

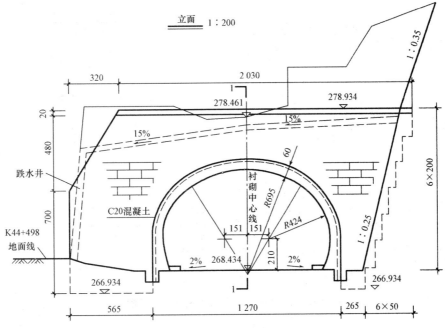

图 4-85 隧道平面图和立面图

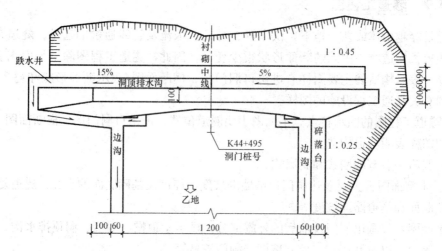

图 4-85 隧道平面图和立面图(续)

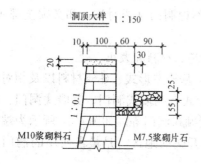

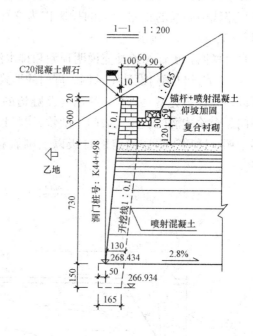

项目	单位	数量
基础开挖（坚石）	m^3	33.3
M10浆砌料石	m^3	207.0
C20混凝土	m^3	9.8
M7.5浆砌片石	m^3	12.5

隧道进口洞门工程数量表

附注：
(1) 本图尺寸以cm计，标高桩号以m计。
(2) 洞门墙采用M10浆砌料石浇筑，料石尺寸为：60（长）cm×30（宽）cm。
(3) 洞顶水沟用M7.5浆砌片石砌筑，仰坡加固施工措施详见"洞口仰坡加固设计图"。
(4) 工程数量未计洞门后仰坡加固、铺砌数量及边顶截水沟数量。
(5) 施工时应将洞门墙与墙背土体之间的间隙用浆砌片石回填密实。
(6) 本设计要求地基承载力$[\sigma] \geqslant 300$ kPa，施工时若发现地基承载力不够，应加深基础或扩大基础宽度。
(7) 施工时若发现路基外边坡率不稳，可加大边坡率，或加固边坡。

图 4-86　1—1 剖面图和隧道大样详图示例

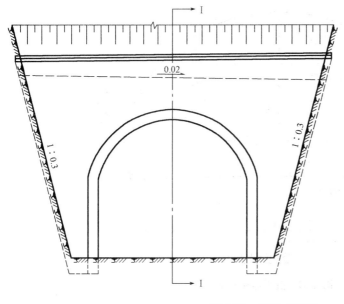
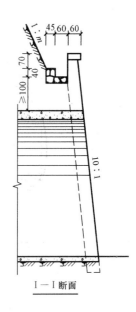

图 4-87 端墙式洞门

如图 4-88 所示为翼墙式洞门，适用于洞口岩层坚硬、整体性好（I级围岩）、节理不发育，路堑开挖后仰坡极为稳定，并且没有较大的排水要求的隧道。

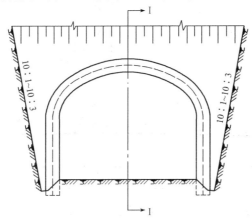

图 4-88 翼墙式洞门

(3)建筑净空及限界设计图示例。建筑净空及限界设计包括隧道净空断面和建筑限界两部分，如图 4-89、图 4-90 所示。

1)隧道净空断面。隧道净空是指隧道内轮廓线所包围的空间，包括公路隧道建筑限界、通风及其他功能所需的断面面积。

2)建筑限界。虚线表示建筑限界，在建筑限界内不能设置任何设备、交通工程设施，如照明、供电线路和消防设备等，都应安装在建筑限界外。

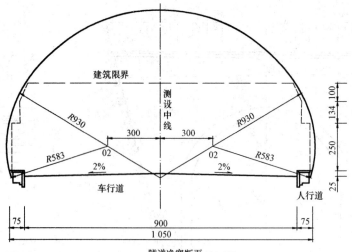

图 4-89 隧道净空断面示例

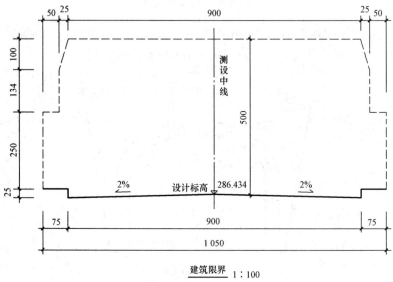

图 4-90 隧道建筑限界示例

5 土木工程计算机制图

 学习要点
- (1) 计算机绘图的发展及其在国民经济建设中的作用。
- (2) 计算机绘图系统的组成。
- (3) 计算机绘图软件 AutoCAD 的基本功能、二维绘图以及三维绘图简介。
- (4) 专业图实绘实训。

5.1 计算机绘图概述

5.1.1 计算机绘图的发展和作用

长期以来,人们一直沿用直尺、圆规等工具在图板上绘制图样,其效率低、精度差。20 世纪 50 年代初,根据数控机床的原理,在美国第一台平板式绘图仪问世。20 世纪 60 年代,阴极射线管(CRT)的发明,为计算机图形显示提供了设备。经历了四十多年的发展,功能完善的各种形式的绘图机、高分辨率的显示器,以及图形的其他输入、输出设备等硬件大量涌现;计算机的高速运算和强大的处理能力,促进了各种绘图软件功能的日趋完善,使计算机绘图这一高科技成果得到了迅速推广和使用,使科技人员摆脱手工绘图的愿望成为现实。

在我国,计算机图形设备和计算机绘图方面的研究始于 20 世纪 60 年代中后期。20 世纪 80 年代以来,随着我国经济和科技的发展,计算机绘图无论在理论研究,还是在实际应用的深度和广度方面,都取得了令人可喜的成果。随着计算机的日益发展和普及,手工绘图逐渐将被计算机绘图所取代。每一位工科学生,都必须掌握计算机绘图的基本原理和基本方法。

由于计算机绘图的广泛应用,计算机绘图技术的相关理论与技术得到了深入研究,逐渐形成了一门新的学科——计算机图形学。它是计算机绘图的理论基础和实践应用。计算机图形学的基本原理,是把组成空间物体的几何要素(点、线、面、体)通过解析几何、数学分析等方法,用数据的形式来描述,使它变成计算机可以接受的信息,也就是建立数学模型;然后把数学模型通过计算机的图形处理生成图像,在显示屏上显示或用绘图机画出来。这是一门涉及计算机科学、数学及工程图学且具有广阔发展前途的交叉性学科。在工程技术上,它已发展成一种较成熟的技术,用软件的方式提供给大量用户,用户只需掌握软件的功能及所要求的操作技能,即可实现计算机绘图的目的。

计算机绘图可通过以下两种方式来实现:

(1)程序式绘图。用户使用高级语言及其中的绘图函数或语句,编写成绘图程序输入计算机,然后由计算机处理程序,并输出图形。

(2)交互式绘图。用户使用已开发研制成的绘图软件,根据绘图软件的功能及所要求的操作指令,进行交互式绘图,经计算机处理后,输出图形。

目前,国内、外的绘图软件很多。我国自主开发的一批国产软件,如高华 CAD、凯图 CAD,以及中国建筑科学研究院 CAD 工程部研制开发的三维建筑设计软件 APM,都在设计、教学、生产单位得到广泛使用。APM 是中国建筑科学研究院的建筑、结构、设备设计一体化、集成化 CAD 系统 PKPM 中的建筑软件。在国内外的这些软件中,美国 Autodesk 公司开发的通用计算机辅助设计软件 AutoCAD,具有易于掌握、使用方便等优点,自面世以来,经过版本的多次更新,功能不断增强。目前的最新版本是 2014 版。AutoCAD 是我国广泛应用的绘图软件之一。本章从实用出发,以 AutoCAD 2012 简体中文版的基本功能为基础,介绍计算机绘图的基本方法。

计算机绘图的应用范围十分广泛,目前主要应用的领域有下述几个方面:

(1)计算机辅助设计和制造。这是一个最广泛、最活跃的应用领域。如航空航天、汽车制造、机械制造的造型设计及制造;土木水利工程的设计和绘图;电气工业上集成电路的设计和制造等。

在土木、水利工程方面,房屋建筑、给水排水、采暖通风、空气调节和建筑电气,道路、桥隧和涵洞,水利工程枢纽及其建筑物的设计和绘图领域中,CAD 软件产品十分丰富,并具有很好的效果,在发达国家已有相当普遍的应用,我国也正在大力普及和推广。

(2)绘制勘探、测量图形。计算机绘图被广泛用来绘制地理的、地质的以及其他自然现象的高精度勘探、测量图形,如地理图、地形图、矿藏分布图、海洋地理图、气象气流图、人口分布图等,极大地提高了绘图效率。

(3)科学研究的可视化。这是一个十分广泛的应用领域,包括对科学计算的可视化、各种工业产品的仿真模拟和动画,如研究液流、核反应、化学反应、受力或受热等变化过程的模拟图形;人体运动的图像;各种机械运动的静、动态模拟;产品的三维动态显示等。

(4)业务管理中的图形显示及动态控制。可用来绘制数学的、物理的或表示经济信息的各类图表,如生产进度表、工程进程图、各种统计管图表等;石油化工、电网控制、铁路运输等部门还常用来显示设备及运行过程的动态管理。

(5)艺术模拟。如用来绘制各种花纹图案,工艺设计及传统的中国国画、书法等,还成功地用来制作广告、动画片,甚至电视、电影。

(6)计算机辅助教学。计算机绘图被广泛用于计算机辅助教学系统中,它可以使教学过程形象、直观、生动，极大地提高了学生的学习兴趣和教学效果。随着个人计算机的普及，计算机辅助教学系统将深入到家庭和各类教学中去。

20 世纪 80 年代以来，由于微型计算机性能的日益提高及其价格的逐渐降低，过去只能由大、中、小型计算机承担的绘图任务，现在可以由微型计算机绘图系统来承担，为普及和推广计算机绘图技术创造了有利条件。由于篇幅的限制，本章只介绍微型计算机绘图系统。

5.1.2　计算机绘图系统的组成

计算机绘图系统主要由硬件和软件两大部分组成，它除了有计算能力以外，还有产生图形的能力。

计算机绘图系统的硬件一般是指计算机及其他外部设备，包括图形输入和图形输出设备；软件通常分为数据管理软件、应用分析软件、图形软件三个部分。

当计算机输出图形时，若输出设备是绘图机、打印机等，即图形画在或打印在纸上或其他介质上称为绘图；若输出设备是显示器，即图形显示在显示器的荧光屏上，称为图形显示。

(1)计算机绘图系统的硬件设备。计算机绘图系统硬件设备的基本构成可分为计算机主机、输入设备、输出设备，如图 5-1 所示。

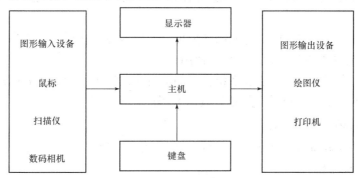

图 5-1　计算机绘图系统的基本组成

输入、输出设备的种类很多，不断推陈出新，可根据需要进行选配。现代绘图系统大都为交互系统，是靠用户操作绘图输入设备来实现的。如图 5-2 所示为一套简单的微型计算机绘图系统硬件设备的配置示例。

图 5-2　简单的微型计算机绘图系统硬件设备的配置示例

(2)计算机绘图系统的软件。通常的绘图软件，是由用高级语言编写的一些具有各种绘图、编辑功能的程序组成，使用较广的高级语言有 FORTRAN、C、VB 等。

5.2 AutoCAD 绘图软件的基本功能和二维绘图

5.2.1 AutoCAD 基本功能与新增功能

1. AutoCAD 的基本功能

(1)绘制图形功能：用户可以使用 AutoCAD 的"绘图"和"修改"工具绘制二维、三维图形；

(2)标注尺寸功能：软件提供了完整的尺寸标注和编辑命令，用户可以使用它们进行线性、半径和角度的标注，以及进行水平、垂直、对齐、旋转、基线和连续等标注；

(3)图形的渲染功能：用户可以运用几何图形、光源和材质，将模型渲染为具有真实感的图像；

(4)图形的打印和输出功能：绘制的图形可以使用多种方法输出，用户可以将图形打印在图纸上，或创建文件以供其他应用程序使用；

(5)系统的二次开发功能：通过系统自有的 Lisp 语言(visual Lisp)和图形数据转换接口(DXF 或 IG－ES)，使 AutoCAD 能更有效地为用户服务。

2. AutoCAD 2012 新增功能

(1)精选视频：新特性、漫游用户界面、将二维对象转换为三维、创建和修改曲面、Content Explorer 概述。

(2)精选主题：模型文档、关联阵列、多功能夹点、AutoCAD WS、命令行自动完成。根据教学的需要和篇幅的限制，本节主要介绍 AutoCAD 2012(简体中文版)中二维图形绘制的基本内容。

5.2.2 用户界面

启动 AutoCAD 2012，屏幕将显示图 5-3 所示的用户界面。界面的顶部是"菜单栏"，下面是"标题栏"，其中包括图 5-4 所示绘图命令的下拉菜单。一个完整的 AutoCAD 的操作界面，包括标题栏、绘图区、十字光标、菜单栏、工具栏、坐标系图标、命令窗口、状态栏、布局标签和滚动条等。

下面主要介绍绘图工具的使用：

(1)绘图区。绘图区是指在标题栏下方的大片空白区域，绘图区域是用户使用 AutoCAD 2012 绘制图形的区域，用户完成一幅设计图形的主要工作都是在绘图区域中完成的。当鼠标移至绘图区内时，X 轴正向向右，Y 轴正向垂直向上。

(2)菜单栏。AutoCAD 2012 的菜单栏中包含 11 个菜单："文件""编辑""视图""插入""格式""工具""绘图""标注""修改""窗口"和"帮助"，这些菜单几乎包含了 AutoCAD 2012

的所有绘图命令。

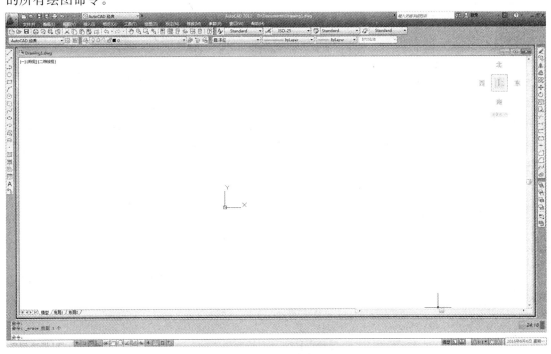

图 5-3　AutoCAD 的操作界面

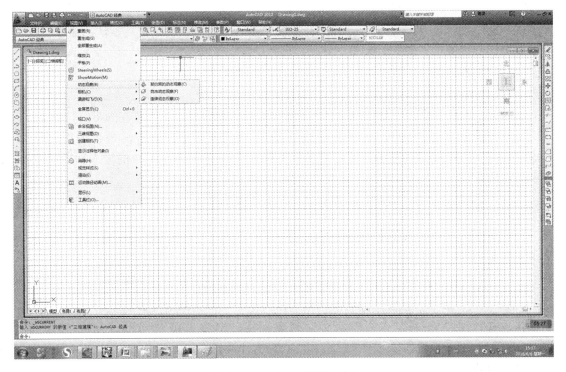

图 5-4　AutoCAD 的下拉菜单

AutoCAD 2012 菜单中的命令有以下三种：

1)带有小三角形的菜单命令：这种类型的命令后面带有子菜单。

2)打开对话框的菜单命令：这种类型的命令，后面带有省略号。单击菜单栏中的这些菜单，屏幕上就会打开对应的文字样式对话框。

3)直接操作的菜单命令：这种类型的命令将直接进行相应的绘图或其他操作。

(3)工具栏。工具栏是一组图标型工具的集合，把光标移动到某个图标，稍停片刻即在该图标一侧显示相应的工具提示，同时在状态栏中，显示对应的说明和命令名。此时，点取图标也可以启动相应命令。默认情况下，可以见到绘图区顶部的"**标准**"工具栏、"**样式**"工具栏、"**特性**"工具栏以及"**图层**"工具栏和位于绘图区左侧的"**绘制**"工具栏，右侧的"**修改**"工具栏和"**绘图次序**"工具栏(图 5-5～图 5-7)。

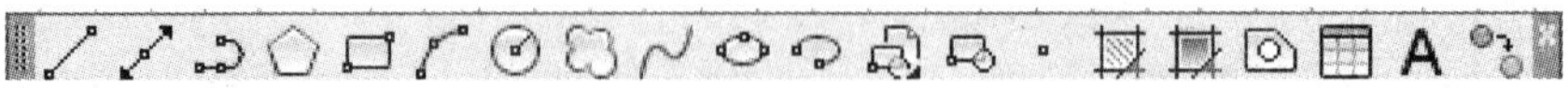

图 5-5　"绘图"命令工具栏

图 5-6　"修改"命令工具栏

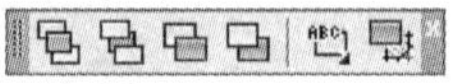

图 5-7　"绘图次序"工具栏

(4)命令行窗口。命令行窗口是输入命令名和显示命令提示的区域，默认的命令行窗口布置在绘图区下方，是若干文本行。

操作时，有以下几点需要说明：

1)移动拆分条，可以扩大与缩小命令窗口。

2)可以拖动命令窗口，布置在屏幕上的其他位置。默认情况下布置在图形窗口的下方。

3)对当前命令窗口中输入的内容，可以按 F2 键用文本编辑的方法进行编辑，AutoCAD 文本窗口与命令窗口相似，它可以显示当前 AutoCAD 进程中命令的输入和执行过程，在执行 AutoCAD 某些命令时，它会自动切换到文本窗口，列出有关信息。

4)AutoCAD 通过命令窗口，反馈各种信息，包括出错信息。因此，用户要时刻关注在命令窗口中出现的信息。

(5)布局标签。AutoCAD 2005 系统默认设定一个模型空间布局标签和"布局1""布局2"两个图纸空间布局标签。

AutoCAD 2005 系统默认打开模型空间，用户可以通过单击选择需要的布局。

(6)状态栏。状态栏在屏幕的底部，左端显示绘图区中光标定位点的坐标 x、y、z，在右侧依次有"捕捉""栅格""正交""极轴""对象捕捉""对象追踪""DUCS(允许/禁止动态UCS)""DYN(即动态数据输入)""线宽"和"模型"九个功能按钮，单击这些按钮，可以实现这些功能的开关。

状态栏的中部是注释比例的显示，通过状态中的图标，可以很方便地访问常用注释比例常用功能。

状态栏的右下角是状态栏托盘，通过状态栏托盘中的图标，可以很方便地访问常用功能。右击状态栏或单击右下角小三角符号，可以控制开关按钮的显示与隐藏或更改托盘设置。

5.2.3 基本操作

(1)命令的输入。

1)键盘输入。在命令(command)：提示符后面，直接用键盘输入命令，然后按 Space 键或 Enter 键，但在输入字符串时，只能用 Enter 键结束命令。

2)菜单输入。单击菜单名，打开菜单，执行所需命令。或按 F10 键激活菜单栏，用左右箭头键选择菜单名，按 Enter 键打开下拉菜单，再用上下箭头键选择命令，按 Enter 键即可。

3)图标按钮输入。光标移至某图标，会自动显示图标名称，单击该图标。

由于菜单输入和图标按钮输入很方便，而键盘输入命令是最基本的输入方法，为此，下面的介绍采用键盘输入为主，并指出菜单输入的路径。

4)重复输入。在出现命令(command)：提示符时，按 Enter 键或 Space 键，可重复上一个命令。

(2)数据的输入。

1)坐标的输入方法如下：

①绝对坐标，即从键盘输入 X，Y 值，用逗号把 x 和 y 隔开，如 4，5。

②相对坐标，表示相对于当前点的距离，即在相对坐标前加@，如当前点的坐标(14，8)，输入"@2，1"，表示输入点的绝对坐标是(16，9)。

③极坐标，用距离和角度表示输入点的相对坐标，输入的形式为@距离<角度，如@2<15，表示输入点距上一点的距离为 2，输入点和上一点的连线与 X 轴正向间的夹角为 15°。

④光标定位，用鼠标；或用上、下、左、右箭头移动光标至指定位置，按 Enter 键确定该点，按 PgUp 键和 PgDn 键使光标移动步距加大或减小。

2)角度的输入。以度为单位，以逆时针方向为正，顺时针方向为负；角度的大小与输入点的顺序有关，默认规定第一点为起点，第二点为终点，起点和终点的连线与 X 轴正向的夹角为角度值。

(3)绘图准备。

1)设置绘图界限(Limits)。功能：绘图区是一个矩形区域，边界由左下角和右上角的坐标值确定，初始值为(0，0)和(420，297)，Limits 命令可修改绘图区的边界，还可打开或关闭边界的限制功能，当开(ON)时绘图不可超出边界，关(OFF)时图形可出界。

执行"格式"(Format)→"绘图界限"(Drawing Limits)命令(→表示进入菜单后，单击分菜单或命令项)。

命令：Limits

指定左下角点或[开(ON)/关(OFF)](当前值>：

指定右上角点<当前值)。

说明：①尖括号内(>的值为缺省值，认可，直接按 Enter 键，当前值是指上一次输入的值。

尖括号<)还可表示缺省方式，直接按 Enter 键，表示认可。下面文中的表示方法相同，不再说明。

②Limits 改变的是绘图区边界的范围，不改变屏幕的显示。

③角点的坐标值可包括负数在内的任意值，例如，A3 图纸可用 Limits 命令设置绘图边界的两个角点分别为(0，0)和(420.0，297.0)。

2)保存图形文件。把当前编辑的图形文件存盘，可继续绘图，以免由于突然事故(死机、断电等)的影响。保存有两种方式：

执行"文件"(File)→"保存"(Save)命令；或执行"文件"(File)→"另存为"(Save as)命令。

命令：Save；或命令：Save as。

说明：

①如果当前图形已命名，则以此名称保存文件。

②如果当前图形尚未命名，输入"保存"(Save)命令时，将弹出"另存为"(Save Drawing As)对话框，如图 5-8 所示，可在对话框中给文件命名，选择路径和位置，然后存盘。

图 5-8　"另存为"(Save Drawing As)对话框

③用"另存为"(Save as)命令存盘，可将图形另存为另一个名称的图形文件，弹出的对话框也如图 5-8 所示。

④保存图形时，系统将自动在文件名后加".DWG"。

3)打开原有文件"打开"(Open)。打开已有的图形文件，继续绘制或修改图形文件。

·执行"文件"(File)→"打开"(Open)命令。

·命令：Open。

说明：输入命令后，会出现图 5-9 对话框，用户可直接输入文件名，打开该文件，就可在对话框中选择需打开的文件。

图 5-9 "打开"(Open)对话框

4)退出 AutoCAD 2012。退出 AutoCAD 2012 绘图环境，可采用以下两种方法：
- 执行"文件"(File)→"退出"(Exit)命令。
- 命令：Exit。

说明：如果用户没有将所画图形存盘，AutoCAD 2012 会弹出如图 5-10 所示的对话框，对话框上提供了三个按钮，如果在退出 AutoCAD 2012 前，保存对图形的修改，选择"是"（Y）；如果放弃对图形的修改，选择"否"(N)；选择"取消"(或 C)，返回绘图环境。

图 5-10 "退出"(Exit)对话框

5.2.4 命令、显示和控制

(1)绘图命令。

1)直线命令(Line)。功能：画直线。
- 执行"绘图"(Draw)→"直线"(Line)命令。
- 单击绘图工具条[直线]图标。

命令：Line

指定第一点：(起点)

指定下一点或[放弃(U)]：(终点)
指定下一点或[闭合(C)/放弃(U)]：Enter 键
说明：
①按 Enter 键可结束命令。
②连续输入端点，可画多条线段。
③输入 U(Undo)，可取消上次确定的点，可连续使用。
④输入 C(Close)，形成封闭的折线。
举例：
①画图 5-11 的折线

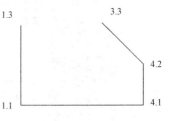

图 5-11 Line 画图折线示例(一)

命令：Line(或 L)
指定第一点：1，3
指定下一点或[放弃(U)]：1，1
指定下一点或[闭合(C)/放弃(U)]：4，1
指定下一点或[闭合(C)/放弃(U)]：4，2
指定下一点或[闭合(C)/放弃(U)]：3，3
指定下一点或[闭合(C)/放弃(U)]：Enter 键
②画图 5-12 所示的折线。

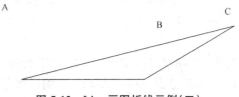

图 5-12 Line 画图折线示例(二)

命令：Line
指定第一点：用光标定 A 点
指定下一点或[放弃(U)]：@ 3，0   (B 点)
指定下一点或[闭合(C)/放弃(U)]：@ 2.5< 30   (C 点)
2)圆命令(Circle)。
功能：画圆。
·执行"绘图"(Draw)→"圆"(Circle)命令
·单击绘图工具条[圆]图标
命令：Circle(或 C)
指定圆的圆心或[三点(3P)/两点(2P)/相切、相切、半径(T)]：(圆心)
指定圆的半径或[直径(D)]< 当前值>：(半径)
说明：
①若用圆心和直径画圆，则在第二条提示中输入 D，就出现第三条提示，"指定圆的直径："，再输入直径，便画出一个圆。
②如用 3P 画圆，则在第一条提示后先输入 3P，再根据提示给出三点，过这三点画一个圆；用 2P 画圆，在第一条提示后先输入 2P，再根据提示给出两点，以此为直径画一个

圆；用相切、相切、半径(T)画圆，在第一条提示后先输入 T，根据提示选择对象，输入半径，画公切圆。

3)圆弧命令(Arc)。

功能：画圆弧。

· 由于绘图命令均在菜单"绘图"(Draw)项下，可单击该项下的相应菜单。

· 单击绘图工具条上的相应图标。

注：菜单命令和用图标操作绘图命令十分简单，为了节省篇幅，因此，下文将不再列出。

命令：Arc

指定圆弧的起点或[圆心(CE)]：

说明：

圆弧命令提供了下面 11 种画圆弧的方法，这里只着重介绍常用的三种，余者可根据提示操作。字母的含义为：A—圆心角；E—终点；CE—圆心；L—弦长；D—起始方向；R—半径。

①3P(定三个点)。

命令：Arc

指定圆弧的起点或[圆心(CE)]：(起点)

指定圆弧的第二点或[圆心(CE)/端点(EN)]：(第二点)

指定圆弧的端点：(终点)

②S，C，E(定起点、圆心、终点)。

命令：Arc

指定圆弧的起点或[圆心(CE)]：(起点)

指定圆弧的第二点或[圆心(CE)端点(EN)]：CE

指定圆弧的圆心：(圆心)

指定圆弧的端点或[角度(A)/弦长(L)]：(终点)

圆弧按逆时针画出。这里的终点可以是参考终点，即可以不在圆弧上，而实际的终点应在这个参考终点与圆心的连线上。

③S，C，A(定起点、圆心、圆心角)。

命令：Arc

指定圆弧的起点或[圆心(CE)]：(起点)

指定圆弧的第二点或[圆心(CE)/端点(EN)]：CE

指定圆弧的圆心：(圆心)

指定圆弧的端点或[角度(A)/弦长(L)]：A

指定包含角：(角度值)

角度值为正时，逆时针向画弧；角度值为负时，顺时针向画弧。

④S，C，L(定起点、圆心、弦长)。弦长为正，画圆心角小于 180°的小弧；弦长为负，画圆心角大于 180°的大弧。

⑤S，E，A(定起点、终点、圆心角)。

⑥S，E，R(定起点、终点、半径)。

⑦S、E、D(定起点、终点、起始方向)。

⑧C、S、E(定圆心、起点、终点)：这里的终点也可以是参考终点。

⑨C、S、A(定圆心、起点、圆心角)。

⑩C、S、L(定圆心、起点、弦长)。

⑪接续上一条线画弧：输入命令后，在"指定圆弧的起点或[圆心(CE)]:"提示后直接按 Enter 键，与前面的直线或圆弧连接，以前面的直线段或圆弧的终点为起点，以直线段的终点的方向或圆弧的终点的切线方向为新圆弧在起始点的起始方向，再定终点，最后作出圆弧。

在上述 11 种方法中有些是重复的，只是输入数据的顺序不同。

4)多段线命令(Pline)。功能：画由不同宽度的直线或弧组成的连续线段，一个 Pline 命令所画的多段线为一个实体。

命令：Pline(或 PL)

指定起点：(起点)

当前线宽为 0.0000

指定下一点或[圆弧(A)/闭合(C)/半宽(H)/长度(L)/放弃(U)/宽度(W)]：

说明：①宽度(W)，输入 W，设定线宽，将出现下列提示：

指定起点宽度< 0.0000)：(起点线宽)

指定端点宽度(所设起点线宽>：(终点线宽)

指定下一点或[圆弧(A)/闭合(C)/半宽(H)/长度(L)/放弃(U)/宽度(W)]：

起点和终点线宽相同时，画的是等宽线，线宽不同时，所画是锥形线。

②放弃(U)，输入 U，可删去最后的一段线。

③长度(L)，输入 L，定义下一段多段线的长度，将按上一段线的方向画多段线；若上一段是弧画出与弧相切的线段。

④半宽(H)，输入 H，定义多段线的半宽值。

⑤闭合(C)，输入 C，将多段线的起点和终点连起来。

⑥圆弧(A)，输入 A，画圆弧。画多段线圆弧的方法与上述圆弧命令(Arc)类似。

5)单行文字命令(Dtext)。功能：在图中注写文字(包括符号、数字)。

命令：Dtext(或 DT)

当前文字样式：standard 文字高度：2.5000

指定文字的起点或[对正(J)/样式(S)]：

指定高度(2.5000)：-

指定文字的旋转角度(0)：

输入文字：

说明：①对正(J)，输入 J，用来确定文本的排列方向和方式；样式(S)，输入 S，用来选择文本的字体。

②指定文字的起点，用来确定文本的起点位置，按 Enter 键后，出现如下提示：

指定高度(前一次输入的字高)：(新字符高度)

指定文字的旋转角度< 前一次输入的角度>：(确定文本倾斜角度)

输入文字：(输入字符串)

③常用的特殊字符。

角度"°"　%%d，例如：25°，Text：25%%d

圆直径"φ"　%%C，例如：φ24，Text：%%c24

正负号"±"　%%P，例如：±0.000，Text：%%p0.000

④当前文字样式。Standard 文字高度：2.5000 是指前次操作所设定的文字样式和文字高度，可根据需要修改。

6)字体样式命令(Style)。功能：建立和修改字体样式。

• 单击菜单[格式](Format)→[文字样式](Text style…)。

• 命令：Style。

说明：执行"文字样式"(Style)命令后，弹出图 5-13 的对话框。下面分别介绍对话框中的各项内容。

图 5-13　"文字样式"对话框

①"样式名"(Style Name)区：左边是下拉式列表框，单击列表框右边的箭头，框中列出当前图形中的字体样式。Standard 是缺省样式。列表框的右边有三个按钮，"新建"(New)用来创建新的字体样式；"重命名"(Rename)用来更改现有的字体样式名称；"删除"(Delete)用来删除所选择的字体样式。

②"字体"(Font)区：这是字体文件设置区。字体文件分为两种：一种是 Windows 提供的字体文件，为 True Type 类型的字体；另一种是 AutoCAD 特有的字体文件，称为 Bigfont。两种字体都可选用。"SHX 字体"(X)下拉列表框中是 Windows 中所有的字体文件，如 Rormans、仿宋体等。当选择"使用大字体"(Use Big Font)单选按钮，"大字体"(B)下拉列表框被激活，可选用 Bigfont 字体文件。"字高"(Height)文本框中可设置字体的高度，建议字高设为 0，在"单行文字"命令的操作中再设定。

③"效果"(Elfects)区：可设定字体的具体特征，其中，"宽度比例"(Width Factor)用来设定字体相对于高度的宽度系数；"倾斜角度"(Oblique Angle)可确定字的倾斜角度。

7)文字修改命令(Ddedit)。

· 205 ·

功能：修改已输入文字的内容。

命令：Ddedit 或(ED)

选择注释对象或[放弃(U)]：

选择要修改的文字，将弹出"文字编辑"的对话框，输入要修改的内容，单击"确定"按钮。

(2)图形的显示控制。图形的显示控制命令均在"视图"(View)项下，也可单击标准工具条中的相应图标，如图5-14所示。

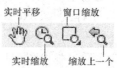

图 5-14 标准工具条中的显示控制图标

这些命令只改变显示的效果，并不引起图形实际尺寸的变化。

若该图标的右下角有一实心黑三角，表示这个图标还有下拉图标，只需单击该图标并按住不动，就会显示下拉图标，将鼠标箭头移到所需下拉图标处即可。下拉图标使用的方法下面文中不再说明。

1)视窗的缩放命令(Zoom)。功能：利用 Zoom 命令，可以改变图形在屏幕中显示的大小。

命令：Zoom(或 Z)

指定窗口角点，输入比例因子(nX 或 nXP)，或

[全部(A)/中心点(C)/动态(D)/范围(E)/上一个(P)/比例(S)/窗口(W)]< 实时>：

说明：常用的选项如下：

①全部(A)，输入 A，全部图形都显示在屏幕上。选项中的大写字母表示输入时可只输入这些大写字母。

②范围(E)，输入 E，可使全部图形尽可能大地显示。

③窗口(W)，输入 W，按提示要求输入第一和第二两个角点来确定矩形窗口，窗口内的图形将尽可能大地显示出来。与提示中的"指定窗口角点"和显示控制图标中的"窗口缩放"操作相同。

④比例(Scale)，输入 S，在"输入比例因子(nX 或 nXP)："提示符下输入缩放倍数，如5X，将当前图形放大五倍。

⑤<实时(Realtime)>是缺省项，是动态缩放，屏幕上出现一个放大镜，用光标拖动放大镜，可动态地对图形进行缩放，与显示控制图标中的"实时缩放"相同。

⑥上一个(P)：回复显示上一次 ZOOM 命令缩放的情况，效果与显示控制图标中的"缩放上一个"相同。

2)视窗的平移命令(Pan)。功能：不进行缩放，可将图形平移，把图形实体移至视窗内的任意位置。

•命令：Pan(或 P)。

说明：

①启动平移命令后，光标成手的形状，任意拖动图形，直到满意的位置，与显示控制

图标中的"实时平移"相同。

②右击，弹出快捷菜单，选择"Exit"，退出平移。

3)重画命令(Redraw)。功能：刷新屏幕，消除屏幕上残留的光标点。

• 命令：Redraw。

(3)修改命令。修改命令"删除"(Erase)、"打断"(Break)、"修剪"(Trim)、"移动"(Move)、"复制"(Copy)、"缩放"(Scale)均在"修改"(Modify)菜单项下，或单击修改工具条上的相应图标即可。

1)删除命令(Erase)。功能：从图形中删去选定的目标。

• 命令：Erase(或 E)

选择对象：选目标

选择对象：

•

•

说明：①"选择对象"提示将重复出现，可多次选择目标，如果按 Enter 键，则结束选择，目标被删除。

②只要不退出当前图形或没有存盘，就可以用"Oops""Uundo"命令将删除的实体恢复。"Oops"只能恢复最近一次 Erase 被删除的实体。

2)打断命令(Break)。功能：可对直线(Line)、圆(Circle)、圆弧(Arc)、多段线(Pline)等命令所绘实体部分删除，或把一个实体分成两个。

命令：Break

选择对象：(选择被折断目标)

指定第二个打断点或[第一点(F)]：

说明：①当指定第二个打断点或[第一点(F)]：（选择被折断部分的第二个点）

选择该方式，选取实体时的光标位置作为第一点，删除实体两点间的线段。

②当指定第二个打断点或[第一点(F)]：（输入 F）

出现下列提示：

指定第一个打断点：(选取起点)

指定第二个打断点：(选取终点)

③当将起点和终点选取同一点，可将一个实体从选取点处断开，成为两个实体。

3)修剪命令(Trim)。功能：与打断(Break)相似，可将一实体的部分删除，不同的是 Trim 命令是根据边界来删除实体的一部分。

• 命令：Trim

当前设置：投影= UCS 边= 无

选择剪切边…

选择对象：(选取目标作为修剪边界)找到 1 个

选择对象：

•

• (选择结束，单击右键)

选择要修剪的对象或[投影(P)/边(E)/放弃(U)]：(选取修剪目标)

选择要修剪的对象或[投影(P)/边(E)/放弃(U)]:
说明：分别是编辑/设置修剪边界属性/取消所作修剪。
①[投影(P)/边(E)/放弃(U)]，分别是 3D 编辑/设置修剪边界属性/取消所做修剪。
②修剪边界也可同时被选作修剪目标。
③被剪除的线段与选取修剪目标时光标的拾取点有关，如图 5-15 所示。（图中虚线表示修剪边界，正方形框表示光标拾取点）

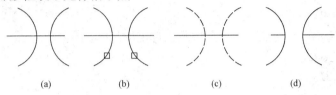

图 5-15 "修剪"命令

(a)原始图形；(b)选择修剪边界；(c)选择修改对象；(d)修剪完毕

4)移动命令(Move)。功能：将选定图形从当前位置平移到指定位置。

命令：Move(或 M)

选择对象：(选取移动的实体) 找到 1 个

选择对象：(Enter 键)

指定基点或位移：(基点 A)

指定位移的第二点或< 用第一点作位移>：(第二点)

说明：①输入基点和第二点，把图形从基点移到第二点，如图 5-16(a)所示。

②如果输入(x,y)位移量，对[指定位移的第二点]提示按 Enter 键响应，则位移量 $\Delta x=x$，$\Delta y=y$，如图 5-16(b)所示。

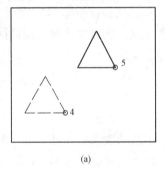
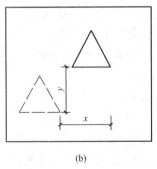

(a) (b)

图 5-16 "移动"命令

(a)输入两点进行移动；(b)输入位移量进行移动

5)复制命令(Copy)。功能：将选定图形复制到指定位置，可多次复制，原图形不消失。

• 命令：Copy

选择对象：(选取要复制的实体) 找到 1 个

选择对象：(Enter 键)

指定基点或位移，或者[重复(M)]：基点或位移量

指定位移的第二点或(用第一点作位移)：位移量第二点

当多次重复复制时采用下列操作。

命令：(按 Enter 键)重复复制命令 COPY

选择对象：找到 1 个

选择对象：(选取要复制的实体)

指定基点或位移，或者[重复(M)]：M

指定基点：指定位移的第二点或(用第一点作位移)

说明：①一次复制的操作与移动命令相同。

②如果要多次复制，对"指定基点或位移，或者[重复(M)]"提示，输入 M，随后出现如下提示：

指定基点：(基点 A)

指定位移的第二点或(用第一点作位移)：(第二点 B)按 AB 复制一次

指定位移的第二点或(用第一点作位移)：(第二点 C)按 AC 复制一次

……   可多次复制

6) 比例缩放命令。功能：将选定图形按给定基点和比例系数，进行放大和缩小。

命令：Scale

选择对象：(选取要缩放的实体)找到 1 个

选择对象：(按 Enter 键)

指定基点：(基点)

指定比例因子或[参照(R)]：

说明：①指定比例因子是缺省方式，可输入一个数值(比例系数)，比例系数大于 1，所选实体被放大；比例系数为 0~1，所选实体被缩小。

②[参照(R)]，输入 R，将提示给出新长度和参考长度，新长度和参考长度的比值即比例系数。

7) 多段线修改命令(Fedit)。功能：将对多段线进行各种修改。

命令：Pedit(或 Pe)

选择多段线：(选取要修改的多段线)

输入选项[闭合(C)/合并(J)/宽度(W)/编辑顶点(E)/拟合(F)/样条曲线(S)/非曲线化(D)/线型生成(L)/放弃(U)]：

说明：①闭合(C)：输入 C，闭合一条多段线。

②合并(J)：输入 J，把其他线段或多段线与当前编辑的多段线连接，成为一条新的多段线。

③宽度(W)：输入 W，修改多段线的线宽。

④编辑顶点(E)：输入 E，编辑多段线的顶点。

⑤拟合(F)、样条曲线(S)和非曲线化(D)：输入 F 或 S，拟合多段线，F 选项用圆弧拟合多段线；S 选项用 B 样条曲线拟合多段线。输入 D，还原多段线。

⑥线型生成(L)：输入 L，调整线型。

⑦在选择多段线提示后，当选择的不是多段线时，会出现提示：

所选对象不是多段线?

是否将其转换为多段线?（Y）：如果输入 Y，将所选择的线转换为多段线。

8)偏移(Offset)命令。功能：以用户给定的距离画出与指定的直线、圆、圆弧及多段线平行的线。

命令：Offset

指定偏移距离或[通过(T)]<10.00>)：(偏移距离)

选择要偏移的对象或<退出>：(选择要偏移的对象)

指定点以确定偏移所在一侧：(指定一点)

选择要偏移的对象或<退出>：

说明：①<10.00>表示上一次使用的偏移距离，如按 Enter 键，表示用< >中的值作为偏移距离；如输入距离，则以输入值作为偏移距离。

②[通过(T)]：选择该选项，显示提示要求输入平行线通过的点，用光标指定点，在选择要偏移的对象后，通过指定点画平行线。

③"选择要偏移的对象或(退出)："提示将反复出现，可继续选择对象，画新的平行线，直至按 Enter 键，退出命令。

9)镜像(Mirror)命令。功能：将选定对象生成另一个对称图形，称为镜像，镜像图形的位置由用户指定的镜像线(即对称线)确定。生成镜像图形的同时，原对象可保留或删除。

命令：Mirror

选择对象：(选择要作镜像的对象)找到 1 个

选择对象：(按 Enter 键)

指定镜像线的第一点：(第一点)指定镜像线的第二点：(第二点)以两个点确定镜像线

是否删除源对象？[是(Y)/否(N)]<N>：

说明："是否删除源对象？[是(Y)/否(N)](N)："若回答 Y，则删除源对象，屏幕上只留下一个与源对象对称的图形。若回答 N 或直接按 Enter 键，则在屏幕上显示两个互为对称的图形，其中之一是源对象。

(4)辅助绘图工具。AutoCAD 提供了一些辅助绘图工具，帮助用户精确绘图，常用的有正交(Ortho)、目标捕捉(Osnap)等，它们可以在执行其他命令的过程中使用。

辅助绘图工具命令可在状态栏上双击其按钮。

1)正交命令(Ortho)。功能：可快捷画水平线和垂直线，保持它们的正交状态。

命令：Ortho。

2)目标捕捉命令(Osnap)。功能：这是一个十分有用的工具，可使十字光标准确定位在已有图形的特定点或特定位置上，从而保证绘图的精确度。命令的使用有两种方式，即临时捕捉方式和自动捕捉方式。临时捕捉方式每使用一次都应重新启动；自动捕捉方式打开后，在绘图中一直保持目标捕捉状态，直至下次取消该功能为止。

下面主要介绍自动捕捉方式。

命令：Osnap。

说明：①执行 Osnap 命令，弹出草图设置(Osnap Settings)对话框，如图 5-17 所示，在对象捕捉选项卡中选择各种捕捉类型，选中者，在小方格中显示"√"，设置完毕，单击"确定"按钮确认。

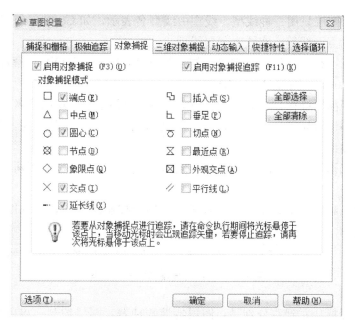

图 5-17 "草图设置"对话框

②常用捕捉类型为：

a. 端点捕捉(Endpoint)。

b. 中点捕捉(Midpoint)。

c. 圆心捕捉(Center)。

d. 交点捕捉(Intsection)。

③当光标移到捕捉点附近时，在该点闪出一个黄色特定的小框，以提示用户确定该点。

④执行"工具"(T)→"草图设置"(F)命令。

⑤对于采用临时捕捉方式，只需在作图过程中，当出现需要输入一点的提示时，键入捕捉类型的关键词（上述捕捉类型西文标注的大写部分），接下来的操作与自动捕捉方式相同；或在按住 Shift 键的同时，右击，弹出"对象捕捉"快速菜单，选择所需的方式。

5.2.5 图层和图块

(1)图层的简介。

1)图层的作用。图层可看作多层全透明的纸，每一层纸上只用一种线型和一种颜色画图，例如画建筑平面图，墙体用粗实线画在 A 层上（颜色可设为绿色）；轴线用细点画线画在 B 层上（颜色可设为红色）；高窗用虚线画在 C 层上（颜色可设为黄色）……这些不同层的图形重叠在一起，就构成了一张完整的建筑平面图。图层可以关闭或打开，也可修改。

2)图层的内容。

①图层名：每个图层应赋名，由字母、数字和字符组成，长度不超过 31 个字符。0 层是缺省层，不能再用作图层名。

②颜色：每个图层只用一种颜色，可用色号表示颜色，如 1 表示红色；3 表示绿色；5 表示蓝色；7 表示白色等。白色为预置色。

③线型:每个图层只用一种线型,线型由线型名表示,如 Continuous 为实线;Dashed 为虚线;Center 为点画线等。实线为预置线型。

④图层的状态:有七种状态,即当前层、打开(On)、关闭(Off)、解冻(Thaw)、冻结(Freeze)、锁定(Lock)、解锁(Unlock)。

绘图只能在当前层进行,当前层只有一个,界面上显示当前层的层名。

打开层上的图形可显示,可编辑,也可用绘图机输出;关闭的图层,图形否显示,不能编辑,也不能输出。

冻结层上的图形不可显示,不能编辑,也不能输出;冻结的层必须解冻,才能打开,当前层不能冻结。

3)图层工具条和属性工具条。该工具条主要用于控制对象属性,如图层、颜色和线型等,如图 5-18 所示。

图 5-18 图层工具条和属性工具条

工具条中的图标从左到右分别是:图层特性管理器;图层控制;将所选对象置为当前层;回上一个图层;颜色控制、线型控制和线宽控制。各图标命令和下拉列表的内容下面会逐个提到。

(2)图层命令。

1)图层命令(Layer)。功能:命令可用来建立新层,设置当前层,改变图层的线型和颜色,改变图层的状态。

- 执行"格式"(Format)→"图层"(Layer)命令。
- 单击图层特性管理器图标。
- 命令:Layer。

启动图层命令后,将弹出"图层特性管理器"对话框(图 5-19)。

图 5-19 "图层特性管理器"对话框

说明:①[图层特性管理器]对话框功能如下:

a. 建立新图层：单击"新建"(New)按钮，将自动生成一个名为"图层××"的图层，可默认也可改名。

b. 删除图层：单击要删除的图层，该图层高亮显示，表示选中，再单击"删除"(Delete)按钮，即可删除选中的图层。

c. 颜色控制：单击图层名后的颜色图标按钮，弹出图5-20"选择颜色"(select Color)对话框，在对话框中选择一种颜色，单击"确定"按钮即可。

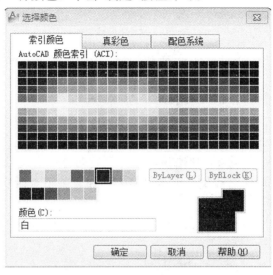

图5-20 "选择颜色"对话框

d. 状态控制：选择要操作的图层，单击开关图标按钮即可。灯泡为开On/关Off按钮；太阳为冻结Freeze/Thaw按钮。

e. 设置线型：选定一个图层，单击该图层的线型名称，出现"选择线型"(Select Linetype)对话框，如图5-21所示，选择所需线型，单击"确定"按钮，即可其主要功能为装载线型。

图5-21 "选择线型"对话框

单击"加载"(Load)…按钮，出现"加载或重载线型"(Loador Reload Linetype)对话框，如图5-22所示，这是AutoCAD提供的线型，点取线型名，单击"确定"按钮，关闭对话框，

· 213 ·

结束装载，返回到"选择线型"对话框，单击"确定"按钮，返回到"图层特性管理器"对话框。

图 5-22 "加载或重载线型"对话框

f. 设置线宽：选定一个图层，单击该图层的线宽名称，出现"线宽"(Lineweight)对话框，如图 5-23 所示，点取所需线宽，单击"确定"按钮，关闭对话框，返回到"图层特性管理器"对话框。

图 5-23 "线宽"对话框

单击"确定"按钮，完成图层操作。

②设置线型比例：

• 执行"格式"(Format)→"线型"(Linetype)命令。

• 命令：Ltscale

打开"线型管理器"(Linetype Manager)对话框，如图 5-24 所示，在全局比例因子文本输入框中输入线型比例值，可改变线型的比例，对话框中的其他按钮前面已提到的，不再重复。

选择对象：(选取要定义块的实体)找到 1 个

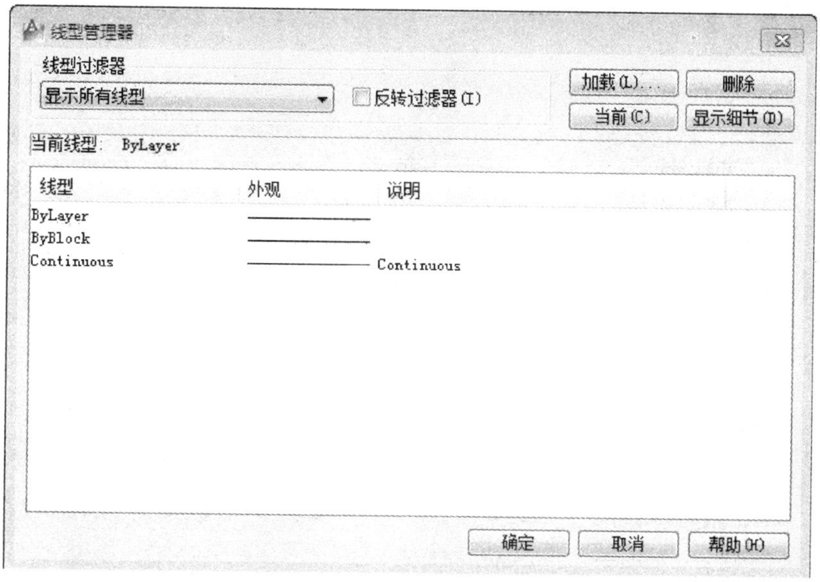

图 5-24 "线型管理器"对话框

说明：a. 输入块名或[?]，若输入"?"，将列出图中所有块名。
b. 块名由字母、数字和字符组成，长度不超过 31 个字符。
c. 被选为块的实体，将从图中消失，可用 Oops 命令恢复。
d. Block 定义的块，只能在本图中插入。
e. 如果从菜单栏、工具条启动块命令，将打开"块定义"。(Block Definition)对话框，如图 5-25 所示，该对话框的基本功能与命令行方式相同，在名称文本栏后输入块名；单击"拾取点"按钮指定基点，单击"选择对象"按钮选取要定义块的实体，完成后确定退出，被选为块的实体，不从图中消失。

②插入命令(Insert)。功能：可将已定义的块插入图中，也可将图形文件插入图中。插入时可改变图形的比例和转角。
- 执行"插入"(Insert)→"块"(Block…)命令。
- 单击绘图工具条"块插入"图标。
- 命令：Insert(或 I)

输入块名[?](当前块)：(块名)
指定插入点或[比例(S)/X/Y/Z/旋转(R)/预览比例(PS)/PX/PY/PZ/预览旋转(PR)]：(块所插入的位置点)
输入 X 比例因子，指定对角点，或者[角点(C)/XYZ]<1>：(X 向比例)
输入 Y 比例因子或<使用 X 比例因子>：(Y 向比例)
指定旋转角度<0>：(转角)

说明：a. 图块的基点，在插入时，插到插入点的位置。
b. 输入 X 比例因子，指定对角点，或者[角点(C)/XYZ]<1>：提示中的角点(c)为框角方法确定比例；XYZ 为三维视图选项。
c. 指定旋转角度，以基点为旋转中心。

图 5-25 "块定义"对话框

d. 如果从菜单栏、工具栏启动块命令,将打开"插入"(Insert)对话框,如图 5-26 所示,该对话框的基本功能与命令行方式相同,名称文本栏后输入块名,也可通过"浏览"选择需要的文件;插入点、缩放比例和旋转角度,可在屏幕上指定,也可填入相应值,完成后确定退出。

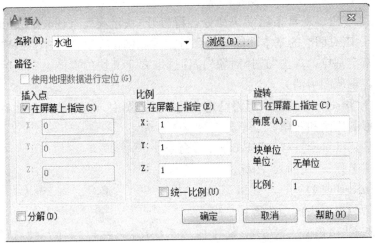

图 5-26 "插入"对话框

③块存盘命令(Wblock)。功能:把定义的块转成图形文件存盘,以供其他图形文件也能使用。

块存盘命令有两种方式:命令行方式块存盘和对话框方式块存盘。

• 命令行方式块存盘

命令:Wblock(或 W)

输入现有块名或[(块—输出文件)/* (整个图形)](定义新块>:

说明：a. 启动块存盘命令后，打开"图形另存为文件"对话框，如图 5-27 所示，用户要确定将要存盘的图形文件所在的驱动器、目录和文件名，并单击"保存"按钮。

图 5-27　"图形另存为"对话框

b. 输入现有块名，即输入用 Block 命令定义的块名，把该图块按指定文件名存盘。

输入"="，将与指定文件名同名的图块存盘。

输入"*"，将把整个图形作为图块存盘。

提示符后按 Space 键或 Enter 键，即定义新块，下面的操作与块命令的操作一样，不再赘述。

·对话框方式。

命令：Wblock(或 W)

说明：a. 启动块存盘命令后，打开"写块"(Write Block)对话框，如图 5-28 所示。

b. 在"源"选项组中，若单选"块"：输入用 Block 命令定义的块名，把该图块按指定文件名存盘；若单选"整个图形"：将把整个图形作为图块存盘；若单选"对象"：即定义新块，与块命令的操作一样，要输入基点，选择对象。

c. 在"目标"选项组中，要输入文件名和保存文件的位置(路径)。

图 5-28　"写块"对话框

5.2.6 尺寸标注和图案填充命令

(1)尺寸标注的基本知识。

1)尺寸标注的组成。尺寸标注由尺寸线、尺寸界线、尺寸箭头(包括45°短画起止符号)和尺寸文本(即尺寸数字)四部分组成。

2)尺寸标注的类型。常用的尺寸标注类型有长度型、径向型和角度型等标注类型。

①长度型尺寸标注包括水平标注、垂直标注、平齐标注、旋转标注、连续标注和基线标注。这里主要介绍长度型尺寸标注的方法。

②径向型尺寸标注包括半径型和直径型尺寸标注。

3)建立尺寸标注样式。各专业在尺寸标注时都有一些习惯的用法,如尺寸箭头的形式,土建图中常用45°短画线确定尺寸的起和止。为此,AutoCAD提供了多种尺寸标注式样,由用户自己建立满意的式样。

• 执行"标注"(Dimension)→"标注样式"(Dimension Style)命令。

• 命令:Dimstyle(或 D)

启动如图 5-29 所示的"标注样式管理器"(Dimension Style)对话框。

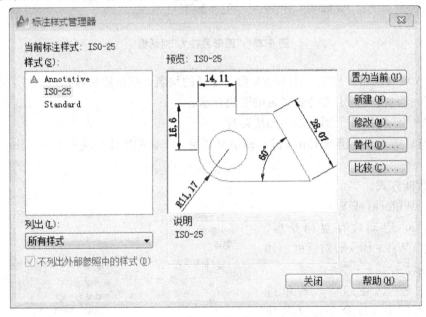

图 5-29 "标注样式管理器"对话框

在"标注样式管理器"对话框中,用户可创建新的尺寸标注样式;设置当前尺寸标注样式;修改已有的尺寸标注样式;替代某个尺寸标注样式;比较两个尺寸标注样式。这里主要介绍尺寸标注样式的新建、修改和设置为当前。

"标注样式管理器"对话框的左侧是样式列表框,显示当前图形文件中已定义的所有尺寸标注样式,standard 是缺省样式;对话框的右侧是预览图像框,显示当前图尺寸标注样式设置各特性参数的效果图。

单击"新建"按钮,打开"创建新标注样式"对话框,如图 5-30 所示。

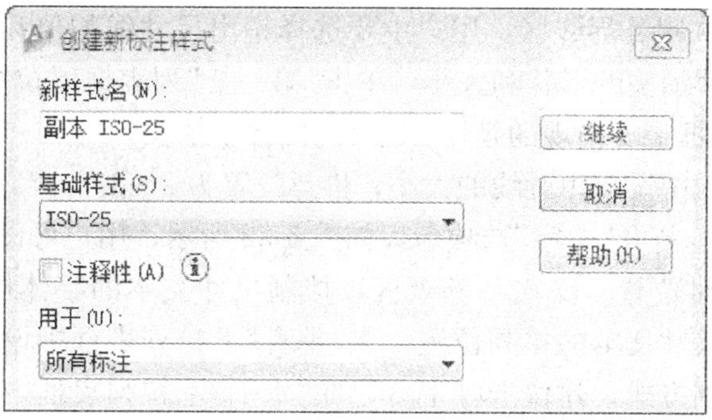

图 5-30 "创建新标注样式"对话框

在"新样式名"文本框中设置新标注样式名；在"基础样式"下拉列表框中选择一已有的标注样式为范本；在"用于"下拉列表框中选择要创建的，是全局尺寸标注样式(所有标注)，还是特定的尺寸标注子样式(如线性标注样式、角度标注样式等)。完成后，单击"继续"按钮，显示"新建标注样式"对话框，如图 5-31 所示，共有六个选项卡，由于篇幅的限制，下面分别简单介绍直线和箭头、文字和主单位三个选项卡的功能。

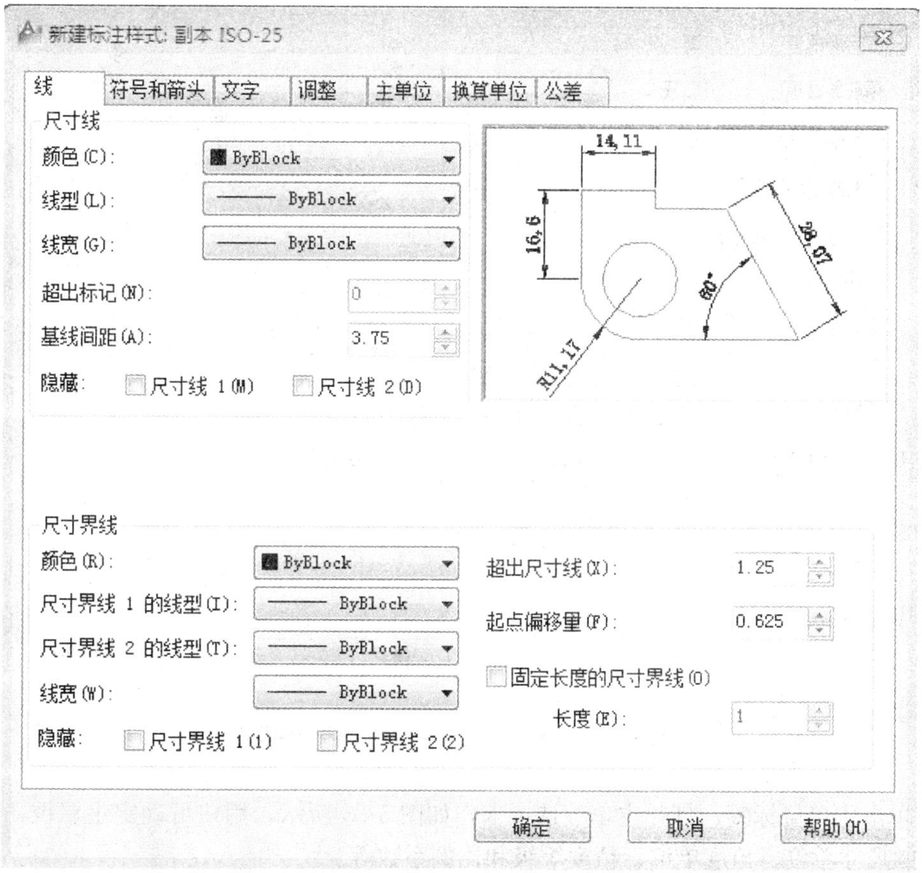

图 5-31 "新建标注样式"对话框的"直线和箭头"选项卡

a. 直线和箭头。在尺寸界线区，用户主要选择超出尺寸线的值和起点偏移量的值；在箭头区用户可设置尺寸箭头的形状和大小；单击"第一个"列表框下拉箭头，选择表中的"建筑标记"选项，在列表框上方出现的是45°短画线代替了箭头，"第二个"将默认"第一个"的选择。在"箭头大小"框中设定短画线的大小，推荐设置为2~3。

b. 单击文字标签，打开"文字"选项卡，如图5-32所示，用户可设置尺寸箭头、尺寸文本和尺寸线之间的相对位置。在文字外观区，控制尺寸文本的字体样式、字高和颜色等；在文字位置区，控制尺寸文本的排列位置，在"垂直"下拉列表框中设置尺寸文本相对于尺寸线在垂直方向的排列方式，建议选择上方，在"水平"下拉列表框中设置尺寸文本相对于尺寸线、尺寸界线的位置，建议选择置中，在"从尺寸线偏移"微调框是设置尺寸文本和尺寸线之间的偏移距离；在文字对齐区，单选"与尺寸线对齐"按钮，在尺寸文本总平行尺寸线方向标注。

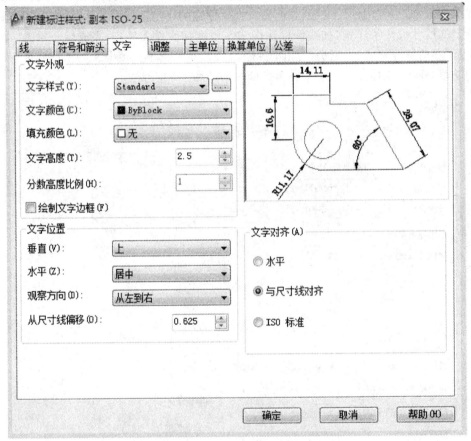

图 5-32　新建标样式对话框的文字选项卡

c. 单击主单位标签，打开主单位选项卡，如图5-33所示，用户可确定主单位，设置参数以控制尺寸单位、角度单位、精度等级和比例系数等。

线性标注区，在"单位格式"下拉列表框中设置基本尺寸的单位，建议选择小数，"精度"下拉列表框中控制除角度型尺寸标注之外的尺寸精度，建议选择0，在"比例因子"微调框中控制线性尺寸的比例系数，按1∶100的比例绘制图形，可输入100，如果按1∶1的比

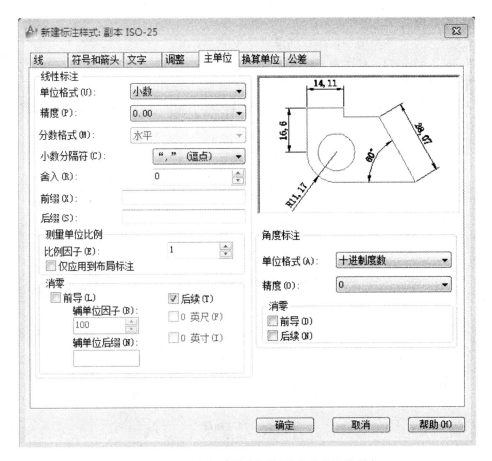

图 5-33 "创建新标注样式"对话框的主单位选项卡

例绘制图形,则输入1;角度标注区,在"单位格式"下拉列表框中设置标注角度型尺寸时所采用的单位,建议选择十进制数。

完成创建新尺寸标注样式,单击"确定"按钮,回到"标注样式管理器"对话框。将该样式设"置为当前",单击"关闭"按钮,就可进行尺寸标注了。

修改尺寸标注样式和替代尺寸标注样式的界面与上述内容相似,不再赘述。

(2)长度型尺寸的标注。

1)标注水平和垂直尺寸(Dimlinear)。

・执行"标注"(Dimension)→"线性"(Linear)命令。

・命令:Dimlinear(或 DLI)

指定第一条尺寸界线起点或< 选择对象>:(选取一点作为第一条尺寸界线的起点)

指定第二条尺寸界线起点:(选取一点作为第二条尺寸界线的起点)

指定尺寸线位置或[多行文字(M)/文字(T)/角度(A)/水平(H)/垂直(V)/旋转(R)]:(选取一点确定尺寸线的位置或选择某个选项)

说明:①输入两点作为尺寸界线后,AutoCAD 将自动测量它们的距离,标注为尺寸数字。

②常用的选项如下:

文字(T)：输入 T，出现提示。

输入标注文字<测量值>：用户确定或修改尺寸文本。

水平(H)：输入 H，标注水平尺寸。

垂直(V)：输入 V，标注垂直尺寸。

③一般情况下，在确定了尺寸界线的位置后，尺寸线位置点的移动方向可确定水平标注或垂直标注，如图 5-34 所示。

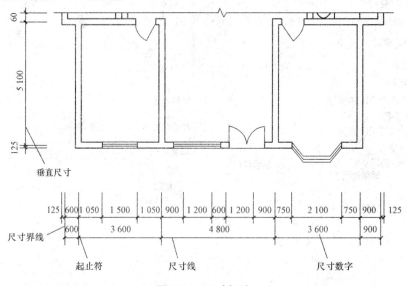

图 5-34　尺寸标注

2)标注平齐尺寸。用于斜线或斜面的尺寸标注。

• 执行"标注"(Dimension)→"平齐"(Aligned)命令。

• 命令：Dimaligned(或 DAL)

指定第一条尺寸界线起点或(选择对象)：(选取一点作为第一条尺寸界线的起点)

指定第二条尺寸界线起点：(选取一点作为第二条尺寸界线的起点)

指定尺寸线位置或[多行文字(M)/文字(T)/角度(A)/水平(H)/垂直(V)/旋转(R)]：

说明：操作和选项都与标注水平和垂直尺寸相同，不再重复。

3)连续标注尺寸。连续标注的尺寸称为连续尺寸，这些首尾相连，前一尺寸的第二尺寸界线就是后一尺寸的第一尺寸界线。

• 执行"标注"(Dimension)→"连续"(Continue)命令。

• 命令：Dimcontinue(或 Dco)

指定第二条尺寸界线起点或[放弃(U)/选择(S)]<选择>：

确定另一连续尺寸的第二条尺寸界线的起点，或选择"Undo"或按 Enter 键选择新的连续标注的起点。

说明：

①开始连续标注尺寸时，应先要标出一个尺寸。

②若用户输入一个点为另一连续尺寸的第二条尺寸界线的起点，则又出现提示：

指定第二条尺寸界线起点或[放弃(U)/选择(S)]<选择>：

a. 若用户输入 U，将撤销上一连续标注尺寸。

b. 若用户按 Enter 键，则出现提示。

选择连续标注：确定新的连续尺寸中的第一个尺寸，以后的操作重复确定另一连续尺寸的第二条尺寸界线的起点，如图 5-34 所示，直到连续尺寸全部标完，按 ESC 键退出。

(3) 图案填充命令。对于剖面图和断面图中所需画的材料图例，为了区分各部分的不同材料，AutoCAD 提供了图案填充命令(Hatch)来进行区域填充。

• 执行"绘画"(Draw)→"图案填充"(Hatch)命令。

• 命令：Hatch

启动 Hatch 命令后，将打开[边界图案填充](Boundary Hatch)对话框，如图 5-35 所示，该对话框有"图案填充"(Hatch)、"高级"(Advanced)和"渐变色"(Gradient)三项选项卡。

图 5-35 "边界图案填充"对话框的"图案填充"选项卡

下面分别介绍该对话框的各部分功能。

1) 图案(Pattern Type)。在进行填充之前，应先选择或定义图案，AutoCAD 允许用户使用如下三种图案：系统预定义图案(Predeftned)、用户自定义图案(User deftned)和定制图案(Custom)。通过"类型"(Type)下拉列表框选择，默认的是系统预定义图案。单击"图案"(Pattern)后的"…"按钮，弹出图 5-36 所示"填充图案选项板"(Hatch Pattern Palette)对话框，单击选中的图案，即可单击"确定"按钮，退回"边界图案填充"对话框。

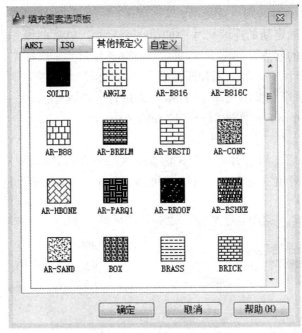

图 5-36 "填充图案选项板"对话框

2) 边界(Boundary)。边界是由图形实体围成的封闭区域。填充实际上就是在由边界围成的区域内填充图案，因此边界的定义非常重要。有多种填充方式，常用的有以下几项：

①拾取点(Pick Point)。用户在一个区域内部的任何地方拾取一点，系统将自动搜索到包括该点的区域边界，单击"确定"按钮，以选中的图案进行填充。

②取消孤岛(IRemove Islands)。孤岛是在封闭区域内存在的不进行填充的小区域，系统将自动检索和判断孤岛。当选择取消孤岛后，系统将对整个区域进行填充，而忽视孤岛的存在。

③图案特性(Pttern Properties)。这些特性可帮助用户设置和更改图案的密度、角度和样式。常用的是：

• 比例(Scale)，图案比例表示填充图案的疏密程度，缺省的比例是1，比例越大，图案越疏。

• 角度(Angle)，图案旋转角度。当图案、边界和特性选择结束后，单击"预览"按钮，所选图案用前述设置的方式填充所定边界包围的区域，如满意该方式，右击返回对话框，单击"确定"按钮。

4) 填充方式。单击"高级"选项卡，显示如图 5-37 所示。

图案的填充方式在高级选项卡的孤岛检测样式区分为以下三种：

①普通方式，从最外层边界开始向内，遇奇数次实体边界就填充，遇偶数次实体边界就停止填充，如此交替地完成。

②外部方式，采用最外层方式进行图案填充。

③忽略方式，从最外层边界开始向内全部进行图样填充，忽略其他边界的存在。

图 5-37 "边界图案填充"对话框的高级选项卡

用户只需单击选中方式的单选按钮,就能按指定方式填充图案。

5)修改填充图案。执行下拉菜单"修改"(Modify)→"对象"(Object)→"图案填充"(Hatch)命令,用户可对已填充的图案进行诸如图案、比例和旋转角度的修改。

5.2.7 立体图和轴测图

(1)基本立体的投影图及正等测图。

1)建立样板文件。为了提高工作效率,一般应根据专业特点建立样板文件,该文件中将经常使用的绘图环境预先设置好,如绘图幅面、尺寸样式、字体样式、图层设置等,可以没有图形,将其命名存盘,这样的空文件作为绘图的初始条件,避免每次绘图时都要进行设置。样板文件名的后缀可为.DWG,也可为.DWT。若采用后者,可将该文件放置在系统的 Template 子目录内,这样便于在系统启动时直接调入。

2)建立样板文件示例、样板文件中的设置应根据用户的实际需要确定。下面以 A3 幅面,用 1∶1 的比例,绘制土木工程图的尺寸样式为例,说明建立样板文件的基本设置和过程,文件命名为 YB。

①设置绘图界限。A3 幅面的尺寸为 420×297,设置绘图界限可略大一些,用 Limits 命令设置成(0,0)~(440,320)。

②设置图层、颜色、线型和线宽。

a. 1 层,绿色,实线,线宽 0.5;粗实线;

b. 2 层,白色,实线,线宽 0.13;细实线;

c. 3 层,蓝色,虚线,线宽 0.25;中虚线;

d. 4 层,黄色,虚线,线宽 0.13;细虚线;

e. 5 层,红色,点画线,线宽 0.13;细点画线;

f. 6 层,白色,实线,线宽 0.09;作图辅助线;

g. 7 层,品红,实线,线宽 0.25;中实线;

h. DIM 层,蓝色,实线,线宽 0.13;标注尺寸;

i. WZ 层,白色,实线,线宽 0.13;写字;

j. 0 层为缺省设置，将各层设为不同用途，便于修改。

③设置文字样式。

a. 建立字样 HZ，选用仿宋 GB 2312 字体；

b. 建立字样 ST，选用 isocp.shx 字体。

④设置尺寸标注样式。

a. 建立长度型尺寸标注样式 DIM1。

箭头选用建筑标记，箭头大小为 2，基线间距为 4，超出尺寸线为 2，起点偏移量为 3。

文字样式为 ST，文字高度为 3，文字位置垂直选为上方，水平选为置中，从尺寸线偏移为 1，文字对齐选与尺寸线对齐。

主单位选项卡中，单位格式为小数，精度为 0，比例因子为 1，单位格式为十进制数。

b. 建立直径和半径标注样式 DIM2。

箭头选用缺省设置，仍为实心闭合，箭头大小为 3。

3) 基本立体的投影图。

①平面立体的投影图绘制示例。绘制长、宽、高分别为 60×40×70 四棱柱的三面投影图，如图 5-38 所示。

图 5-38　四棱柱的三面投影图

a. 启动 AutoCAD，进入绘图状态。调用样板文件 YB 作为绘图的初始环境，并用"另存为"命令保存新图形文件，打开状态栏中的绘图辅助工具即"对象捕捉"和"自动追踪"。

b. 将 1 层设置为当前层，用 Line 命令绘制四棱柱的 H 面投影为 60×40 的矩形，操作如下：

命令：Line

指定第一点：(第一点)

指定下一点或[放弃(U)]：@ 60，0

指定下一点或[放弃(U)]：@ 0，40

指定下一点或[闭合(C)/放弃(U)]@ —60，0

指定下一点或[闭合(c)/放弃(U)]：c

c. 用 Line 命令绘制四棱柱的 V 面投影为 60×70 的矩形，为了保证两投影间的长对正，启动 line 命令后，在按住 Shift 键的同时，右击，弹出"对象捕捉"快捷菜单，选择其中的"自(F)"，在命令行出现 _ from 基点时，选择四棱柱的 H 面投影的左上角为基点，<偏移>值可填两投影之间的距离，偏移方向为光标相对基点的方向，操作如下：

命令：line

指定第一点：_ from　(用"对象捕捉"快捷菜单，选择其中的"自(F)")

基点：<偏移>：10　(四棱柱的 H 面投影的左上角为基点)

指定下一点或[放弃(U)]：@ 60，0

指定下一点或[放弃(U)]：@ 0，70

指定下一点或[闭合(c)/放弃(U)]．—@ —60，0

指定下一点或[闭合(C)/放弃(U)]：c

d. 用相同的方法可绘制四棱柱的 W 面投影。

②曲面立体的投影图绘制示例。绘制正圆锥的三面投影,其底圆的半径为30,高为70,如图5-39所示。

a. 启动 AutoCAD,进入绘图状态。调用样板文件 YB 作为绘图的初始环境,并用"另存为"命令保存新图形文件,打开状态栏中的绘图辅助工具"对象捕捉""自动追踪"和"正交"。

b. 将第5层设置为当前层,用 Line 命令绘制点画线,作为正圆锥的 H 面投影的圆心位置和 V 面投影的轴线。

c. 将第1层设置为当前层,用 Circle 命令绘制正圆锥的 H 面投影圆,操作如下:

命令:circle 指定圆的圆心或[三点(3P)/两点(2P)/相切、相切、半径(T)]:(圆心)

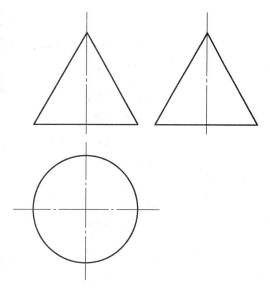

图 5-39　正圆锥的三面投影

指定圆的半径或[直径(D)]:30

d. 用 Line 命令绘制正圆锥的 V 面投影,一个三角形,操作如下:

命令:Line 指定第一点:_ nea 到(用"对象捕捉"快捷菜单的"捕捉最近点",在轴线上取三角形底边中点)

指定下一点或[放弃(U)]:@ 30,0(画右半段底边)

指定下一点或[放弃(U)]:_ from 基点:(偏移):70(基点为底边中点,画三角形右边的腰)

指定下一点或[闭合(C)/放弃(U)]:按 Enter 键

命令:line 指定第一点:(取三角形底边的中点)

指定下一点或[放弃(U)]:@ 30,0(画三角形左半段底)

指定下一点或[放弃(U)]:(取三角形顶点)

指定下一点或[闭合(C)/放弃(U)]:按 Enter 键

e. 用 Copy 命令,复制正圆锥的 V 面投影至适当位置作为正圆锥的 W 面投影。

4)基本立体的正等轴测图。AutoCAD 提供了绘制正等轴测图的工具,这是用二维绘图的方法绘制正等轴测图,该方法只产生立体效果,不是真正的三维图形。

①正等轴测图绘图辅助工具的设置。

·执行"工具"(Tools)→"草图设置"(Drafting Settings...)命令。

命令:Snap

指定捕捉间距或[开(ON)/关(OFF)/纵横向间距(A)/旋转(R)/样式(S)/类型(T)]<10.0000>:S

输入捕捉栅格类型[标准(S)/等轴测(I)]< S>:I

指定垂直间距(10.0000):

说明:a. 执行单击"工具"菜单下的"草图设置",则弹出"草图设置"对话框,如图5-40所示。选用"捕捉和栅格"选项卡,该选项的功能是生成一个分布在屏幕上的栅格,捕捉光标落到栅

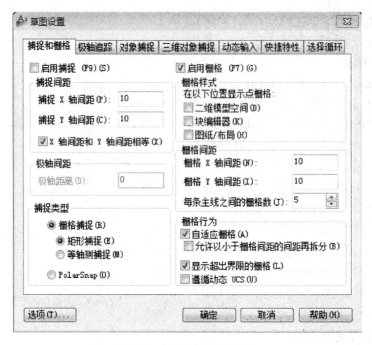

图 5-40 "草图设置"对话框

格的格点上。启用栅格,在屏幕上显示栅格,否则不显示。缺省状态是矩形捕捉,为了绘制正等轴测图,在对话框右下捕捉类型和样式选项框中,单击等轴测捕捉(M)左的圆圈。单击"确定"按钮后,十字光标成为图 5-41 中屏幕上的斜交的形式,即处于启用栅格状态。

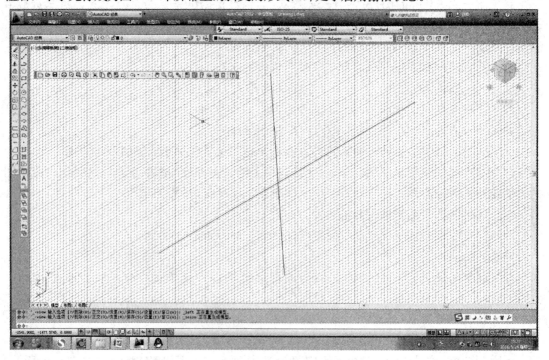

图 5-41 绘制正等轴测图的光标和栅格

b. 在命令行中输入。

命令：Snap

指定捕捉间距：设置 X 向和 Y 向等距的栅格间距；

开(ON)/关(OFF)：打开或关闭捕捉方式；

纵横向间距(A)：可设置 X 向和 Y 向不等距的栅格间距；

旋转(R)：将捕捉栅格连同十字光标旋转到指定角度；

样式(S)：确定捕捉栅格的样式，AutoCAD 提供了矩形(标准)和等轴测样式；

类型(T)：AutoCAD 提供了栅格捕捉和极轴捕捉两种类型。

c. 输入 S，命令行显示：

输入捕捉栅格类型[标准(S)/等轴测(I)](S)：

输入 I，命令行显示：

指定垂直间距(10.0000)：输入垂直间距。

②等轴测平面的转换。正等轴测图中，三条轴测轴间的轴间角都为 120°，等轴测平面即 XOY 坐标面及其平行面为上面(Top)、XOZ 坐标面及其平行面为左面(Left)、ZOY 坐标面及其平行面为右面(Right)，如图 5-42 所示。选择不同的等轴测平面，光标的十字线分别平行于相应的轴测轴，如图 5-43 中(a)为左面(Left)、(b)为上面(Top)、(c)为右面(Right)。

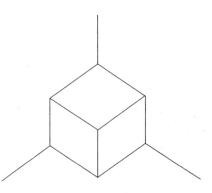

图 5-42　等轴测平面

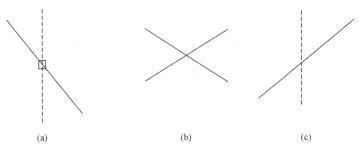

图 5-43　三个等轴测平面的栅格

(a)左面(Left)；(b)上面(Top)；(c)右面(Right)

等轴测平面的转换有两种方法：

·用 Ctrl+E 组合键或 F5 键，按左(L)、上(T)、右(R)的顺序在三个等轴测平面之间切换。

命令：Isoplane

当前等轴测平面：左

输入等轴测平面设置[左(L)/上(T)/右(R)]<上>：(T)

③绘制正等轴测图示例。

·绘制四棱柱的正等轴测图。如图 5-44 所示为四棱柱的正等轴测图。

a. 启动 AutoCAD，进入绘图状态。调用样板文件 YB 作为绘图的初始环境，并用"另存为"保存一新图形文件，打开状态栏中的绘图辅助工具"对象捕捉"和"正交"。

b. 执行"工具"菜单下的"草图设置"命令，在"捕捉和栅格"选项卡中设置等轴测捕捉；打开状态栏中的绘图辅助工具"捕捉"和"栅格"；按F5键将等轴测平面设为上面。

c. 将第1层设置为当前层，用Line命令绘制四棱柱的顶面；按F5键将等轴测平面设为左面，用Line命令绘制四棱柱的左面；按F5键将等轴测平面设为右面，用Line命令绘制四棱柱的右面。

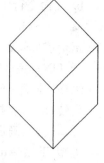

图 5-44 四棱柱

• 绘制正圆锥的正等轴测图。

a. 启动AutoCAD，进入绘图状态。调用样板文件YB作为绘图的初始环境，并用"另存为"保存一新图形文件，打开状态栏中的绘图辅助工具"对象捕捉"和"正交"。

b. 执行"工具"菜单下的"草图设置"命令，在"捕捉和栅格"选项卡中设置等轴测捕捉；打开状态栏中的绘图辅助工具"捕捉"和"栅格"；按F5键将等轴测平面设为上面。

c. 将第7层设置为当前层，因圆的正等轴测图为椭圆，用"椭圆"(Eilipse)命令绘制正圆锥的底圆，操作如下：

• 命令：Ellipse
指定椭圆轴的端点或[圆弧(A)/中心点(C)/等轴测圆(I)]：(I)
指定等轴测圆的圆心：(圆心)
指定等轴测圆的半径或[直径(D)]：40

d. 用Line命令绘制圆锥曲面的外形线。

• 命令：Line
指定第一点：_from 基点：<偏移>.80 (以椭圆心为基点，定锥顶)
指定下一点或[放弃(U)]：_tan 到 (自锥顶向底圆左边作切线)
指定下一点或[放弃(U)]：(按Enter键)

• 命令：line 指定第一点：(锥顶)
指定下一点或[放弃(U)]：_tan 到 (作右切线)
指定下一点或[放弃(U)]：(按Enter键)

• 命令：Trim
当前设置：投影= UCS，边= 无
选择剪切边…
选择对象：(选取左切线)找到1个
选择对象：(选取右切线)找到1个，总计2个
选择对象：(选择结束，右击)
选择要修剪的对象，或按住Shift键选择要延伸的对象，或
[投影(P)/边(E)/放弃[(U)]：(修剪底圆的不可见部分)

如图5-45所示为正圆锥的正等轴测图。

(2)组合体的投影图及正等轴测图。组合体由若干个基本立体组合而成，因而绘制组合体的投影图及正等轴测图的方法与绘制基本体的方法相同，现举例说明。

图 5-45 正圆锥

1)绘制组合体的投影图示例。

【例 5-1】 已知用简化系数画出的水池模型的正等轴测图(图 5-46),在水池的水槽底板正中有一个直至为 2 mm 的圆柱形排水孔,(因被遮而未画出),用 1∶1 的比例画出三面投影图。

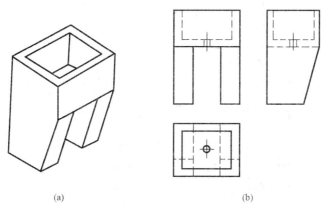

图 5-46 根据水池模型轴测图画出三视图

(a)轴测图;(b)三视图

解:①调用样板文件 YB 作为绘图的初始环境,并用"另存为"保存一新图形文件,打开状态栏中的绘图辅助工具"对象捕捉"和"正交"。根据图 5-46 水池模型的轴测图,分析将要绘制的三面投影图的轮廓线型。

②将图层 1 设为当前层。根据投影规律,以 1∶1 的比例量取轴测图中各线段的长度(或根据图 5-49 标注的尺寸);用直线(Line)命令或多段线(Pline)命令画出水池 H 面和 V 面投影的直线的可见部分,输入点时,灵活采用相对坐标或极坐标方式和绘图辅助工具。

③因为水槽底板的圆孔很小,所以圆孔的中心线和轴线都用细实线,所以将图层 2 设为当前层。在水槽 H 面投影的中心用直线(Line)命令画水槽下水孔的中心线。

④当前层设为 1,根据投影规律,用圆(Circle)命令画出下水孔可见的 H 面投影。

⑤将图层 6 设为当前层。在水槽 H 面投影右侧的适当位置用直线(Line)命令画 45°斜线,根据长对正、高平齐和宽相等的投影规律和轴测图,用直线(Line)命令画作图辅助线,作出水池模型 W 面投影和水槽底板水孔的 V 面投影的稿线。

⑥将图层 1 设为当前层。用直线(Line)命令作水池模型的可见的 W 面投影。

⑦将图层 3 设为当前层。根据投影规律,用直线(Line)命令或多段线(Pline)命令画出水池模型三面投影的不可见投影。

⑧将图层 2 作为当前层。用直线(Line)命令作出水池模型 V 面和 W 面投影中的下水孔轴线。

⑨保存(Save)图形文件,然后退出(Exit)。

注:图层中所设的图线颜色也可在输出时设置成不同线宽,例如,绿色设为粗实线;蓝色设为细实线;红色设为细点画线等。

2)绘制组合体的剖面图示例。

【例 5-2】 已知水池模型的三视图[图 5-46(b)],用剖切符号,画出 1—1 剖面图。

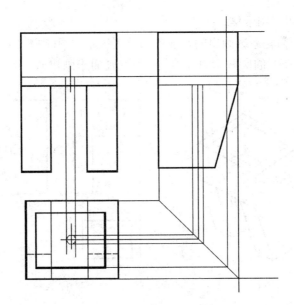

图 5-47 作水池模型三视图的所有稿线

解： 启动 AutoCAD，进入绘图状态。

①打开(Open)图形文件"Sink"。用另存为(Save as)将图形另存为"sink-1"。

②将图层1设为当前层。

③用复制(Copy)命令，将视图的侧立面图复制到图形的右边，然后用直线(Line)命令在平面图中加绘剖切符号。

④用直线(Line)命令，在复制的侧立面图上，描绘被剖切到的部分，绘制中可采用捕捉对象(Osanp)工具。

⑤将图层7设为当前层，关闭图层1。在剖面图中用删除(Erase)、修剪(Trim)命令删除不需要的图线。用直线(Line)命令，把未被剖切到的可见投影，在删去的粗实线和中虚线处，用中实线补上。将图层0设为当前层。

⑥在图层0，用图案填充(Hatch)命令，以斜线图例填充被剖切到的断面部分。

⑦将图层 WZ 设为当前层。在剖面图的下方，用单行(Dtext)写"1—1剖面图"，在剖切符号的投射方向线端部写编号1。将图层设为1，在1—1剖面图下用直线(Line)画一横线，绘制结果见图5-48。

⑧保存(Save)，并退出(Exit)结束 AutoCAD。

3)尺寸标注示例。

【**例** 5-3】 在水池模型的三视图[图 5-46(b)]上，标注尺寸。

解： 启动 AutoCAD，进入绘图

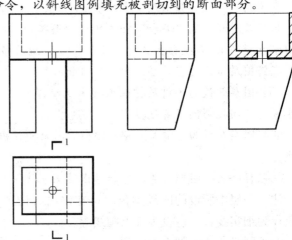

图 5-48 绘制剖面图结果

状态。

①打开(Open)图形文件 Sink。用"另存为"(Save as)将图形另存为"Sink-2"。

②将图层 DIM 设为当前层,用于标注尺寸。

③按细部尺寸、定位尺寸和总尺寸,在图 5-46(a)轴测图上量取的尺寸,标注三视图的尺寸(图 5-49),用 DIM1 样式标注线性尺寸,用 DIM2 样式标注直径。

④保存(Save)文件,并退出(Exit)AutoCAD。

4)绘制组合体的正等轴测图示例。组合体是由若干个基本体经过叠加、切割等方式组合而成,为此绘制组合体正等轴测图的方法与绘制基本体的正等轴测图方法相同。

首先设置正等轴测图绘图辅助工具,与手工绘制正等轴测图的过程一样,在对形体的投影图进行形体分析的基础上,根据轴测投影的平行和长度比不变的性质,一般先以简化系数,采用直线(Line)命令、椭圆(Ellipse)等绘图命令,绘图过程中灵活使用修改命令和捕捉工具。注意绘图时所在的等轴测平面,在改变绘图的等轴测平面时,及时将光标进行相应的转换。水池的等轴测图如图 5-46(a)所示。因为水槽的下水孔在这个图中被遮不可见,所以不需画下水孔的轴测椭圆。

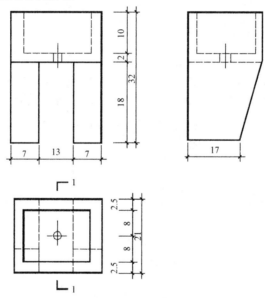

图 5-49 尺寸标注

5.3 AutoCAD 三维图简介

5.3.1 AutoCAD 三维图概述

在 AutoCAD 中三维图形是三维空间模型的一个视图,因此三维绘图的本质是建立三维模型,也称为几何造型。三维模型可用不同的方式或从不同的方向进行观察,得到不同显示效果的图形,如正轴测图、透视图和三视图。图形显示时,不可见的线称为隐藏线,不可见的面称为隐藏面,不显示隐藏线和面称为消隐。

AutoCAD 可对三维模型进行自动消隐,还可对模型表面着色、渲染,得到具有真实感的三维图形。

AutoCAD 提供以下三种形式来创建三维模型:

(1)线框模型(Wireframe Models)线框模型是一种轮廓模型,它由三维的直线和曲线组成,没有面和体的特征。对线框模型不能进行消隐和渲染。

(2)表面模型(Surface Models)表面模型用面描述三维对象,它不仅定义了三维对象的轮廓,还定义了表面,即具有面的特征。表面模型是被表面包围起来的空壳,可进行消隐和渲染。

(3)实体模型(Solid Models)实体模型不仅具有线、面的特征,还具有体的特征,各实体对象之间可以执行各种布尔运算,可对实体进行挖孔、剖切等操作,从而创建复杂的三维实体。实体模型可以按线框模型或表面模型的方式来显示。

本节只介绍三维实体模型的创建。

5.3.2 三维坐标和用户坐标

(1)三维坐标。AutoCAD 采用了笛卡儿坐标系,其缺省坐标为世界坐标系(World Coordinate System,简称 WCS),WCS 是唯一的,不可改变的。AutoCAD 2004 版之后的坐标系均为三维坐标,可用右手规则来定义。当工作在二维空间时,图形只有 X、Y 坐标,缺省的 Z 坐标值为 0,X、Y 坐标的正向如图 5-50 所示,Z 轴的正向是垂直于屏幕面向外指向用户。当工作在三维空间时如图 5-50(a)所示,三维坐标如图 5-50(b)所示。

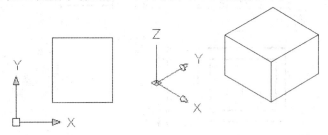

图 5-50 尺寸标注

(a)当工作在二维空间时;(b)当工作在三维空间时

图形中的任意一点在 WCS 中都有确定的 X、Y、Z 坐标值,在三维坐标系中定点有四种输入方式:绝对坐标、相对坐标、球面坐标和柱面坐标。三维绝对坐标和三维相对坐标的输入方式与二维坐标相同,只是增加了 Z 坐标值,三维绝对坐标的形式为(X,Y,Z)、三维相对坐标的形式为(@X,Y,Z)。球面坐标和柱面坐标的输入方式因篇幅关系,请参阅相关的操作手册和书籍。

(2)用户坐标。在 AutoCAD 中,为了能够更好地辅助作图,软件系统提供了用户坐标系(User Coordinate System,简称 UCS),UCS 的原点以及 X、Y、Z 轴方向都可移动及旋转,甚至可依赖于图形中的某个对象。用户坐标系中的三条轴之间仍然互相垂直,但在原点的位置及方向上具有更大的灵活性。例如,图 5-51(a)所示的在世界坐标系下,建立了一建筑的模型，为了在该建筑物上进行门窗的操作，若还使用世界坐标系，则坐标的计算将十分麻烦，为此使用用户坐标系，把坐标原点取为建筑墙面上的一点，该墙面设为坐标面，如图5-51(b)所示，这样墙面上门窗的位置就很容易确定。

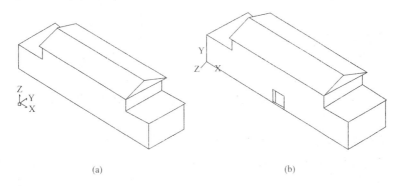

图5-51 世界坐标系和用户坐标系的使用
(a)世界坐标系下的作图；(b)用户坐标系下的作图

1)创建用户坐标。
- 执行"工具"(Tools)→"新建 UCS"(W)命令，按需选择其子命令
- 命令：UCS

当前 UCS 名称：×××
输入选项[新建(N)/移动(M)/正交(G)/上一个(P)/恢复(R)/保存(S)/删除(D)/应用(A)/?/世界(W)]<世界>：

说明：①移动(M)：通过移动原点来重新定义 UCS。
②正交(G)：通过选项可选用预置 6 个正交 UCS 中的一个。
③上一个(P)：返回前一个 UCS。
④恢复(R)：恢复指定的 UCS 为当前坐标系。
⑤保存(S)：命名保存当前的 UCS。
⑥删除(D)：删除已命名保存的 UCS。
⑦应用(A)：在多视口情况下，选择此项可将当前 UCS 设置用于指定视口或所有视口。
⑧?：列表显示已保存的 UCS。
⑨世界(W)：返回到世界坐标系。
⑩新建(N)：通过7种方式定义新的坐标系，选择此项后显示提示：
指定新 UCS 的原点或[Z 轴(ZA)/三点(3)/对象(OB)/面(F)/视图(V)/X/Y/Z]<0,0,0>：

  a. 指定新 UCS 的原点：该缺省选项是直接指定新的坐标原点；
  b. Z 轴(ZA)：指定新的坐标原点，同时选择一点为 Z 轴正向上的点，以此确定 Z 轴；
  c. 三点(3)：输入 3 点定义新的用户坐标系，即原点、正 X 轴上一点、正 Y 轴上一点，按右手定则确定 Z 轴；
  d. 对象(OB)：选择图形实体来定义新的用户坐标系；
  e. 面(F)：将新的 UCS 定位于实体的一个面上；
  f. 视图(V)：新的 UCS 原点不变，XOY 坐标面与屏幕平行，Z 轴与屏幕正交；

g. X/Y/Z：将当前坐标系绕指定轴旋转指定的角度。

坐标系图标的显示与否由 UCSICON 命令控制。

2)创建用户坐标示例。如图 5-52 所示，从世界坐标系转为用户坐标系的操作如下：

命令：UCS

当前 UCS 名称：*世界*

输入选项[新建(N)/移动(M)/正交(G)/上一个(P)/恢复(R)/保存(S)/删除(D)/应用(A)/?/世界(W)](世界>：N

指定新 UCS 的原点或[Z 轴(ZA)/三点(3)/对象(OB)/面(F)/视图(V)/X/Y/Z]< 0，0，0 >：ZA

指定新原点< 0，0，0>：(新原点)

在正 Z 轴范围上指定点< 11709.5590，9664.8069，1.0000> ：(正 Z 轴方向上的一点)

5.3.3 三维实体

(1)多个视口的创建。创建三维模型时，经常需要使用多个视图，AutoCAD 提供了在屏幕上用户可划分出多个矩形观察区域，称为视口。如图 5-52 所示为四个视口时的绘图区。在多个视口中，同一时间只能有一个视口是当前视口，可进行绘图、修改等操作。当在当前视口所作修改时，用光标移到某视口内单击，该视口的边框变粗，即为当前视口。光标在当前视口内显示十字形，移出当前视口则变为箭头。

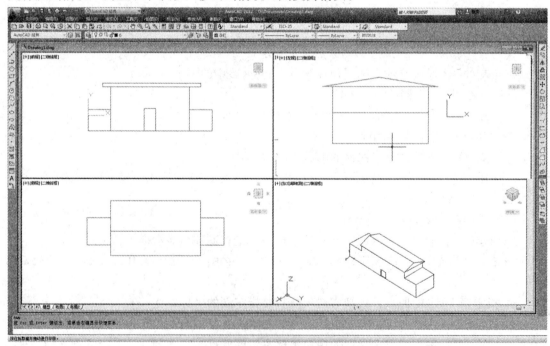

图 5-52　四个视口时的绘图区

执行"视图"(Views)→"视口"(Viewports)命令，按需选择其子命令。

・命令：VPORTS

弹出"视口"对话框，如图 5-53 所示。

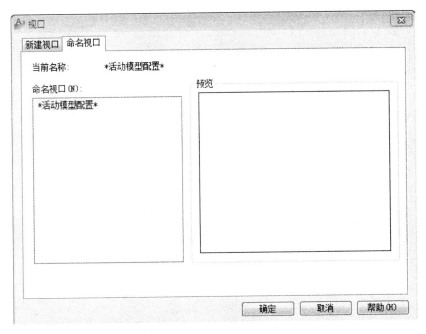

图 5-53 "视口"对话框

在新建视口选项卡时,有 12 种标准视口,可从中选取一种,右边的预览即显示这种视口的配置,同时单击修改视图,将显示下拉式列表,可以为选定视口中的每一个视口确定观察方向。

(2)设置观察方向。设置观察方向也即投影方向,本章介绍的是平行投影。设置观察方向比较方便的是:

1)静态设置。AutoCAD 预置了 10 种常用的观察方向:俯视图、仰视图、左视图、右视图、主视图、后视图、东南等轴测图、东北等轴测图、西南等轴测图和西北等轴测图。可通过两个途径设置。

①如上所述,在"视图"对话框中修改视图的下拉式列表中选定。

②执行"视图"(Views)→"三维视图"(3DViewports)命令,按需选择其子命令。

2)动态设置。

①执行"视图"(Views)→"三维动态观察器"(3DOrbit)命令,屏幕将显示图 5-54 的圆球,称为观察球,在圆的四个象限点处有四个小圆。移动光标时,光标的形状随之改变,以指示视图的旋转方向,可通过单击和拖动的方式,在三维空间动态观察对象,各种光标图案的意义如下:

a. 当光标位于观察球中间时,光标图案变成 ⊕,通过单击和拖动可自由移动对象。

b. 当光标位于观察球以外区域时,光标图案变成 ⊙,单击并拖动可使视图绕轴移动。轴被定义为通过观察球中心,并且垂直于屏幕。

c. 当光标移至观察球的左右小圆中时,光标图案变成 ⊂⊃,单击并拖动可绕通过观察球中心的 Y 轴旋转视图。

d. 当光标移至观察球的上下小圆中时,光标图案变成 ⊕,单击并拖动可绕通过观察球中心的 Z 轴旋转视图。

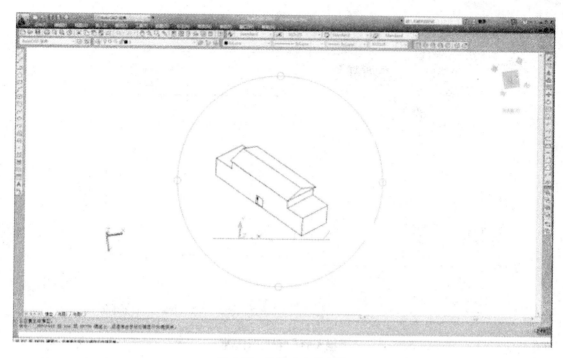

图 5-54 三维动态观察器

确定了观察角度后,若要退出该命令,按 Enter 键或 Esc 键,也可以单击鼠标右键,从快捷菜单中选择"退出"。

② 命令:VPOINT。

指定视点或[旋转(R)]<显示坐标球和三轴架>:

说明:比较方便的是选择缺省项<显示坐标球和三轴架>,以按 Enter 键响应,如图 5-55 所示,屏幕出现一个三维坐标架和一个罗盘。罗盘是球的水平投影,拖动光标在罗盘内移动时,三维坐标架的 X、Y 轴即绕 Z 轴转动的角度和罗盘上十字光标(即视点)的位置一致。罗盘的中心代表北极(0,0,1),内圈表示赤道,当光标在内圈以内移动时,相当于视点在上(北)半球移动,其 Z 坐标为正;整个外圈代表南极(0,0,-1),当光标在内外圈之间移动时,相当于视点在下(南)半球移动,其 Z 坐标为负。

当三维坐标架转到满意位置时,单击,三维模型即成该观察位置。

3) 消隐和着色。

① 消隐。

· 执行"视图"(Views)→"消隐"(Hide)命令。

· 命令:HIDE。

② 着色。

· 执行"视图"(Views)→"着色"(Shade)命令。

· 命令:Shademode。

[二维线框(2D)/三维线框(3D)/消隐(H)/平面着色(F)/体着色(G)/带边框平面着色(L)/带边框体着色(O)]<带边框平面着色>:(用户可根据需要选择)

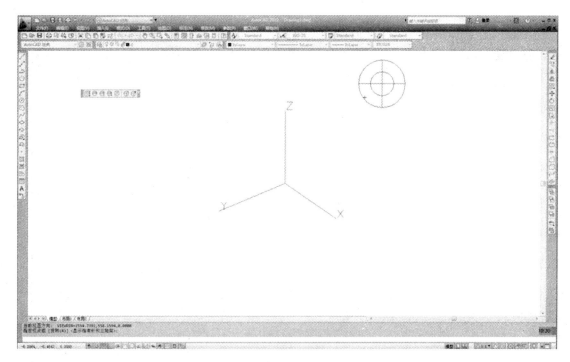

图 5-55 三维坐标架和罗盘

5.3.4 三维实体造型

(1)基本三维实体。AutoCAD 提供了直接生成长方体、球体、圆柱体、圆锥体、楔形体和圆环体等 6 种基本实体的命令。

1)基本实体命令可执行"绘图"(Draw)→"实体"(Solids)命令,按需选择其子命令。

2)基本实体命令也可单击实体工具条上的相应图标按钮。

实体工具条可执行"视图"(Views)→"工具"(Toolbars)命令→"实体"命令,在其左边方框中打钩,即显示实体工具条,如图 5-56 所示。6 个基本实体命令按钮十分明确,所以图中不加注释了。

3)基本实体命令还可从命令行输入,下面分别予以介绍。

①长方体。

指定长方体的角点或[中心点(CE)](0,0,0>:(一个角点)

说明:a. 创建长方体时,其底面应与当前坐标系的 XY 坐标面平行,缺省的选项是输入长方体的一个角点,输入后继续提示:

指定角点或[立方体(C)/长度(L)]:(另一个角点)

直接输入另一个角点,若该角点与第一个角点不在长方体的同一棱面上,则两个角点确定了长方体;若两个角点在同一棱面上,则两个角点确定了长方体的一个基面,接着要求指定高度,输入高度后即画出长方体。选项 C 可指定长度画长方体;选项 L 表示按长、宽、高画长方体。

b. [中心点(CE)]选项表示要指定中心,将出现提示:

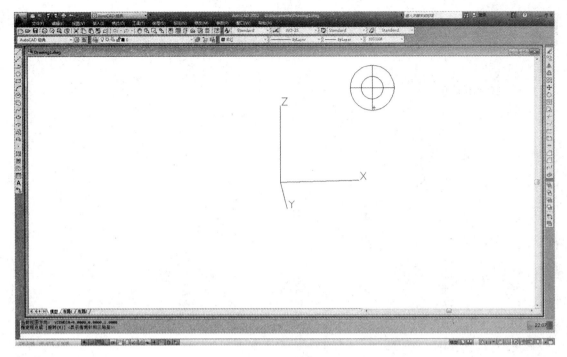

图 5-56 "实体"工具条

指定长方体的中心点(0,0,0)：(长方体的中心点)
指定角点或[立方体(C)/长度(L)]：(一个角点)
该提示其他选项与前述相同。
②球体。
•命令：Sphere
当前线框密度：ISOLINES= 4
指定球体球心<0,0,0>：(球心)
指定球体半径或[直径(D)]：(半径)
说明："当前线框密度：ISOLINES=4"说明当前采用的线框密度为4，用户可通过改变该变量来确定每个面上的线框密度。一般来说线框密度较大，则在显示三维线框图时，将获得较好的真实感。若在后一个提示中要指定直径，则输入D，在再出现提示指定球体直径的指示后，输入直径的数值。
③圆柱体。
•命令：Cylinder
当前线框密度：ISOLINES= 4
指定圆柱体底面的中，心点或[椭圆(E)](0,0,0>：(底圆圆心)
指定圆柱体底面的半径或[直径(D)]：(半径)
指定圆柱体高度或[另一个圆心(C)]：(高度)
说明：a. 若选用[椭圆(E)]，表示画椭圆柱，接着要求确定椭圆底面和椭圆柱高度。
b. 若在一个提示中要指定直径，则与画球体的操作相同。
c. 若选用[另一个圆心(C)]，输入另一个圆心，则两圆心的连线方向为圆柱体的轴线方向。

④圆锥体。

- 命令：Cone

当前线框密度：ISOLINES= 4

指定圆锥体底面的中心点或[椭圆(E)](0, 0, 0>：(底圆圆心)

指定圆锥体底面的半径或[直径(D)]：(半径)

指定圆锥体高度或[顶点(A)]：(高度)

说明：a. 若选用[椭圆(E)]，表示画椭圆锥，接着要求确定椭圆底面和椭圆锥高度或顶点位置。

b. 若指定底面的直径，则与画球或圆柱体的操作相同。

c. 若指定顶点，则输入A，在再出现提示指定圆锥体的顶点的指示后，输入顶点。

⑤楔形体。

- 命令：Wedge

指定楔体的第一个角点或[中心点(CE)]< 0, 0, 0>：(第一个角点)

指定角点或[立方体(C)/长度(L)]：(另一个角点)

指定高度：(高度)

说明：楔形体命令的提示与长方体命令相类似，用两角点或底面的中心点来确定底面，接着输入高度，即可画出楔形体。

⑥圆环体。

- 命令：Torus

当前线框密度：ISOLINES= 4

指定圆环体中心(0, 0, 0)：(中心)

指定圆环体半径或[直径(D)]：(圆环中心线的半径)

指定圆管半径或[直径(D)]：(圆管的半径)

说明：若指定直径，操作与前面画球体、圆柱体、圆锥体相同。

(2)拉伸或旋转创建三维实体。

1)二维图形拉伸成实体。

- 执行"绘图"(Draw)→"实体"(Solids)→"拉伸"(Extrude)命令。
- 单击"实体"工具条上的"拉伸"按钮。

命令：Extrude

当前线框密度：ISOLINES= 4

选择对象：(选择一个对象)找到1个

选择对象：(按Enter键)

指定拉伸高度或[路径P)]：(高度)

指定拉伸的倾斜角度(0)：

说明：①拉伸的对象可以是圆、椭圆、多边形、封闭的多段线等。

②拉伸的倾斜角度范围为$-90°\sim 90°$，正的取值将使拉伸后的顶面小于底面；负的取值则反之，如图5-57(a)所示，正六边形拉伸的倾斜角度为$0°$；图5-57(b)拉伸的倾斜角度为$10°$。

③[路径(P)]选项，是按指定的路径拉伸对象，拉伸路径可以是开放的，也可以是封闭的，如直线、圆、圆弧、多段线，路径不能与被拉伸对象共面。图5-57(c)是圆还没有沿路径被拉伸时的位置；图5-57(d)是拉伸后的管子。

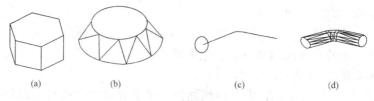

图 5-57　二维图形拉伸成实体

(a)拉伸的倾斜角为0；(b)拉伸的倾斜角为10°；(c)拉伸对象与路径；(d)拉伸后的管子

2)二维图形拉旋转成实体。
- 执行"绘图"(Draw)→"实体"(Solids)→"旋转"(Revovle)命令。
- 单击"实体"工具条上的"旋转"按钮。

命令：Revovle
当前线框密度：ISOLINES= 4
选择对象：(选择一个对象)找到 1 个
选择对象：(按 Enter 键)
指定旋转轴的起点或定义轴依照[对象(O)/X 轴(X)/Y 轴(Y)]：(起点)
指定旋转轴的第二点：(第二点)
指定旋转角度< 360)：(按 Enter 键)
说明：①用于旋转的对象可以是封闭的多段线、多边形、圆、椭圆等。
②选项"对象(O)"指绕指定对象旋转，"X 轴(X)/Y 轴(Y)"指绕 X 轴或 Y 轴旋转。
图 5-58(a)是旋转轴和旋转对象；图 5-58(b)是旋转后的实体。
③若不是旋转 360°，则输入旋转角度的值。

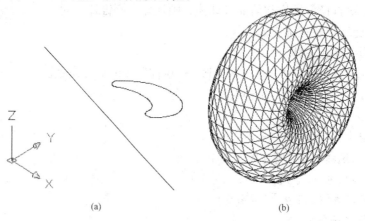

图 5-58　二维图形旋转成实体

(a)旋转轴和旋转对象；(b)旋转后的实体

(3)构造组合体模型。将已创建的基本三维实体作相交、相加、相减操作可生组合体模型。相交、相加、相减的操作是由布尔运算交、并、差来实现的。

1)并(Union)命令。并(Union)命令。可将几个三维实体合并成一个新实体。图 5-59(a)为两个圆柱没有合并时的线框图；图 5-59(b)为两个圆柱合并后的线框图；图 5-59(c)为两个圆柱合并后的消隐图。具体操作如下：

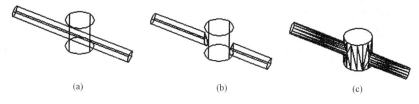

图 5-59　并(Union)命令操作

(a)未合并时的线框图；(b)合并后的线框图；(c)消隐后的实体

执行"修改"(Modify)→"实体编辑"(Solids Edmon)→"并集"(Union)命令。

命令：Union

选择对象：(选择一个对象)找到 1 个

选择对象：(选择第二个对象)找到 1 个，总计 2 个

选择对象：(按 Enter 键)

2)差(Subtract)命令。差(Subtract)命令可将一组三维实体上减去另一组三维实体，成一个新实体，其效果是从一个三维实体上挖去一块。图 5-60(a)是两个圆柱没有差集操作时的线框图；图 5-60(b)是减去小圆柱后的消隐图。具体操作如下：

执行"修改"(Modify)→"实体编辑"(Solids Edition)→"差集"(Subtract)命令。

命令：Subtract 选择要从中减去的实体或面域…

选择对象：(选择一个对象)找到 1 个

选择对象：(按 Enter 键)

选择要减去的实体或面域…

选择对象：(选择一个对象)找到 1 个

选择对象：(按 Enter 键)

说明：注意在差集中，选择对象的前后与最后的所需的效果相关，应看清命令行中的提示。

3)交(Intersect)命令。求交运算的结果是得到相交三维实体的公共部分。图 5-61(a)为两个圆柱没有交集操作时的情况；图 5-61(b)为消隐后两个圆柱交集产生的新实体。具体操作如下：

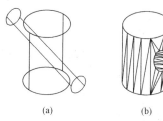

图 5-60　差集

(a)未差集时的线框图；(b)差集后的实体；

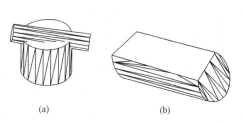

图 5-61　交集

(a)未交集时的两个圆柱；(b)交集后的实体

执行"修改"(Modify)→"实体编辑"(Solids Edition)→"交集"(Intersect)命令。

命令：Intersect

选择对象：(选择一个对象)找到 1 个

选择对象：(选择第二个对象)找到 1 个，总计 2 个

选择对象：(按 Enter 键)

说明：如果被选的对象间没有公共部分，则被选的对象全部消失，并显示信息"创建了空实体，已删除"。

5.3.5 编辑三维实体

已学过的二维修改命令中，复制、移动、缩放和删除可用于三维实体的编辑，修剪、打断命令不能用于三维实体。

(1)剖切三维实体。

1)剖切(Slice)命令。使用该命令可将三维实体切开保留某一半或两者均保留。

执行"绘图"(Draw)→"实体"(Solids)→"剖切"(Slice)命令。

单击"实体"工具条上的"剖切"按钮。

命令：Slice

选择对象：(选择一个对象)找到 1 个

选择对象：(按 Enter 键)

指定切面上的第一个点，依照[对象(O)/Z 轴(Z)/视图(V)/XY 平面(XY)/YZ 平面(YZ)/ZX 平面(ZX)/三点(3)](三点> : (第一点)

指定平面上的第二个点：(第二点)

指定平面上的第三个点：(第三点)

在要保留的一侧指定点或[保留两侧(B)]：(第四点)

说明：①缺省是三点方式，在三维实体确定三个点，这三点不应全都同在一个表面上，这三点确定了剖切平面的位置。对"在要保留的一侧指定点或[保留两侧(B)]"的提示，若光标点取第四点，则保留光标点取的一侧，如图 5-62 所示；若输入 B，则表示两侧都保留。

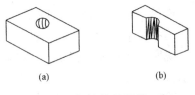

图 5-62　剖切并保留后一半

②对象(O)：表示用指定对象所在的平面为剖切平面。

③Z 轴(Z)：表示要用平面上一点和平面法线方向来定义剖切平面。

④视图(V)：表示要用与当前视图平面平行的平面为剖切平面。

⑤XY 平面(XY)、YZ 平面(YZ)和 ZX 平面(ZX)：均表示要用与当前 UCS 的 XY 平面平行的平面、ZY 平面平行的平面、ZX 平面平行的平面为剖切平面。

2)切割(Section)命令。使用该命令可指定剖切平面将三维实体剖切，生成断面图面。

执行"绘图"(Draw)→"实体"(Solids)→"剖切"(Slice)命令。

单击"实体"工具条上的"剖切"按钮。

命令：Section。

说明：命令的提示和操作与剖切命令相同，但切割只生成断面。图 5-63(a)表示切割，

图 5-63(b)表示切割后将断面向右边移出。

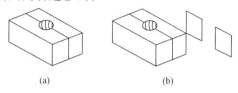

图 5-63 切割及切割后将断面移出
(a)切割；(b)切割后将断面移出

(2)旋转和镜像三维实体。

1)三维旋转命令(Rotate3D)。三维旋转是绕着旋转轴进行的，所以必须指定旋转对象、旋转轴和旋转角。

执行"修改"(Modify)→"三维操作"(3DOperation)→"三维旋转"(Rotate3D)命令。

命令：Rotate3d

选择对象：(选择一个对象)找到 1 个(选择旋转对象)

选择对象：(按 Enter 键)

指定轴上的第一个点或定义轴依据[对象(O)/最近的(L)/视图(V)/X 轴(X)/Y 轴(Y)/Z 轴(Z)/两点(2)]：(第一点)

指定轴上的第二点：(第二点)

指定旋转角度或[参照(R)]：(旋转角度)

说明：①缺省的旋转轴由指定两点确定，如上面所示；

②对象(O)指通过选择一个对象确定旋转轴；

③最近的(L)指沿用上一次的旋转轴；

④视图(V)指垂直于视图观察方向的直线作为旋转轴；

⑤X 轴(X)/Y 轴(Y)/Z 轴(Z)是指用平行于 X 轴、Y 轴、Z 轴方向的直线作为旋转轴。

2)三维镜像命令(Mirror3D)。三维镜像是以镜像平面作为对称平面进行的，所以必须指定镜像平面。

执行"修改"(Modify)→"三维操作"(3D Operation)→"三维镜像"(Mirror3D)命令。

命令：Mirror3D.

选择对象：(选择一个对象)找到 1 个

选择对象：(按 Enter 键)

指定镜像平面(三点)的第一个点或[对象(O)/最近的(L)/Z 轴(Z)/视图(V)/XY 平面(XY)/YZ 平面(YZ)/ZX 平面(ZX)/三点(3)](三点)：(第一点)

在镜像平面上指定第二点：：(第二点)

在镜像平面上指定第三点：(第三点)

是否删除源对象？[是(Y)/否(N)]<否>：(N)

说明：①缺省的镜像平面由指定三点确定，如上面所示；

②"对象(O)"指通过选择一个对象，用对象所在的平面作为镜像平面；

③"最近的(L)"指沿用上一次的镜像平面；

④Z 轴(Z)是指通过确定镜像平面上的一点和该平面法线上的一点来确定镜像平面；

⑤“视图(V)”指用与当前视图平行的平面作为镜像平面；

⑥“XY 平面(XY)/YZ 平面(YZ)/ZX 平面(ZX)”分别表示用与当前 UCS 的 XY、YZ、ZX 坐标面平行的平面作为镜像平面；

⑦选定了镜像平面后，显示提示“是否删除源对象？[是(Y)/否(N)]<否>”可按需回答。

(3)分解三维实体。

执行“修改”(Modify)→“分解”(Explode)命令。

命令：Explode

选择对象：(选择一个对象)找到 1 个

选择对象：(按 Enter 键)

说明：该命令启动后，只需选择对象，然后按 Enter 键结束命令，就可将组合体分解为几个基本实体。继续使用该命令，可将基本实体分解为面域或主体，再分解下去即将主体分为直线、圆、圆弧等基本元素。

5.4 AutoCAD 绘制土木工程专业图示例

5.4.1 绘制建筑平面图示例

以图 5-64 为例，介绍运用 AutoCAD 绘制建筑平面图的方法和步骤。

首先要熟悉绘制的对象，了解绘制图形的内容、图形的大小，采用的线型和线宽，文字的样式，根据输出的图幅大小确定绘图比例等。

(1)设置绘图环境。

1)设置图层、线型和线宽。可重新设置，也可调用样板文件按绘图的内容作局部的变更。图 5-64 所示为更新后的图层设置。

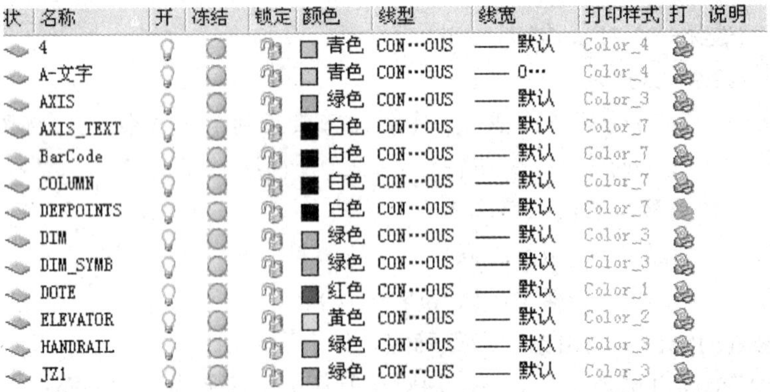

状	名称	开	冻结	锁定	颜色	线型	线宽	打印样式	打	说明
	4				青色	CON…OUS	—— 默认	Color_4		
	A-文字				青色	CON…OUS	—— 0…	Color_4		
	AXIS				绿色	CON…OUS	—— 默认	Color_3		
	AXIS_TEXT				白色	CON…OUS	—— 默认	Color_7		
	BarCode				白色	CON…OUS	—— 默认	Color_7		
	COLUMN				白色	CON…OUS	—— 默认	Color_7		
	DEFPOINTS				白色	CON…OUS	—— 默认	Color_7		
	DIM				绿色	CON…OUS	—— 默认	Color_3		
	DIM_SYMB				绿色	CON…OUS	—— 默认	Color_3		
	DOTE				红色	CON…OUS	—— 默认	Color_1		
	ELEVATOR				黄色	CON…OUS	—— 默认	Color_2		
	HANDRAIL				绿色	CON…OUS	—— 默认	Color_3		
	JZ1				绿色	CON…OUS	—— 默认	Color_3		

图 5-64　图层设置

2)设置绘图比例。为方便作图,常采用1∶1的比例绘制,打印比例为1∶100,为此根据平面图的长和宽,再留出标注尺寸的位置后,设置绘图界限的大小也应分别乘以100。

3)设置字体和样式。根据图形需要设置字体和样式;本例汉字采用HZ,选用仿宋GB 2312字体;拉丁字母采用ST,选用isocp.shx字体。应注意的是因为绘图比例和出图比例的不一致,字高要乘以相应的比例,如本例欲出图的字高为5号字,测绘图时设置的字高应为500。

4)尺寸标注样式。根据绘图内容,建立线型尺寸标注样式。也需注意比例问题,若绘图和出图采用一样的比例,则在主单位选项卡中的比例因子需扩大或缩小相同的比例。本例用1∶1的比例绘制,故比例因子也为1。同时将尺寸数字的高度、起止符号的大小、尺寸界线的偏移距离和延伸长度等均预先放大。

(2)绘图步骤。

1)绘制定位轴线。将"轴线"层设为当前层,在适当位置画一条铅垂线,根据定位轴线间的距离,用偏移(Offset)命令或复制(Copy)命令画出其他竖向轴线;用同样的方法可画出水平轴线,如图5-65(a)所示。

2)画出墙身线。画墙身线有多种方法,通常用偏移轴线的方法,定位轴线按墙体轮廓线的位置偏移,本例为125或245,将偏移得到的墙体轮廓线改为"粗实线"图层。改变的方法是单击欲改的对象,被选中的对象成虚线和蓝色方框,然后单击图层工具条中图层控制右边的三角,在下拉列表中选择需要的图层,本例为"粗实线"图层,对象改成粗实线,再按下Esc键,蓝色方框消失。用修剪(Trim)命令将墙体轮廓线修改成的图形,如图5-65(b)所示。

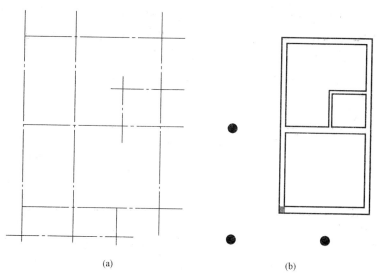

(a) (b)

图5-65 绘图步骤

(a)画出定位轴线;(b)画出墙身线

3)绘制门窗及建筑细部。利用偏移或复制等命令,在墙体上确定门窗的位置,再利用**修剪**或剪切命令开出洞口。将图层设为"细实线"层,画出窗的图例,并存为块,用插入命令,将窗的图块插入相应的洞口。插入时根据窗洞的大小以不同的比例进行调整。门按开启方向用中实线画出。在"CE"图层上画出设备、楼梯等建筑细部。图中墙角的小黑块是用填充(Hatch)命令得到的。

4)标注尺寸和文字。尺寸在"DIMl"层上标注,三道尺寸的标注可用连续标注的方式进行,同时充分利用捕捉工具,使尺寸的标注十分准确和方便。文字注写在"文字"层上,相同的文字可先写一个,其余用复制命令完成。不同的文字内容也可复制已有的文字后,利用文字编辑(Ddedit)命令修改成所需的文字内容。

5.4.2 绘制给水排水管道轴测图示例

给水排水平面图是在原有建筑平面图的基础上,重点表示给水排水管道和用水设备的平面布置的图纸,为此建筑平面图全部用细实线表示,管道则用粗线画出。因此当套用原有建筑平面图的绘图文件时,应对图层中的线宽做些调整,并创建绘制管道和设备的新图层,关闭不需要的层(如门窗),将给水排水平面图中不需要的部分删除。绘图过程与绘制建筑平面图类似,不再赘述。给水排水管道轴测图是采用45°正面斜等测绘制的,以本书第四章实例的图4-60所示给排水系统图为例,介绍运用AutoCAD绘制给水排水管道轴测图的方法和步骤。

(1)设置绘图环境。

1)设置图层、线型和线宽。通常管道设一层,用粗实线;设备设一层,用细实线;标高、文字、尺寸等各设一层,均用细实线。

2)设置绘图比例。为方便作图,通常用与平面图相同的比例,如用1:1的比例绘制,这样可在平面图上直接量得管道的水平长度。打印输出时按确定绘图比例出图。

3)设置字体和样式。根据图形需要设置字体和样式,本例汉字采用HZ,选用仿宋GB2312字体;拉丁字母采用ST,选用isocp.shx字体。

4)尺寸标注样式。根据绘图内容,建立线型尺寸标注样式。

(2)绘图步骤。

1)绘制管道。将管道层设为当前层,单击状态栏上的"对象捕捉"和"极轴"按钮,以激活"极轴追踪"功能,打开草图设置对话框,在"极轴追踪"选项卡中将极轴追踪的角度增量设为45°。这样绘图过程中可按指定角度进行捕捉,从引入口开始按顺序输入管线。X、Y方向的管道尺寸在平面图中用测量命令(List)量得,Z方向的尺寸按层高及相关规定确定。

2)用剪断或修剪命令,根据可见性将管道重叠处断开。

3)对于图中常用的一些图例,可用图块插入或复制命令绘制,如给水进口的编号、阀门、水表、配水龙头、管堵或堵盖、穿墙断面、穿地断面、楼面、屋面,以及管道折断符号、标高符号,可预先画好这些图例并存为图块,使用时直接插入,如绘制排水管道轴测图,则这些图例还有排水出口的编号、地漏、存水弯、检查口、通气帽等。

4)用相应的命令注写写图名、比例、标高、立管编号、管径等。

5.4.3 绘制涵洞工程图示例

以本书涵洞工程图为例介绍运用AutoCAD绘制桥涵工程图的方法和步骤。

图中的洞身断面用1:150的比例绘制;其他几个视图用1:200的比例绘制。由于本图是多视图和多比例绘制任务，不易直接在同一幅画面（图形文件）内一起绘制各个视图。而是将全图按比例拆分成若干子图，先在不同的幅面内以1∶1的比例分别绘制各个子图，存为各自的图形文件，然后在统一的幅面中各个子图按各自比例拼合起来，成为完整的图样。具体而言，本例将相同比例的平面、终剖面和洞口立面画在同一幅面上，作为一个文件如W1，将洞身断面画在另一幅面上，存为另一文件如W2，则合成的完整图样文件名为W，三个图形文件应有相同的绘图环境。

（1）设置绘图环境。

1）设置图层、线型和线宽。本例对线型和线宽没有新的要求，可调用样板文件。

2）设置绘图比例。为方便作图，各子图采用1∶1的比例绘制，在合成时按各自的比例缩小。

3）设置字体和样式。本例汉字采用HZ，选用仿宋GB 2312字体；拉丁字母采用ST，选用isocp.shx字体。应注意的是因为绘制比例和合成图的比例不一致，字高要乘以相应的比例，如本例合成图的字高为5号，则绘图时设置的字高应为1 000和750。

4）尺寸标注样式。根据绘图内容，建立线型尺寸标注样式。需注意也是比例问题，因本例各图的比例不一样，为了方便修改，在子图中不标注尺寸，放在合成图中标注。为此新设两个图层用于标注尺寸（DM1和DM2），其中一个用来标注1∶200的视图，另一个标注1∶150的视图。当然在主单位选项卡中的比例因子需扩大相同的比例。同时，尺寸数字的高度、起止符的大小、尺寸界线的偏移距离和延伸长度等，均按输出时的大小设置。

（2）绘图步骤。

1）打开W1绘图文件，以1∶1的比例绘制平面、纵剖面和洞口立面，尺寸和文字均不标注，存盘。

2）打开W2绘图文件，以1∶1的比例绘制洞身断面，尺寸和文字均不标注，存盘。

3）打开W绘图文件，用插入命令将各个绘图文件插入至图示位置，W1绘图文件插入时X和Y方向用1/200（0.005）缩放比例；W2绘图文件插入时X和Y方向用1/150（0.006 666 6）缩放比例。

4）标注尺寸和文字。平面、纵剖面和洞口立面的尺寸在"DM1"层上标注，比例因子设为200；洞身断面的尺寸在"DM2"层上标注，比例因子设为150。尺寸的标注可用连续标注的方式进行，同时灵活利用捕捉工具，使尺寸的标注更方便。

5）绘图材料图例。材料图例可画在同一图层上，在绘制视图时用填充（Hatch）命令画上相应图例；也可在插入后绘制。前者应将图案填充的比例扩大，以使插入时相应缩小。

参 考 文 献

[1] 何铭新，李怀健. 画法几何及土木工程制图[M]. 3版. 武汉：武汉理工大学出版社，2009.
[2] 张会平. 建筑制图与识图[M]. 郑州：郑州大学出版社，2006.
[3] 莫章金，毛家华. 建筑工程制图与识图[M]. 北京：高等教育出版社，2000.
[4] 莫章金. 建筑工程制图[M]. 北京：中国建筑工业出版社，2004.
[5] 张健. 建筑给水排水工程[M]. 3版. 北京：中国建筑工业出版社，2013.
[6] 何斌，陈锦昌，王枫红. 建筑制图[M]. 7版. 北京：高等教育出版社，2014.
[7] 谢培青. 画法几何与阴影透视[M]. 4版. 北京：中国建筑工业出版社，2015.
[8] 丁宇明，黄水生，等. 土建工程制图[M]. 3版. 北京：高等教育出版社，2012.
[9] 张岩. 建筑工程制图[M]. 3版. 北京：中国建筑工业出版社，2013.
[10] 邬琦姝，曹雪梅. 建筑工程制图[M]. 北京：中国水利水电出版社，2008.
[11] 王娟玲. 道路工程制图[M]. 2版. 北京：中国水利水电出版社，2014.
[12] 赵云华. 道路工程制图[M]. 2版. 北京：机械工业出版社，2012.
[13] 蔡秀丽. 建筑设备工程[M]. 3版. 北京：科学出版社，2005.
[14] 国家标准. GB/T 50104—2010 建筑制图标准[S]. 北京：中国建筑工业出版社，2010.
[15] 国家标准. GB 50162—1992 道路工程制图标准[S]. 北京：中国标准出版社，1992.
[16] 国家标准. GB 50015—2003 建筑给水排水设计规范[S]. 北京：中国计划出版社，2009.
[17] 国家标准. GB/T 50106—2010 建筑给水排水制图标准[S]. 北京：中国建筑工业出版社，2010.